高等职业教育计算机类课程
新形态一体化教材

XINXI JISHU
JICHU

信息技术基础

主编 罗亚玲

U0307033

高等教育出版社·北京

内容提要

本书按照《高等职业教育专科信息技术课程标准（2021 年版）》以及《全国计算机等级考试一级计算机基础及 MS Office 应用考试大纲（2021 年版）》要求编写，由长期从事计算机基础教学、经验丰富的一线教师编写而成。本书以真实任务为导向逐步讲解知识点，各章节的相关知识点及操作案例均配有对应的微课视频，并配套有丰富的练习题，体现"教、学、做"一体化的教学理念。本书主要内容包括：计算机基础知识、Windows 10 操作系统、文字处理软件 Word 2016、电子表格软件 Excel 2016、演示文稿软件 PowerPoint 2016、计算机网络与 Internet、计算机新技术以及信息素养与社会责任。

本书配套建设微课视频、自动化评阅系统、授课用 PPT、课后习题、习题答案、案例素材等数字化教学资源。与本书配套的在线开放课程已在"智慧职教"平台（www.icve.com.cn）上线，学习者可以登录平台进行在线学习，授课教师可以调用本课程构建符合本校本班教学特色的 SPOC 课程，详见"智慧职教"服务指南。读者可登录网站进行资源的学习及获取，也可发邮件至编辑邮箱 1548103297@qq.com 获取相关资源。

本书可作为高等职业院校"信息技术基础"或"计算机应用基础"公共基础课程教材，也可作为全国计算机等级考试中的一级计算机基础及 MS Office 应用考试及各类培训班的教材。

图书在版编目（ＣＩＰ）数据

信息技术基础 / 罗亚玲主编 . -- 北京 ： 高等教育出版社，2021.10
　　ISBN 978-7-04-056835-6

　　Ⅰ. ①信⋯　Ⅱ. ①罗⋯　Ⅲ. ①电子计算机 - 高等职业教育 - 教材　Ⅳ. ①TP3

中国版本图书馆CIP数据核字(2021)第176083号

Xinxi Jishu Jichu

| 策划编辑 | 吴鸣飞 | 责任编辑 | 张　亮 | 封面设计 | 杨伟露 | 版式设计 | 徐艳妮 |
| 插图绘制 | 杨伟露 | 责任校对 | 高　歌 | 责任印制 | 田　甜 | | |

出版发行	高等教育出版社	网　　址	http://www.hep.edu.cn
社　　址	北京市西城区德外大街 4 号		http://www.hep.com.cn
邮政编码	100120	网上订购	http://www.hepmall.com.cn
印　　刷	北京市鑫霸印务有限公司		http://www.hepmall.com
开　　本	787 mm×1092 mm　1/16		http://www.hepmall.cn
印　　张	19.25		
字　　数	480 千字	版　　次	2021 年 10 月第 1 版
购书热线	010-58581118	印　　次	2021 年 10 月第 1 次印刷
咨询电话	400-810-0598	定　　价	55.00 元

"智慧职教" 服务指南

"智慧职教"是由高等教育出版社建设和运营的职业教育数字教学资源共建共享平台和在线课程教学服务平台，包括职业教育数字化学习中心平台（www.icve.com.cn）、职教云平台（zjy2.icve.com.cn）和云课堂智慧职教 App。用户在以下任一平台注册账号，均可登录并使用各个平台。

● 职业教育数字化学习中心平台（www.icve.com.cn）：为学习者提供本教材配套课程及资源的浏览服务。

登录中心平台，在首页搜索框中搜索"信息技术基础"，找到对应作者主持的课程，加入课程参加学习，即可浏览课程资源。

● 职教云（zjy2.icve.com.cn）：帮助任课教师对本教材配套课程进行引用、修改，再发布为个性化课程（SPOC）。

1. 登录职教云，在首页单击"申请教材配套课程服务"按钮，在弹出的申请页面填写相关真实信息，申请开通教材配套课程的调用权限。

2. 开通权限后，单击"新增课程"按钮，根据提示设置要构建的个性化课程的基本信息。

3. 进入个性化课程编辑页面，在"课程设计"中"导入"教材配套课程，并根据教学需要进行修改，再发布为个性化课程。

● 云课堂智慧职教 App：帮助任课教师和学生基于新构建的个性化课程开展线上线下混合式、智能化教与学。

1. 在安卓或苹果应用市场，搜索"云课堂智慧职教"App，下载安装。

2. 登录 App，任课教师指导学生加入个性化课程，并利用 App 提供的各类功能，开展课前、课中、课后的教学互动，构建智慧课堂。

"智慧职教"使用帮助及常见问题解答请访问 help.icve.com.cn。

前　言

随着科学技术的进步和社会的发展，计算机已成为人们工作、学习和生活的基本工具，运用计算机进行信息处理已成为每位大学生必备的基本能力。教育部《高等职业教育专科信息技术课程标准（2021 年版）》提出信息技术的课程目标是通过理论知识学习、技能训练和综合应用，使高等职业教育专科学生的信息素养和信息技术应用能力得到全面提升。为了适应当前教学改革与人才培养的新形势和新要求，着眼于高素质的技术技能型人才对信息技术课程学习的需求，本书编写以学习者为中心，以真实任务为导向逐步讲解知识点，在注重基础知识的同时，结合实际任务应用场景，在应用场景应用知识点。

本书按照《高等职业教育专科信息技术课程标准（2021 年版）》以及《全国计算机等级考试一级计算机基础及 MS Office 应用考试大纲（2021 年版）》要求而编写的。在编写内容上，更新了软件版本和知识、操作贴近实际应用。本书基于工作过程，以任务为主线，将相关的知识点融入各个任务中，采用任务方式开展教学，尤其注重提升学生的实践能力和创新意识。在编写形式上，力求深入浅出、图文并茂，并兼顾全国高等学校计算机水平考试 I 级《计算机应用》考试大纲 Windows 10+Office 2016 版。

全书共分为 8 章，主要内容包括计算机基础知识、Windows 10 操作系统、文字处理软件 Word 2016、电子表格软件 Excel 2016、演示文稿软件 PowerPoint 2016、计算机网络与 Internet、计算机新技术以及信息素养与社会责任。

通过对本书的学习，学生可以了解和掌握计算机的基本知识和基本操作技能，包括计算机系统组成、计算机网络和信息安全、互联网信息的搜索和资源利用，操作系统、办公自动化软件 Office 以及其他常用应用软件的基本操作，信息时代的思维方式以及计算机应用技术的发展等。

本书配套数字资源丰富，包括微课视频、自动化评阅系统、授课用 PPT、案例素材，并创建了学习平台，配套有丰富的练习题、测试题、习题答案，体现"教、学、做"一体化的教学理念和实践。丰富的数字资源可灵活地实现翻转课堂，能同时满足线上和线下的教学需求。

本书由罗亚玲担任主编，李艳、陈建华、邓玲担任副主编，赖文俊、曾权斌参编。其中第 1、2 章由邓玲编写，第 3 章由陈建华编写，第 4 章由李艳编写，第 5、6 章由罗亚玲编写，第 7、8 章由赖文俊、曾权斌编写；罗亚玲编写了全书大纲并进行了修改、编审。陈永松负责自动化评阅系统的开发。

教师可发邮件至编辑邮箱 1548103297@qq.com 获取相关教学资源。

在本书编写的过程中得到了广东松山职业技术学院各级领导和同行专家的大力支持和帮助，在此表示衷心感谢。对于书中出现的错误和不足之处，敬请读者批评指正。

编　者
2021 年 6 月于韶关

目　　录

第 **1** 章

计算机基础知识

计算机（Computer）俗称电脑，是一种用于高速计算的电子计算机器，可以进行数值计算，又可以进行逻辑计算，还具有存储功能；能够按照程序运行，自动、高速处理海量数据的现代化智能电子设备。

计算机的诞生、发展和应用普及，是 20 世纪科学技术的卓越成就，是人类历史上最伟大的发明之一，是新的技术革命的基础。在信息时代，计算机的应用必将加速信息革命的进程。当前，计算机不仅渗透到各行各业，而且进入千家万户，已成为现代人类活动不可或缺的工具。

计算机基础
知识

📠 **教学设计**

计算机基础
知识

🖥 **教学课件**

学习目标

- 了解计算机的基础知识。
- 掌握计算机常用数制和编码。
- 掌握计算机的基本结构和系统组成。
- 了解多媒体的基础知识。
- 了解计算机安全知识，掌握病毒的基本知识及防护措施。
- 了解计算思维的概念、计算思维的本质、计算思维的应用领域。

任务 1.1　初识计算机

任务描述

某学校大一新生已经入学了，新生之前并未系统学习过计算机，需要对计算机系统有一个基本的认识。

微课 1.1
初识计算机

任务目标

● 初步认识计算机及其发展、特点及应用。

知识准备

1. 计算机的发展

计算机的发明是 20 世纪人类最伟大的成就之一，它标志着信息时代的开始。70 多年以来，计算机技术一直处于发展和变革之中。其发展经历了以下 5 个重要阶段。

（1）第 1 代计算机：电子管数字计算机（1946—1958 年）

硬件方面，逻辑元件采用真空电子管，主存储器采用汞延迟线、阴极射线示波管静电存储器、磁鼓、磁芯；外存储器采用磁带。软件方面采用机器语言、汇编语言。应用领域以军事和科学计算为主。特点是体积大、功耗高、可靠性差、速度慢（一般为每秒数千次至数万次）、价格昂贵，但为以后的计算机发展奠定了基础。

（2）第 2 代计算机：晶体管数字计算机（1958—1964 年）

硬件方面，逻辑元件采用晶体管，主存储器采用磁芯，外存储器采用磁盘。软件方面出现了以批处理为主的操作系统、高级语言及其编译程序。应用领域以科学计算和事务处理为主，并开始进入工业控制领域。特点是体积缩小、能耗降低、可靠性提高、运算速度提高（一般为每秒数十万次，可高达 300 万次），性能比第 1 代计算机有很大的提高。

（3）第 3 代计算机：集成电路数字计算机（1964—1970 年）

硬件方面，逻辑元件采用中、小规模集成电路（MSI、SSI），主存储器仍采用磁芯。软件方面出现了分时操作系统以及结构化、规模化程序设计方法。特点是速度更快（一般为每秒数百万次至数千万次），而且可靠性有了显著提高，价格进一步下降，产品走向了通用化、系列化和标准化。应用领域开始进入文字处理和图形图像处理领域。

（4）第 4 代计算机：大规模集成电路计算机（1970 年至今）

硬件方面，逻辑元件采用大规模和超大规模集成电路（LSI 和 VLSI）。软件方面出现了数据库管理系统、网络管理系统和面向对象语言等。1971 年世界上第一台微处理器在美国硅谷诞生，开创了微型计算机的新时代。应用领域从科学计算、事务管理、过程控制逐步走向家庭。

（5）第 5 代计算机：人工智能计算机

第 5 代计算机是人类追求的一种更接近人的人工智能计算机。它能理解人的语言，以及文字和图形。人无须编写程序，靠讲话就能对计算机下达命令，驱使它工作。新一代计算机是把信息采集存储处理、通信和人工智能结合在一起的智能计算机系统。它不仅能进行一般信息处理，而且能面向知识处理，具有形式化推理、联想、学习和解释的能力，将能帮助人类开拓未知的领域和获得新的知识。

2. 计算机的特点

（1）运算速度快

运算速度快是计算机最显著的特点。当今计算机系统的最快运算速度已达到每秒万亿次，PC 也可达每秒亿次以上，使大量复杂的科学计算问题得以解决。例如卫星轨道的计算、天气预报数据的计算等用计算机只需几分钟甚至更短的时间就可完成。

（2）计算精确度高

科学技术的发展特别是尖端科学技术的发展，需要高度精确的计算。计算机控制的导弹之所以能准确地击中预定的目标，是与计算机的精确计算分不开的。计算机可以有十几位甚至几十位有效数字，计算精度可达几百位，是任何计算工具望尘莫及的。

（3）记忆功能强

计算机中的存储器能够存储人量信息，能把参加运算的数据、程序以及中间结果和最后结果保存起来，以供用户随时调用。

（4）可靠的逻辑判断功能

具有可靠的逻辑判断功能是计算机的一个重要特点，是计算机能实现信息处理自动化的重要原因。冯·诺依曼结构计算机的基本思想就是将程序预先存储在计算机内，在程序执行过程中，计算机会根据上一步的执行结果，运用逻辑判断方法自动确定下一步该做什么，应执行哪一条指令。能进行逻辑判断，使计算机不仅能对数值数据进行计算，也能对非数值数据进行处理，使得计算机能广泛地应用于非数值数据处理领域，如信息检索、图形识别以及各种多媒体应用等。

（5）有自动控制功能

计算机内部操作是根据人们事先编好的程序自动执行的。用户根据需要，事先设计好相关程序，计算机会严格地按程序规定的步骤操作，整个过程不需人工干预。

3. 计算机的应用领域

计算机的应用已渗透到人类社会生活的各个领域，不仅在科学研究和工业、农业、林业和医学等自然科学领域得到广泛的应用，而且已进入社会科学各个领域及人们的日常生活。计算机已成为未来信息社会的强大支柱。计算机的应用范围按其应用特点，可以划分为以下几个方面。

（1）科学计算（也称为数值计算）

早期的计算机主要用于科学计算。科学计算目前仍然是计算机应用的一个重要领域，如高能物理、工程设计、地震预测、气象预报和航天技术等。在工业、农业以及人类社会的各领域中，计算机的应用都取得了许多重大进展。

（2）过程监控

利用计算机对工业生产过程中的某些信号自动进行监测，并把监测到的数据存入计算机，再根据需要对这些数据进行处理，这样的系统称为计算机监测系统。特别是仪器仪表引进计算机技术后所构成的智能化仪器仪表，将工业自动化推向了一个更高的水平。

（3）信息管理（或称数据处理）

信息管理是目前计算机应用最广泛的一个领域。计算机可以被用来加工、管理与操作任何形式的数据资料，如企业管理、物资管理、报表统计、账目计算和信息情报检索等。国内许多机构都建设了自己的管理信息系统（MIS）；生产企业也开始采用制造资源规划软件（MRP），商业流通领域则逐步使用电子信息交换系统（EDI），即所谓无纸贸易。

在经济管理方面的应用包括国民经济管理、公司企业经济信息管理、计划与规划、分析统计、预测及决策，物资、财务、劳资及人事等管理。

在情报检索方面的应用包括图书资料、历史档案、科技资源、环境等信息检索自动化，建立各种信息系统。

在自动控制方面的应用包括工业生产过程综合自动化、工艺过程最优控制、武器控制、通信控制及交通信号控制。

在模式识别方面的应用包括应用计算机对一组事件或过程进行鉴别和分类，它们可以是文字、声音及图像等具体对象，也可以是状态和程度等抽象对象。

（4）辅助系统

计算机可用来辅助设计、制造和测试（CAD/CAM/CAT），如辅助进行工程设计、产品制造、性能测试等。

（5）人工智能

开发一些具有人类某些智能的应用系统，用计算机来模拟人的思维判断、推理等智能活动，使计算机具有自适应学习和逻辑推理的功能，如计算机推理、智能学习系统、专家系统及机器人等，帮助人们学习和完成某些推理工作。

（6）语言翻译

1947 年，美国数学家、工程师沃伦·韦弗与英国物理学家、工程师安德鲁·布思提出了以计算机进行翻译（简称"机译"）的设想，从此机译步入历史舞台，并走过了一条曲折而漫长的发展道路。机译分为文字机译和语音机译。机译试图消除不同文字和语言之间的隔阂，利用高科技来造福人类。但机译的质量长期以来一直是个问题，还有很长的路要走。

任务 1.2　了解计算机常用的数制与编码

任务描述

在生活中我们一般用十进制来计数。除了十进制以外，我们还会用到其他进制，例如在计算时间时，1 分钟等于 60 秒，1 小时等于 60 分钟，是六十进制。那么在计算机系统中都会用到哪些进制，各种进制之间如何转换？

任务目标

- 了解数制的概念、各种数制之间的转换方法。
- 了解计算机系统中数据的计量单位。

知识准备

1. 了解数制的概念

（1）进位计数制

数制也称计数制，是指用一组固定的符号和统一的规则来表示数值的方法。按进位的方法进行计数，称为进位计数制，即按照逢 N 进一的原则进行计数的。

（2）进位计数制的几个要素

进位计数制要素包括数码、基数、数位和位权。

微课 1.2-1
数制的概念

数码是一组用来表示某种数制的符号。我们习惯使用的十进制数由 0、1、2、3、4、5、6、7、8 和 9 组成，这十个不同的符号就是数码。

基数是数制所使用的数码个数。例如：十进制数的基数是 10。

数位是指数码在一个数中所处的位置，每一个数码处于不同的位置时，它所代表的实际数值是不一样的。

对于多位数，处在某一位上的"1"所表示的数值的大小，称为该位的位权。例如，在十进制中个位的位权是 10^0，十位的位权是 10^1，百位的位权是 10^2，千位的位权是 10^3。$(2019)_{10}$ 可按权展开表示成：

$$(2019)_{10}=2 \times 1\,000+0 \times 100+1 \times 10+9 \times 1=2 \times 10^3+0 \times 10^2+1 \times 10^1+9 \times 10^0$$

（3）几种常见的数制

1）二进制

计算机是信息处理的工具，任何信息必须转换成二进制数据后才能被计算机进行处理、存储和传输。

二进制具有两个不同的数码符号 0 和 1，其基数为 2；二进制数的特点是逢二进一。一个二进制数各位的权是以 2 为底的幂。

例如：$(1101.01)_2= 1 \times 2^3+1 \times 2^2+0 \times 2^1+1 \times 2^0+0 \times 2^{-1}+1 \times 2^{-2}$

2）八进制

具有八个不同的数码符号 0、1、2、3、4、5、6 和 7，其基数为 8；八进制数的特点是逢八进一。一个八进制数各位的权是以 8 为底的幂。

例如：$(1001)_8= 1 \times 8^3+0 \times 8^2+0 \times 8^1+1 \times 8^0$

3）十六进制

具有十六个不同的数码符号 0~9、A~F，其基数为 16，十六进制数的特点是逢十六进一。十六进制的权是以 16 为底的幂。

例如：$(1B01)_{16}= 1 \times 16^3+11 \times 16^2+0 \times 16^1+1 \times 16^0$

2. 了解各种数制之间的转换方法

用计算机处理十进制数，必须先把它转换成二进制数才能被计算机所处理，同理，计算机处理的结果应将二进制数转换成人们习惯的十进制数。这就产生了不同进制数之间的转换问题。

（1）十进制数转换成非十进制数

十进制数转成非十进制数时，需要把整数部分和小数部分分别进行转换后连接起来。整数部分采用"除基数取余数法"，把被转换的十进制整数反复地除以非十进制数的基数，直到商为 0，所得的余数（从末位读起）就是这个数的非十进制表示。小数部分采用"乘基数取整数法"，将十进制小数连续乘以非十进制数的基数，选取进位整数，直到小数部分全为零或满足精度要求为止。十进制数与其他进制数的对照表见表 1-1。

例 1-1：把十进制数 258.75 转换成二进制数

解：先把整数部分进行转换，运算过程如下。

微课 1.2-2

数制之间的
相互转换

表 1-1　十进制数与其他进制数的对照表

十进制	二进制	八进制	十六进制	十进制	二进制	八进制	十六进制
0	0	0	0	9	1001	11	9
1	1	1	1	10	1010	12	A
2	10	2	2	11	1011	13	B
3	11	3	3	12	1100	14	C
4	100	4	4	13	1101	15	D
5	101	5	5	14	1110	16	E
6	110	6	6	15	1111	17	F
7	111	7	7	16	10000	20	10
8	1000	10	8				

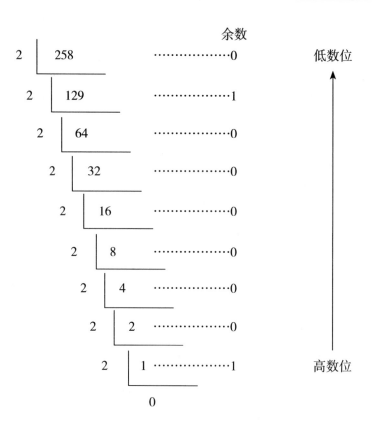

再把小数部分进行转换，运算过程如下。

$$\begin{array}{r}
0.75 \qquad\qquad 取整 \\
\times\quad 2 \\
\hline
1.50 \cdots\cdots\cdots\cdots 1 \\
0.50 \\
\times\quad 2 \\
\hline
1.00 \cdots\cdots\cdots\cdots 1 \\
0.00 \quad（小数部分全为 0）
\end{array}$$

高数位

低数位

即（258.75）$_{10}$=（100000010.11）$_2$

（2）非十进制数转换成十进制数

非十进制数转换成十进制数的方法是把各个非十进制数按权展开求和，即（abc）$_x$=（$a \times x^2 + b \times x^1 + c \times x^0$）$_{10}$。

例 1-2：二进制数 101.11 转换成十进制数

解：将二进制数按权展开求和的方法可以转换成十进制数，运算过程如下。

（101.11）$_2$ = $1 \times 2^2 + 0 \times 2^1 + 1 \times 2^0 + 1 \times 2^{-1} + 1 \times 2^{-2}$ = 4+0+1+0.5+0.25 = 5.75

（3）二进制数转换成八进制数、十六进制数

由于 2^3=8，2^4=16，因此，在二进制转换成八进制（十六进制）时可采用"三（四）位一并法"，将每三位（四位）二进制合并为一位八进制数（十六进制数）。即将二进制数从小数点开始，整数部分从右向左，每三位（四位）一组，不足三位（四位）时在高数位补 0；小数部分从左向右，每三位（四位）一组，不足三位（四位）时在低数位补 0，每组对应一位八进制数（十六进制数）即可得到八进制数（十六进制数）。

例 1-3：将二进制数 10011101110.1011 转换为八进制数

解：

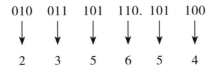

| 010 | 011 | 101 | 110. | 101 | 100 |
| 2 | 3 | 5 | 6 | 5 | 4 |

即（10011101110.1011）$_2$=（2356.54）$_8$

例 1-4：将二进制数 10011101110.1011 转换为十六进制数

解：

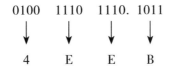

| 0100 | 1110 | 1110. | 1011 |
| 4 | E | E | B |

即（10011101110.1011）$_2$=（4EE.B）$_{16}$

（4）八进制数、十六进制数转换成二进制数

采用"一分为三（四）法"，以小数点为界，向左或向右每一位八进制数（十六进制数）用相应的三位（四位）二进制数取代，然后将其连在一起即可。

例 1-5：将八进制数 247.53 转换为二进制数

解：

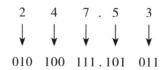

即（247.53）$_8$=（10100111.101011）$_2$

例 1-6：将十六进制数 2B7.5C 转换为二进制数

解：

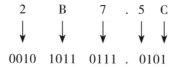

数据的计量
单位

📖拓展知识

即（247.53）$_{16}$=（1010110111.101011）$_2$

表 1-2 所示为不同数制转换方法对照表。

表 1-2   不同数制转换方法对照表

数制转换	十进制	二进制	八进制	十六进制
十进制（整数）	/	除 2 取余法	除 8 取余法或 十→二→八	除 16 取余法或 十→二→十六
十进制（小数）	/	乘 2 取整法	乘 8 取整法 十→二→八	乘 16 取整法 十→二→十六
二进制	按权展开求和	/	三位一并法	四位一并法
八进制	按权展开求和	一分为三法	/	八→二→十六
十六进制	按权展开求和	一分为四法	十六→二→八	/

任务 1.3   认识常见的信息编码

任务描述

在计算机内部处理和存储的都是二进制数据，当我们在键盘上按下字母"A"的时候，它是如何被存储到计算机的？又是如何显示出来的呢？

任务目标

• 认识字符、汉字等常见的信息编码。

知识准备

1. 认识字符编码

计算机在对非数值的文字和其他符号进行处理时，要对文字和符号进行数字化处理，即用二进制编码来表示文字和符号。字符编码（Character Code）是用二进制编码来表示字母、数字以及专门符号。目前计算机中普遍采用的是 ASCII（American Standard Code for Information Interchange）码，即美国信息交换标准代码。ASCII 码有 7 位版本和 8 位版本两种，国际上通用的是 7 位版本，7 位版本的 ASCII 码有 128 个元素，只需用 7 个二进制位表示，其中控制字符 34 个，阿拉伯数字 10 个，大小写英文字母共 52 个，以及各种标点符号和运算符号 32 个。除控制字符外，其他字符可以从计算机键盘读入并且可以显示和打印。在计算机中实际用 8 位表示一个字符，最高位为"0"。例如字母 B 的 ASCII 码为 01000010（十进制为 66），字母 b 的 ASCII 码为 01100010（十进制为 98），控制字符 BEL 称为报警字符，编码为 00000111，是通信用的字符，它可以使报警装置或类似的装置发出报警信号。表 1-3 给出了所有 ASCII 码字符的编码。

微课 1.3
常见的信息编码

表 1-3   ASCII 码字符编码表

$b_3 b_2 b_1 b_0$ \ $b_6 b_5 b_4$	000	001	010	011	100	101	110	111
0 0 0 0	NUL	DC0	SP	0	@	P	`	p
0 0 0 1	SOH	DC1	!	1	A	Q	a	q
0 0 1 0	STX	DC2	"	2	B	R	b	r
0 0 1 1	ETX	DC3	#	3	C	S	c	s
0 1 0 0	EOT	DC4	$	4	D	T	d	t
0 1 0 1	ENQ	NAK	%	5	E	U	e	u
0 1 1 0	ACK	SYN	&	6	F	V	f	v
0 1 1 1	BEL	ETB	`	7	G	W	g	w
1 0 0 0	BS	CAN	(	8	H	X	h	x
1 0 0 1	HT	EM	)	9	I	Y	i	y
1 0 1 0	LF	SUB	*	:	J	Z	j	z
1 0 1 1	VT	ESC	+	;	K	[	k	{
1 1 0 0	FF	FS	,	<	L	\	l	|
1 1 0 1	CR	GS	–	=	M	]	m	}
1 1 1 0	SO	RS	.	>	N	↑	n	~
1 1 1 1	SI	US	/	?	O	←	o	DEL

2. 认识汉字编码

汉字也是字符，与西文字符比较，汉字数量大，字形复杂，同音字多，这就给汉字在计算机内部的存储、传输、交换、输入和输出等带来了一系列的问题。为了能直接使用西文标准键盘输入汉字，必须为汉字设计相应的编码，包括区位码、国标码、汉字机内码、汉字输入码和汉字输入码，这些编码进行转换以适应计算机处理汉字的需要。

任务 1.4　了解计算机系统的组成

微课 1.4-1
计算机的基本结构和工作原理

任务描述

某学校大一新生想组装一台合适自己的计算机。要求该计算机能够正常开关机，可进行基本的办公操作，具备一定的安全保护功能。

任务目标

- 了解计算机系统的基本构成与工作原理。
- 了解计算机硬件系统和软件系统的基本概念及应用。

知识准备

1. 了解计算机的基本结构

完整的计算机系统包括两大部分，即硬件系统和软件系统。所谓硬件系统，是指构成计算机的物理设备，它包括计算机系统中一切电子、机械和光电等设备。软件系统是指计算机运行时所需的各种程序、数据及其有关资料。一般讲到"计算机"一词，都是指含有硬件和软件的计算机系统。计算机的基本结构如图 1-1 所示。

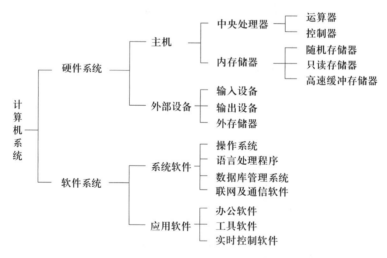

图 1-1　计算机系统基本结构

2. 了解计算机的工作原理

计算机硬件由运算器、控制器、存储器、输入设备和输出设备 5 个基本部分组成，也称为计算机的 5 大部件。

（1）运算器

运算器又称算术逻辑单元（Arithmetic Logic Unit，ALU），是计算机对数据进行加工处理的部件，它的主要功能是对二进制数码进行加、减、乘和除等算术运算和与、或以及非等基本逻辑运算，实现逻辑判断。运算器在控制器的控制下实现其功能，运算结果由控制器指挥送到内存储器中。

（2）控制器

控制器主要由指令寄存器、译码器、程序计数器和操作控制器等组成，控制器是用来控制计算机各部件协调工作，并使整个处理过程有条不紊地进行。它的基本功能就是从内存中取指令和执行指令，即控制器按程序计数器指出的指令地址从内存中取出该指令进行译码，然后根据该指令功能向有关部件发出控制命令，执行该指令。另外，控制器在工作过程中，还要接受各部件反馈回来的信息。

（3）存储器

存储器（Memory）是计算机系统中的记忆设备，用来存放程序和数据。计算机中全部信息，包括输入的原始数据、计算机程序、中间运行结果和最终运行结果都保存在存储器中。它根据控制器指定的位置存入和取出信息。有了存储器，计算机才有记忆功能，才能保证正常工作。存储器按用途可分为主存储器和辅助存储器，也有分为外部存储器和内部存储器的分类方法。内存指主板上的存储部件，用来存放当前正在执行的数据和程序，但仅用于暂时存放程序和数据，当关闭电源或断电，数据会丢失。外存通常是磁性介质或光盘等，能长期保存信息。

1）内存储器

内存储器也称主存储器，它直接与 CPU 相连接，存储容量较小，但速度快，用来存放当前运行程序的指令和数据，并直接与 CPU 交换信息。内存储器由许多存储单元组成，每个单元能存放一个二进制数，或一条由二进制编码表示的指令。存储器的存储容量以字节为基本单位，每个字节都有自己的编号，称为"地址"，如要访问存储器中的某个信息，就必须知道它的地址，然后再按地址存入或取出信息。为了度量信息存储容量，将 8 位二进制码（8 bit）称为一个字节（Byte，简称 B），字节是计算机中数据处理和存储容量的基本单位。1 024 个字节称为 1 千字节（KB），1 024 千个字节称 1 兆字节（1 MB），1 024 兆个字节称为 1 吉字节（1 GB），1 024 吉个字节称为 1 太字节（TB），现在微型计算机主存容量大多数在兆字节以上。

计算机处理数据时，一次可以运算的数据长度称为一个"字"（Word）。字的长度称为字长。一个字可以是一个字节，也可以是多个字节。常用的字长有 8 位、16 位、32 位、64 位等。如某一类计算机的字由 4 个字节组成，则字的长度为 32 位，相应的计算机称为 32 位机。

2）外存储器

外存储器又称辅助存储器（简称辅存），它是内存的扩充。外存存储容量大，价格低，但存储速度较慢，一般用来存放大量暂时不用的程序、数据和中间结果，需要时，它可成批地和内存储器进行信息交换。外存只能与内存交换信息，不能被计算机系统的其他部件直接访问。常用的外存有磁盘、磁带和光盘等。

（4）输入 / 输出设备

输入 / 输出设备简称 I/O（Input/Output）设备。用户通过输入设备将程序和数据输入计算机，通过输出设备将计算机处理的结果（如数字、字母、符号和图形）显示或打印出来。常用的输入设备有键盘、鼠标器、扫描仪和数字化仪等。常用的输出设备有显示器、打印机和绘图仪等。

这 5 个部分的工作原理如图 1-2 所示。

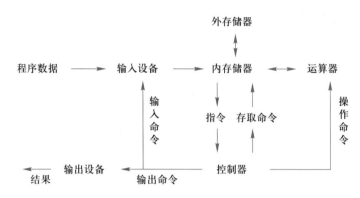

图 1-2   计算机硬件工作原理示意图

3. 了解微型计算机的硬件系统

微型计算机是计算机的一种。微机系统的硬件系统是指计算机系统中可以看得见摸得着的物理装置，即机械器件、电子线路等设备。

（1）CPU

微课 1.4-2
微型计算机
的硬件系统

在微型计算机中，运算器和控制器通常被整合成一块集成电路芯片上，称为中央处理器（CPU），其主要功能是从内存储器中取出指令，解释并执行指令。

CPU 是计算机硬件系统的核心，它决定了计算机的性能和速度，代表了计算机的档次，所以人们通常把 CPU 形象地比喻为计算机的大脑。CPU 的运行速度通常用主频表示，以赫兹（Hz）为计量单位。图 1-3 所示为 Intel 公司生产的 CPU。

（2）内存储器

内存是计算机中重要的部件之一，它是与 CPU 进行沟通的桥梁。计算机中所有程序的运行都是在内存中进行的，因此内存的性能对计算机的影响非常大。内存（Memory）也被称为内存储器，其作用是用于暂时存放 CPU 中的运算数据，以及与硬盘等外部存储器交换的数据。只要计算机在运行中，CPU 就会把需要运算的数据调到内存中进行运算，当运算完成后 CPU 再将结果传送出来，内存的运行也决定了计算机的稳定运行。内存储器可分为只读存储器（ROM）、随机存储器（RAM）和高速缓冲存储器（Cache）。

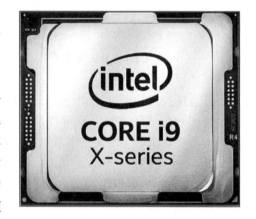

图 1-3   Intel i9 处理器

（3）主板

每台 PC 的主机机箱内部都有一块比较大的电路板，称为主板。主板是连接 CPU、内存、各种适配器（如显卡、声卡及网卡等）和外围设备的枢纽。主板为 CPU、内存等提供安装插槽；为各种外部存储器、打印和扫描等 I/O 设备提供连接的接口。实际上计算机通过主板将 CPU 等各种器件和外设有机地结合起来形成一套完整的硬件系统。图 1-4 所示为主流机型主板结构示意图。

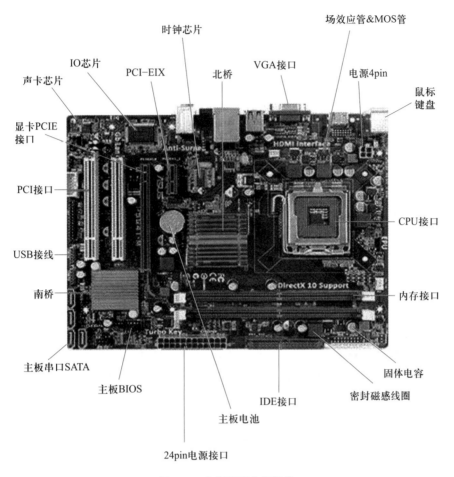

图 1-4　主流机型主板结构

（4）显卡

显卡是个人计算机最基本的组成部分之一。显卡的用途是将计算机系统所需要的显示信息进行转换驱动，并向显示器提供行扫描信号，控制显示器的正确显示，是连接显示器和个人计算机主板的重要元件，是"人机对话"的重要设备之一。显卡作为计算机主机里的一个重要组成部分，承担输出显示图形的任务，对于从事专业图形设计的人来说显卡的性能比较重要。

（5）硬盘

1）机械硬盘

硬盘是由涂有磁性材料的合金圆盘组成，是微机系统的主要外存储器。硬盘有一个重要的性能指标是存取速度。影响存取速度的因素有：平均寻道时间、数据传输率、盘片的旋转速度和缓冲存储器容量等。一般来说，转速越高的硬磁盘寻道的时间越短，而且数据传输率也越高。

2）固态硬盘

固态硬盘（Solid State Driver），简称固盘，是用固态电子存储芯片阵列制成的硬盘，其芯片的工作温度范围很宽，商规产品（0~70℃）工规产品（-40~85℃）。虽然成本较高，但因存取速度快，也正在逐渐普及。由于固态硬盘技术与传统硬盘技术不同，所以产生了不少新兴的存储器厂商。厂商只需购买 NAND 存储器，再配合适当的控制芯片，就可以制造固态硬盘了。新一代的固态硬盘普遍采用 SATA-2 接口、SATA-3 接口、MSATA 接口和 CFast 接口。

（6）基本输入输出设备

1）键盘

键盘（Keyboard）是用户与计算机进行交流的主要工具，是计算机最重要的输入设备，也是微型计算机必不可少的外部设备。

通常键盘由三部分组成：主键盘、小键盘和功能键。主键盘即通常的英文打字机用键（位于键盘中部）。小键盘即数字键组（位于键盘右侧，与计算器类似）。功能键组（键盘上部，标记为 F1~F12）。

2）鼠标

鼠标是一种计算机输入设备，根据与主机的连接方式，可分有线和无线两种。它也是计算机显示系统纵横坐标定位的指示器，因形似老鼠而得名"鼠标"。"鼠标"的标准称呼应该是"鼠标器"，英文名为"Mouse"。鼠标的使用使计算机的操作更加简便，替代了键盘部分烦琐的指令。

3）显示器

显示器通常也被称为监视器。显示器属于计算机的 I/O 设备，即输入输出设备。它可以分为 CRT、LCD 等多种。它是一种将数据通过特定的传输设备显示到屏幕上的显示工具。

4. 了解计算机的软件系统

微课1.4-3
计算机的软件系统

软件是计算机系统必不可少的组成部分。微型计算机系统的软件分为系统软件和应用软件两类。系统软件一般包括操作系统、语言编译程序和数据库管理系统。应用软件是指为某一特定应用场景而开发的软件。例如文字处理软件、表格处理软件、绘图软件、财务软件和过程控制软件等。下面简单介绍微机软件的基本配置。

（1）操作系统

操作系统（Operating System，OS）是管理和控制计算机硬件与软件资源的计算机程序，是直接运行在计算机上的最基本的系统软件，任何其他软件都必须在操作系统的支持下才能运行。

操作系统是用户和计算机的接口，同时也是计算机硬件和其他软件的接口。操作系统的功能包括管理计算机系统的硬件、软件及数据资源，控制程序运行，提供人机交互界面，为其他应用软件提供支持等。为了使计算机系统所有资源最大限度地发挥作用，操作系统提供了各种形式的用户界面，使用户有一个好的工作环境，为其他软件的开发提供必要的服务和相应的接口。

从应用领域来说，操作系统可以分为以下几类：

1）桌面操作系统

桌面操作系统主要用于个人计算机上。个人计算机市场从硬件架构上来说主要分为两大阵营，PC 与 Mac；从软件上可主要分为两大类，分别为类 UNIX 操作系统和 Windows 操作系统：

类 UNIX 操作系统包括 Mac OS X，Linux 发行版（如 Debian、Ubuntu、Linux Mint、openSUSE 和 Fedora 等）；

微软公司 Windows 操作系统包括 Windows 98、Windows XP、Windows Vista、Windows 7、Windows 8 和 Windows 10 等。

2）服务器操作系统

服务器操作系统一般指的是安装在大型计算机上的操作系统，比如 Web 服务器、应用服务器和数据库服务器等。服务器操作系统主要有 3 大类。

UNIX 系列：SUN Solaris、IBM-AIX、HP-UX、FreeBSD 和 OS X Server 等；

Linux 系列：Red Hat Linux、CentOS、Debian 和 Ubuntu Server 等；

Windows 系列：Windows NT Server、Windows Server 2003、Windows Server 2008、Windows Server 2008 R2、Windows Server 2012 和 Windows Server 2012 R2 等。

3）嵌入式操作系统

嵌入式操作系统是应用在嵌入式系统的操作系统。嵌入式系统广泛应用在生活的各个方面，涵盖从便携设备到大型固定设施，如数码相机、手机、平板电脑、家用电器、医疗设备、交通灯、航空电子设备和工厂控制设备等，越来越多嵌入式系统安装有实时操作系统。

在嵌入式领域常用的操作系统有嵌入式 Linux、Windows Embedded 和 VxWorks 等，以及广泛使用在智能手机或平板电脑等消费电子产品中的操作系统，如 Android 和 iOS 等。

（2）计算机语言处理程序

计算机的程序，就是用某种特定的符号系统（语言）对被处理的数据和实现算法的过程的描述。它是为解决某一问题而设计的一系列排列有序的指令或语句的集合。指令是指挥计算机如何工作的命令，它通常由一串二进制数码组成，即由操作码和地址码两部分组成。操作码规定了操作的类型，即进行什么样的操作；地址码规定了要操作的数据存放在哪个地址中，以及操作结果存放到什么地址中去。

计算机语言指的是程序设计语言。要使用计算机解决某一实际问题，就需要编写程序。编写计算机程序，就必须掌握计算机的程序设计语言。程序设计语言通常分为机器语言、汇编语言和高级语言 3 类。

1）机器语言

机器语言是一种用二进制代码 "0" 和 "1" 形式表示的，能被计算机直接识别和执行的语言。用机器语言编写的程序，称为计算机机器语言程序。它是一种低级语言，用机器语言编写的程序不便于记忆、阅读和书写，通常不用机器语言直接编写程序。

2）汇编语言

汇编语言是一种用助记符表示的面向机器的程序设计语言。汇编语言的每条指令对应一条机器语言代码，不同类型的计算机系统一般有不同的汇编语言。用汇编语言编制的程序称为汇编语言程序，机器不能直接识别和执行，必须由 "汇编程序"（或汇编系统）翻译成机器语言程序才能运行。这种 "汇编程序" 就是汇编语言的翻译程序。汇编语言适用于编写直接控制机器操作的低层程序，它与机器密切相关，不容易使用。

3）高级语言

高级语言是一种比较接近自然语言和数学表达式的一种计算机程序设计语言。一般用高级语言编写的程序称为 "源程序"，计算机不能识别和执行，要把用高级语言编写的源程序翻译成机器指令，通常有编译和解释两种方式。编译方式是将源程序整个编译成目标程序，然后通过链接程序将目标程序链接成可执行程序。解释方式是将源程序逐句翻译，翻译一句执行一句，边翻译边执行，不产生目标程序，由计算机执行解释程序自动完成，如 BASIC 语言和 Perl 语言。常用的高级语言程序有以下几种。

BASIC 语言，它是一种简单易学的计算机高级语言。尤其是 Visual Basic 语言，具有很强的可视化设计功能。给用户在 Windows 环境下开发软件带来了方便，是重要的多媒体编程工具语言。

FORTRAN 语言，它是一种适合科学和工程设计计算的语言，它具有大量的工程设计计算程序库。

PASCAL 语言，它是一种结构化程序设计语言，适用于教学、科学计算、数据处理和系统软件的开发。

C 语言，它是一种具有很高灵活性的高级语言，适用于系统软件、数值计算和数据处理等。

Java 语言，它是近几年发展起来的一种新型的高级语言。它简单、安全且可移植性强。它适用于网络环境的编程，多用于交互式多媒体应用。

（3）数据库管理系统

数据库管理系统（Database Management System，DBMS）的作用是管理数据库。数据库管理系统是有效地进行数据存储、共享和处理的工具。目前，微机系统常用的单机数据库管理系统有 DBase、FoxBase 和 Visual FoxPro 等，适合于网络环境的大型数据库管理系统有 Sybase、Oracle、DB2 和 SQL Server 等。

当今数据库管理系统主要用于档案管理、财务管理、图书资料管理、仓库管理和人事管理等数据处理。

（4）联网及通信软件

网络上的信息和资料管理比单机上要复杂得多。因此，出现了许多专门用于联网和网络管理的系统软件。例如局域网操作系统 Novell NetWare、Microsoft Windows NT；通信软件有 Internet 浏览器软件，如 Netscape 公司的 Navigator、Microsoft 公司的 IE 等。

（5）应用软件

1）办公软件

办公软件是指可以进行文字处理、表格制作、幻灯片制作、图形图像处理和简单数据库的处理等方面工作的软件。办公软件朝着操作简单化，功能细化等方向发展。目前常用的文字处理软件有 Microsoft office 2016、WPS 2000 等。

2）工具软件

指在使用计算机进行工作和学习时经常使用的软件。通常使用的有杀毒软件、音频、视频播放软件及格式转换软件等。

3）实时控制软件

用于生产过程自动控制的计算机一般都是可以实时控制的。它对计算机的速度要求不高但可靠性要求很高。用于控制的计算机，其输入信息往往是电压、温度、压力、流量等模拟量，将模拟量转换成数字量后计算机才能进行处理或计算。这类软件一般统称 SCADA（Supervisory Control And Data Acquisition，监察控制和数据采集）软件。目前 PC 上流行的 SCADA 软件有 IFIX、INTOUCH、LOOKOUT 等。

计算机的性能指标中的相关术语

📖 拓展知识

任务要求

利用现有硬件组装一台个人计算机，该计算机能够正常开关机，可进行基本的办公操作，具备一定的安全保护功能。

任务实施

1. 计算机组装步骤

① 先将 CPU 安装到主板上，再装好 CPU 散热风扇。

② 将内存条安装到主板上，再把主板固定到机箱中。

③ 将硬盘固定到机箱中，将主板线与硬盘连接。

④ 安装显卡到主板上。

⑤ 将机箱前面板跳线与主板连接。

⑥ 将电源安装到机箱上，将电源供电接口与主板、硬盘连接好，盖好机箱盖。

⑦ 将显示器接上电源，VGA 线与机箱连接好。

⑧ 将鼠标、键盘、音响与机箱连接。

微课 1.4-4
计算机硬件
组装

2. 安装 Windows 10 操作系统（以从光盘安装为例）

① 设置计算机从光盘启动。

② 计算机会读取光盘的内容运行 Windows 10 安装程序。根据安装向导进行设置，首先进入安装环境设置，选择完成后，单击"下一步"。

微课 1.4-5
安装软件

③ 在弹出窗口中单击"现在安装"。

④ 勾选"我接受许可条款"后，单击"下一步"。

⑤ 选择安装方式。选择"自定义：仅安装 Windows（高级）（C）"。

⑥ 设置安装位置。单击"新建"，设置空间大小，单击"应用"。

⑦ 重启计算机后，系统会进入向导界面，将进行区域、网络、账户、隐私及服务进行设置。

⑧ 完成安装，进入系统桌面。

3. 安装杀毒软件

以 360 安全卫士为例。

① 进入 360 官网（https://www.360.cn/）下载最新版安全卫士安装包。

② 双击安装包运行程序。

③ 选择安装路径。

④ 自动安装至完成。

4. 安装办公软件

以 Microsoft Office 2016 为例。

① 下载安装包。

② 双击安装包运行程序。

③ 选择安装路径，自动安装。

④ 安装完成时，会看到"你已设置完毕！Office 现已安装"和动画播放，向用户介绍在计算机上查找 Office 应用程序的位置，选择"关闭"选项。

任务 1.5   认识多媒体

任务描述

社团活动要求用多媒体记录身边有趣的事,那么就需要先了解什么是多媒体,多媒体有什么特点。

微课 1.5
认识多媒体

任务目标

- 认识多媒体的特点及多媒体技术的应用。

知识准备

1. 认识多媒体的特点

在计算机和通信领域,我们所指的信息的正文、图形、声音、图像和动画都可以称为媒体。从计算机和通信设备处理信息的角度来看,我们可以将自然界和人类社会原始信息存在的形式——数据、文字、有声的语言、音响、绘画、动画和图像(静态的照片和动态的电影、电视和录像)等,归结为三种最基本的媒体:声、图和文。传统的计算机只能够处理单媒体——"文",电视能够传播声、图、文集成信息,但它不是多媒体系统。因为通过电视,我们只能单向地被动地接收信息,不能双向地、主动地处理信息,没有所谓的交互性。所谓多媒体,是指能够同时采集、处理、编辑、存储和展示两个或以上不同类型信息媒体的技术,这些信息媒体包括文字、声音、图形、图像、动画和活动影像等。

从概念上说,多媒体中的"媒体"应该是指一种表达某种信息内容的形式,同理可以知道,多媒体,应该是多种信息的表达方式或者是多种信息的类型。因此,就可以用多媒体信息这个概念来表示包含文字信息、图形信息、图像信息和声音信息等不同信息类型的一种综合信息类型。

总之,由于信息最本质的概念是客观事物属性的特征,其表现方式是多种多样的,因此,较为准确而全面的多媒体定义,就是指多种信息类型的综合。

多媒体技术有以下几个主要特点。

① 集成性:能够对信息进行多通道统一获取、存储、组织与合成。

② 控制性:多媒体技术是以计算机为中心,综合处理和控制多媒体信息,并按人的要求以多种媒体形式表现出来,同时作用于人的多种感官。

③ 交互性:交互性是多媒体应用有别于传统信息交流媒体的主要特点之一。传统信息交流媒体只能单向地、被动地传播信息,而多媒体技术则可以实现人对信息的主动选择和控制。

④ 非线性:多媒体技术的非线性特点将改变人们传统循序性的读写模式。以往人们读写方式大都采用章、节和页的框架,循序渐进地获取知识,而多媒体技术将借助超文本链接的方法,把内容以一种更灵活、更具变化的方式呈现给读者。

⑤ 实时性:当用户给出操作命令时,相应的多媒体信息都能够得到实时控制。

⑥ 互动性:它可以形成人与机器、人与人及机器间的互动,互相交流的操作环境及身临其境的场景,人们根据需要进行控制。人机相互交流是多媒体最大的特点。

⑦ 信息使用的方便性：用户可以按照自己的需要、兴趣、任务要求、偏爱和认知特点来使用信息，任取图、文和声等信息表现形式。

⑧ 信息结构的动态性：用户可以按照自己的目的和认知特征重新组织信息，增加、删除或修改节点，重新建立链接。

2. 认识多媒体技术的应用

（1）教育与培训

世界各国的教育工作者和研究者们正努力研究用先进的多媒体技术改进教学与培训。以多媒体计算机为核心的现代教育技术使教学手段更加丰富多彩，使计算机辅助教学（CAI）如虎添翼。

实践已证明多媒体教学系统有如下效果：学习效果好；说服力强；教学信息的集成使教学内容丰富，信息量大；感官整体交互，学习效率高；各种媒体与计算机结合可以使感官与想象力相互配合，产生前所未有的思维空间与创造资源。

（2）桌面出版与办公自动化

桌面出版物主要包括印刷品、表格、布告、广告、宣传品、海报、市场图表、蓝图及商品图等。多媒体技术为办公室增加了控制信息的能力和充分表达思想的机会，许多应用程序都是为提高工作人员的工作效率而设计的，从而产生了许多新型的办公自动化系统。由于采用了先进的数字影像和多媒体计算机技术，把文件扫描仪，图文传真机，文件资料微缩系统等和通信网络等现代化办公设备综合管理起来，它将构成全新的办公自动化系统，成为新的发展方向。

（3）多媒体电子出版物

国家新闻出版署对电子出版物定义为"电子出版物，是指以数字代码方式将图、文、声和像等信息存储在磁、光和电介质上，通过计算机或类似设备阅读使用，并可复制发行的大众传播媒体。"该定义明确了电子出版物的重要特点。电子出版物的内容可分为电子图书、辞书手册、文档资料、报纸杂志、教育培训、娱乐游戏、宣传广告、信息咨询和简报等，许多作品是多种类型的混合。

电子出版物的特点：集成性和交互性，即使用媒体种类多，表现力强，信息的检索和使用方式更加灵活方便，特别是信息的交互性，它不仅能向读者提供信息，而且能接受读者的反馈。电子出版物的出版形式有电子网络出版和单行电子书刊两大类。

电子网络出版是以数据库和通信网络为基础的新出版形式，在计算机管理和控制下，向读者提供网络联机服务、传真出版、电子报刊、电子邮件、教学及影视等多种服务。而单行电子书刊载体有只读光盘（CD-ROM）、交互式光盘（CD-I）、图文光盘（CD-G）、照片光盘（Photo-D）、集成电路卡（IC）和新闻出版者认定的其他载体。

（4）多媒体通信

在通信工程中的多媒体终端和多媒体通信也是多媒体技术的重要应用领域之一。当前计算机网络已在人类社会进步中发挥着重大作用。随着"信息高速公路"开通，电子邮件已被普遍采用。多媒体通信有着极其广泛的内容，对人类生活、学习和工作将产生深刻影响的当属信息点播（Information Demand）和计算机协同工作系统（Computer Supported Cooperative Work，CSCW）。

信息点播有桌上多媒体通信系统和交互电视 ITV。通过桌上多媒体信息系统，人们可以远距离点播所需信息，而交互式电视和传统电视不同之处在于用户在电视机前可对电视台节目库中的信息按需选取，即用户主动与电视进行交互式获取信息。

计算机协同工作是指在计算机支持的环境中，一个群体协同工作以完成一项共同的任务。它可以应用于工业产品的协同设计制造、远程会诊、不同地域位置的同行们进行学术交流以及师生间的协同式学习等。

多媒体计算机＋电视＋网络将形成一个极大的多媒体通信环境，它不仅改变了信息传递的面貌，带来通信技术的大变革，而且计算机的交互性、通信的分布性和多媒体的现实性相结合，将构成继电报、电话和传真之后的第四代通信手段，向社会提供全新的信息服务。

（5）多媒体声光艺术品的创作

专业的声光艺术作品包括影片剪接、文本编排、音响、画面等特殊效果的制作等。

专业艺术家也可以通过多媒体系统的帮助改进其作品的品质，MIDI 的数字乐器合成接口可以让设计者利用音乐器材、键盘等合成音响输入，然后进行剪接、编辑，制作出许多特殊效果。

电视节目制作者可以用多媒体系统制作电视节目，美术工作者可以用其制作卡通和动画的特殊效果。制作的节目存储到 VCD 视频光盘上，不仅便于保存，图像质量好，价格也易为人们所接受。

常见的多媒体处理软件如下。

- 文字处理：记事本、写字板、Word 和 WPS。
- 图形图像处理：Photoshop、CorelDRAW 和 Freehand。
- 动画制作：Autodesk CAD、Animator Pro、3ds Max、Maya 和 Flash。
- 声音处理：Ulead Media Studio、Sound Forge、Cool Edit 和 Wave Edit。
- 视频处理：Ulead Media Studio 和 Adobe Premiere。

任务 1.6   了解计算机安全知识

微课 1.6
计算机安全
知识

任务描述

新组装了一台计算机，需要了解如何对计算机进行保护。

任务目标

- 了解计算机的信息安全使用常识。
- 了解病毒的基本知识及防护措施。

知识准备

1. 了解计算机硬件安全知识

随着计算机硬件的发展，计算机中存储的程序和数据的量越来越大，如何保障存储在计算机中的数据不丢失，是任何计算机应用部门要首先考虑的问题。国际标准化组织（ISO）对计算机安全的定义是：为数据处理系统建立和采取的技术和管理的安全保护，保护计算机硬件、软件和数据不因偶然的或恶意的原因而遭破坏、更改和泄露。

计算机硬件是指计算机所用的芯片、板卡及输入／输出等设备。这些芯片和硬件设备也会对系统安全构成威胁。造成计算机中存储数据丢失的原因主要是：病毒破坏、人为窃取、计算机电磁辐射以及计算机存储器硬件损坏等。

2. 了解计算机软件安全知识

计算机病毒指"编制者在计算机程序中插入的破坏计算机功能或者破坏数据、影响计算机使用并且能够自我复制的一组计算机指令或者程序代码"。

计算机病毒不是天然存在的，是某些人利用计算机软件和硬件的弱点编制的一组指令集或程序代码。它能通过某种途径潜伏在计算机的存储介质（或程序）里，当达到某种条件时即被激活，通过修改其他程序的方法将自己的副本或者演化的形式放入其他程序中，从而感染其他程序，对计算机资源进行破坏。病毒是人为造成的，对其他用户的危害性很大。

（1）病毒的产生

病毒是一种具有破坏性的复杂的代码，能与所在的系统网络环境相适应和配合起来。病毒不会偶然形成，是不可能通过随机代码产生的。

例如，"永恒之蓝"病毒是一种"蠕虫式"的勒索病毒。2017 年 5 月 12 日起在全球范围传播扩散。该勒索病毒利用 Windows 操作系统 445 号端口存在的漏洞进行传播，无须用户任何操作，只要开机上网，不法分子就能在计算机和服务器中植入勒索软件，并具有自我复制、主动传播的特性。勒索病毒感染用户计算机后，不会对计算机中的每个文件都进行加密，而是通过加密硬盘驱动器主文件表（MFT），使主引导记录（MBR）不可操作，通过占用物理磁盘上的文件名，大小和位置的信息来限制对完整系统的访问，从而让计算机系统无法启动，并会在系统桌面弹出勒索对话框，要求受害者支付高额赎金给攻击者，且赎金金额还会随着时间的推移而增加。

（2）病毒的特点

1）可繁殖性

计算机病毒可以复制自己，是否具有繁殖、感染的特征是判断某段程序是否为计算机病毒的重要条件。

2）破坏性

计算机中毒后，可能会导致正常的程序无法运行，把计算机内的文件删除或使之受到不同程度的损坏。通常表现为：增、删、改和移。

计算机病毒不但本身具有破坏性，更有害的是它还具有传染性，一旦病毒被复制或产生变种，其速度之快令人难以想象。传染性是病毒的基本特征。在生物界，病毒通过传染从一个生物体扩散到另一个生物体。在适当的条件下，它可得到大量繁殖，并使被感染的生物体表现出病症甚至死亡。同样，计算机病毒也会通过各种渠道从已被感染的计算机扩散到未被感染的计算机，在某些情况下造成被感染的计算机异常甚至瘫痪。与生物病毒不同的是，计算机病毒是一段人为编制的计算机程序代码，这段程序代码一旦进入计算机并得以执行，它就会搜寻其他符合其传染条件的程序或存储介质，将自身代码插入其中，达到自我繁殖的目的。只要一台计算机染毒，如不及时处理，那么病毒会在这台计算机上迅速扩散，计算机病毒可通过各种可能的渠道，如硬盘、移动硬盘、优盘和计算机网络去感染其他的计算机。当在一台机器上发现了病毒时，往往曾在这台计算机上用过的优盘已感染了病毒，而与这台机器相连网的其他计算机也许也被该病毒感染了。是否具有传染性是判别一个程序是否为计算机病毒的最重要条件。

3）潜伏性

有些病毒像定时炸弹一样，让它什么时间发作是预先设计好的。比如黑色星期五病毒，不到预定时间一点都觉察不出来，等到条件具备的时候突然就爆发，对系统进行破坏。有的计算机病毒程序，进入系统之后不会马上发作，它可以躲在磁盘里几天，甚至几年。一旦时机成熟，得到运行机会，就又四处繁殖、扩散，继续危害。有些计算机病毒的内部有一种触发机制，不满足触发条件时，计算机病毒除了传染外不做什么破坏。触发条件一旦得到满足，有的在屏幕上显示信息、图形或特殊标识，有的则执行破坏系统的操作，如格式化磁盘、删除磁盘文件、对数据文件做加密、封锁键盘以及使系统死机等。

4）隐蔽性

计算机病毒具有很强的隐蔽性，有的可以通过病毒软件检查出来，有的查不出来，有的时隐时现、变化无常，这类病毒处理起来通常很困难。

5）可触发性

病毒因某个事件或数值的出现，实施感染或进行攻击的特性称为可触发性。为了隐蔽自己，病毒必须潜伏。但如果完全不动，一直潜伏的话，病毒既不能感染也不能进行破坏，便失去了杀伤力。病毒既要隐蔽又要维持杀伤力，因此它必须具有可触发性。病毒的触发机制就是用来控制感染和破坏动作的频率的。病毒具有预定的触发条件，这些条件可能是时间、日期、文件类型或某些特定数据等。病毒潜伏时，触发机制检查预定条件是否满足，如果满足则启动感染或破坏动作，使病毒进行感染或攻击；如果不满足则继续潜伏。

（3）病毒的预防

提高系统的安全性是防病毒的一个重要方面，但完美的系统是不存在的，过于强调提高系统的安全性将使系统多数时间用于病毒检查，系统失去了可用性、实用性和易用性；另一方面，信息保密的要求让人们在泄密和清除病毒之间无法选择。为加强内部网络管理人员以及使用人员的安全意识，很多计算机系统常用口令来控制对系统资源的访问，这是预防病毒最容易和最经济的方法之一。另外，安装杀毒软件并定期更新和杀毒也是预防病毒的重要手段。

① 注意对系统文件、重要可执行文件和数据进行写保护；

② 不使用来历不明的程序或数据；

③ 尽量不用移动存储设备进行系统引导；

④ 不轻易打开来历不明的电子邮件；

⑤ 使用新的计算机系统或软件时，要先杀毒后使用；

⑥ 备份系统和参数，建立系统的应急计划等；

⑦ 专机专用；

⑧ 安装杀毒软件。

任务 1.7   认识计算思维

任务描述

在围棋人机大战中，计算机程序"阿尔法狗"（AlphaGo）战胜了人类顶尖围棋手。人类创造了计算机程序，计算机程序在比赛中战胜了人类，那么人和计算机程序谁更厉害？计算机是如何进行思维的？

微课 1.7
计算思维

任务目标

● 了解计算思维的概念、计算思维的本质及计算思维的应用领域。

知识准备

1. 了解计算思维的概念

计算思维是运用计算机科学的基础概念进行问题求解、系统设计以及人类行为理解等涵盖计算机科学之广度的一系列思维活动。计算思维由周以真教授于 2006 年 3 月首次提出。2010 年，周以真教授又指出计算思维是与形式化问题及其解决方案相关的思维过程，其解决问题的表示形式应该能有效地被信息处理代理执行。

周教授为了让人们更易于理解，又将它更进一步地定义为：通过约简、嵌入、转化和仿真等方法，把一个看来困难的问题重新阐释成一个我们知道问题怎样解决的方法。

计算机思维是运用信息技术解决实际问题的综合能力的基础。作为一种思维方式，需要在解决问题的过程中不断经历分析思考、实践求证、反馈调适而逐步形成。

2. 了解计算思维的本质

计算思维的本质是抽象和自动化，特点是形式化、程序化和机械化。

采用计算机可以处理的方式界定问题、抽象特征、建立模型、组织数据，综合利用各种信息资源、科学方法和信息技术工具解决问题，并将这种解决问题的思维方式、迁移运用到职业岗位与生活情境相关问题解决过程中。

3. 了解计算思维的应用领域

计算思维是一种思维方式，那么其应用领域就不仅仅局限于计算机领域，它可以体现在程序设计、数学建模等操作中，也在大气科学、植物科学与技术等专业中被广泛应用。

当学生早晨去学校时，把当天需要的东西放进背包，这就是预置和缓存；当东西弄丢时，沿走过的路寻找，这就是回推；考试收试卷时按照考号顺序收取，这就是排序；在超市结账时，对于排队的选择就是多服务器系统的性能模型；停电时电话仍然可用，这就是失败的无关性和设计的冗余性。在信息化数字化的时代，每个人都需要掌握这种计算思维方式，将其融入日常工作生活中，提高解决问题的效率。

本 章 小 结

本章要求掌握计算机系统的基本构成与工作原理，计算机系统的硬件系统和软件系统的基本概念及应用，计算机系统的优化设置，病毒的概念和预防。重点要求掌握计算机系统的基本构成与工作原理，计算机系统的硬件系统和软件系统的基本概念及应用。

课 后 练 习

选择题

1. 第二代电子计算机采用的主机电器元件为（　　　）。
   A. 晶体管　　　　　　　　　　　　　　B. 中小规模集成电路
   C. 电子管　　　　　　　　　　　　　　D. 超大规模集成电路

2. 计算机与（　　　）相融合形成信息产业。
   A. 信息　　　　　B. 情报检索　　　　C. 通信　　　　D. 数据处理

3. 用电子计算机实现钢炉的自动调温，是计算机在（　　　）领域中的应用。
   A. 计算机辅助系统　　B. 过程控制　　　　C. 科学计算　　　D. 数据处理

4. 下列4个数中最小的是（　　　）。
   A. $(AC)_{16}$　　　　B. $(10101101)_2$　　　　C. $(256)_8$　　　　D. $(175)_{10}$

5. 若在一个非零无符号二进制整数右边加两个零形成一个新的数，则新数的值是原数值的（　　　）。
   A. 1/4　　　　　B. 1/2　　　　　C. 2 倍　　　　D. 4 倍

6. 某种进位计数制被称为 r 进制，则 r 应该称作该进位计数制的（　　　）。
   A. 位权　　　　　B. 数符　　　　　C. 数位　　　　D. 基数

7. 计算机的硬件系统主要由（　　　）等组成。
   A. 机箱、显示器和键盘
   B. 运算控制单元、存储器、输入设备和输出设备
   C. CPU、RAM、ROM 和 "COMS"
   D. 中央处理单元、内存储器和外存储器

8. 计算机能直接执行的程序是（　　　）。
   A. 源程序　　　　B. 高级语言程序　　　C. 机器语言程序　　　D. C 语言程序

9. CPU 每执行一条（　　　），就完成一个基本运算或逻辑判断。
   A. 语句　　　　　B. 指令　　　　　C. 软件　　　　D. 程序

10. 对一片处于写保护状态的优盘，（　　　）。
    A. 只能进行取数操作而不能进行存数操作
    B. 可以消除其中的计算机病毒
    C. 不能对其进行查毒操作
    D. 可以将其格式化

11. 下列四条叙述中，正确的一条是（　　　）。
    A. PC 机在使用过程中突然断电，SRAM 中存储的信息不会丢失
    B. 假若 CPU 向外输出 20 位地址，则它能直接访问的存储空间可达 1 MB
    C. 外存储器中的信息可以直接被 CPU 处理
    D. PC 在使用过程中突然断电，DRAM 中存储的信息不会丢失

12. 在微型计算机中，（　　　）是必不可少的输入设备。

A. 显示器 B. 扫描仪

C. CD-RW D. 键盘（或软键盘）

13. 下列存储器中读写速度最快的是（　　　）。

A. 内存 B. 光盘 C. 优盘 D. 硬盘

14. 下列各指标中，（　　　）是数据通信系统的主要技术指标之一。

A. 分辨率 B. 重码率 C. 传输速率 D. 时钟主频

15. 以下设备中，用于获取视频信息的是（　　　）。

A. 声卡 B. 彩色扫描仪

C. 数码摄像机 D. 条码读写器

16. 以下关于多媒体技术的描述中，正确的是（　　　）。

A. 多媒体技术中的"媒体"概念特指音频和视频

B. 多媒体技术就是能用来观看的数字电影技术

C. 多媒体技术是指将多种媒体进行有机组合而成的一种新的媒体应用系统

D. 多媒体技术中的"媒体"概念不包括文本

17. 以下格式中，属于音频文件格式的是（　　　）。

A. WAV 格式 B. JPG 格式

C. DAT 格式 D. MOV 格式

18. 下面关于计算机病毒描述错误的是（　　　）。

A. 计算机病毒具有传染性

B. 通过网络传染计算机病毒，其破坏性大大高于单机系统

C. 如果染上计算机病毒，该病毒会马上破坏你的计算机系统

D. 计算机病毒主要破坏数据的完整性

19. 计算机病毒的传播途径不可能是（　　　）。

A. 计算机网络 B. 纸质文件

C. 磁盘 D. 感染病毒的计算机

20. 计算机病毒是指能够侵入计算机系统并在计算机系统中潜伏、传播、破坏系统正常工作的一种具有繁殖能力的（　　　）。

A. 驱动 B. 程序 C. 设备 D. 文件

第 **2** 章

Windows 10 操作系统

学习目标

- 理解 Windows 10 的基本概念。
- 掌握 Windows 10 的基本操作方法。
- 掌握控制面板的使用。
- 熟练掌握文件与文件夹的管理操作。
- 掌握系统自带截图工具的使用。

任务 2.1　Windows 10 个性化设置

微课 2.1-1
Windows 10
概述

任务描述

对 Windows 10 系统进行个性化设置，使其符合个人的喜好和使用习惯。

任务目标

- 熟练掌握中文 Windows 10 的基本操作。
- 了解窗口的组成和熟练掌握窗口的基本操作。
- 熟练掌握系统的常用菜单的基本操作。
- 掌握桌面图标、背景和显示属性的设置方法。

知识准备

1. Windows 10 桌面

启动 Windows 10 以后，会出现如图 2-1 所示的画面，这就是通常所说的桌面。用户通常将日常办公中常用的程序图标放在桌面上，以便查找。桌面上包括图标、任务栏等部分。

图 2-1　Windows 10 个性化设置示例

（1）桌面图标

桌面上的小图片称为图标（见图 2-1），它可以代表一个程序、文件、文件夹或其他项目。Windows 10 的桌面上通常有"此电脑""回收站"等图标和其他一些程序文件的快捷方式图标。

"此电脑"表示当前计算机中的所有内容。双击这个图标可以快速查看硬盘、CD-ROM 驱动器以及映射网络驱动器的内容。

"回收站"放置被用户删除的文件或文件夹。当用户误删除或再次需要这些文件时，还可以到"回收站"中将其还原。

（2）任务栏

任务栏是位于屏幕底部的一个水平的长条，由"开始"按钮、"快速启动"工具栏、任务按钮区、通知区域四个部分组成，如图 2-2 所示。

图 2-2　任务栏

- "开始"按钮：用于打开"开始"菜单，执行 Windows 的各项命令。
- "快速启动"工具栏：用于一些常用工具的快速启动，单击其中的按钮即可启动程序。
- "搜索"在文本框中输入要搜索的内容，除了可以搜索本机中的资源以外，还能够搜索网页资源。
- "Cortana"语音助手：中文名"小娜"，是一款智能语音识别助手工具，能够根据用户的爱好和习惯，帮助用户查找资料、进行日程安排及回答问题等。
- "任务视图"Windows 10 增加了虚拟桌面功能，用户可以更系统地管理自己的桌面环境，可以将应用、软件和文件等分门别类地放置在不同的桌面上。

● "Microsoft Edge 浏览器" Windows 10 默认的浏览器，该浏览器拥有全新的内核，采用了全新的渲染引擎，使其在整体内存占用上更小，浏览速度上有了大幅提升。

● "任务按钮区"：显示已打开的程序和文档窗口的图标，使用该图标可以进行还原、切换和关闭窗口等操作，用鼠标拖动图标可以改变图标的排列顺序。

● "语言栏"：输入文本内容时，在语言栏中可进行选择和设置输入法等操作。

● "系统提示区"：用于显示"系统音量""网络"和"时钟"等一些正在运行的应用程序的图标。

● "显示桌面"按钮：单击该按钮可以在当前打开的窗口和桌面之间进行切换。

2. 窗口操作

（1）窗口组成

每次打开一个应用程序或文件、文件夹后，屏幕上出现的一个长方形的区域就是窗口。在运行某一程序或在这个过程中打开一个对象，会自动打开一个窗口。下面以"此电脑"窗口为例，介绍一下窗口的组成，如图 2-3 所示。

微课2.1-2
窗口的组成
和基本操作

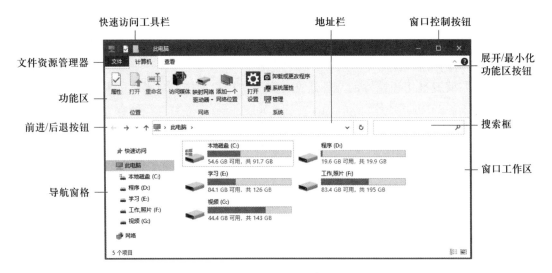

图 2-3　"此电脑"窗口

窗口的各组成部分及其功能介绍如下。

1）快速访问工具栏：为用户提供常用的操作。单击右侧的下拉按钮，可以添加或删除快速访问工具栏的功能。

2）窗口控制按钮：位于窗口的最顶端，其中有"最小化"按钮、"最大化"/"还原"按钮和关闭按钮，通过标题栏可进行移动窗口、改变窗口大小和关闭窗口等操作。

3）文件资源管理器：用于打开新窗口，更改高级文件夹和搜索选项，以及执行其他操作。

4）功能区：Windows 10 取消了传统的菜单操作方式，用功能区代替菜单命令。在窗口上方看起来像菜单名称其实是功能区的名称，当单击这些名称时并不会打开菜单，而是切换到与之相对应的功能区面板。每个功能区根据功能的不同又分为若干个组。默认情况下，功能区通用标签共 4 种，分别是计算机、主页、共享和查看。每个标签中都包含了相关操作命令。还有一些特殊的标签只有选中特殊的文件或文件夹时才会显示。如选择应用程序、磁盘驱动器、图片、视频文件或音频文件时，会出现与之对应的工具，方便用户进一步操作。

- "计算机"功能区：当打开"此电脑"窗口时显示。帮助用户了解"属性""卸载或更改程序"和"打开"等和计算机的相关操作。
- "主页"功能区：打开文件夹时显示。包含"移动"和"复制"等和文件、文件夹相关的功能。
- "共享"功能区：主要包含和共享相关的操作命令，如压缩和传真。在"高级安全"中可以对共享权限进行设置。
- "查看"功能区：可以设置窗格，选择文件或文件夹在窗口中的显示和排序方式，显示文件的扩展名、隐藏或显示的项目等操作。

5）"展开 / 最小化"功能区按钮：用于展开或最小化功能区面板。

6）"前进和后退"按钮：使用"前进"和"后退"按钮导航到曾经打开的其他文件夹，而无须关闭当前窗口。这些按钮可与"地址"栏配合使用，例如，使用地址栏更改文件夹后，可以使用"后退"按钮返回到原来的文件夹。

7）"地址栏"：在地址栏中可以看到当前打开窗口在计算机或网络上的位置。在地址栏中输入文件路径后，单击 Enter 键，即可打开相应的文件。

8）"搜索栏"：在"搜索"框中输入关键词筛选出基于文件名和文件自身的文本、标记以及其他文件属性，可以在当前文件夹及其所有子文件夹中进行文件或文件夹的查找。搜索的结果将显示在文件列表中。

9）"导航窗格"：用于显示所选对象中包含的可展开的文件夹列表，以及收藏夹链接和保存的搜索。通过导航窗格，可以直接导航到所需文件的文件夹。

10）"窗口工作区"：用于显示文件夹包含的子文件夹或文件。

（2）窗口的基本操作

Windows 10 是一个多任务多窗口的操作系统，可以在桌面上同时打开多个窗口，但同一时刻只能对其中的一个窗口进行操作。

1）窗口的最大化

单击窗口右上角的"最大化"按钮或双击窗口的标题栏，可使窗口充满整个桌面。窗口最大化后，"最大化"按钮变成"还原"按钮，单击"还原"按钮或双击窗口的标题栏，可使窗口还原到原来的大小。

2）关闭窗口

单击窗口右上角的"关闭"按钮即可关闭当前窗口。关闭窗口后，该窗口将从桌面和任务栏中被删除。

3）隐藏窗口

隐藏窗口也称为"最小化"窗口。单击窗口右上角的"最小化"按钮后，窗口会从桌面消失，但在任务栏处仍会显示该窗口的任务按钮，单击该按钮，即可将窗口还原。

4）调整窗口大小

拖动窗口的边框可以改变窗口的大小，具体操作步骤如下：

步骤 1：将鼠标指针移动到要改变大小的窗口边框上（垂直边框、水平边框或一角），如移动到右侧边框上。

步骤 2：待指针形状变为双向箭头时按住鼠标左键不放，拖动边框到适当位置后松开鼠标左键，此时窗口的大小已经被改变了。

5）多窗口排列

如果在桌面上打开了多个程序或文档窗口，那么，前面打开的窗口将被后面打开的窗口覆盖。为了便于用户操作，Windows 10 操作系统提供了多种窗口管理功能。

第 1 种：分屏功能

把窗口拖曳至屏幕左（右）侧，当出现窗口停靠虚框时释放鼠标，该窗口会自动占据 1/2 的屏幕，另一半则会显示其他打开了的窗口的缩量图，如图 2-4 所示。单击其中一个缩略图，则该窗口占满另外 1/2 屏幕。

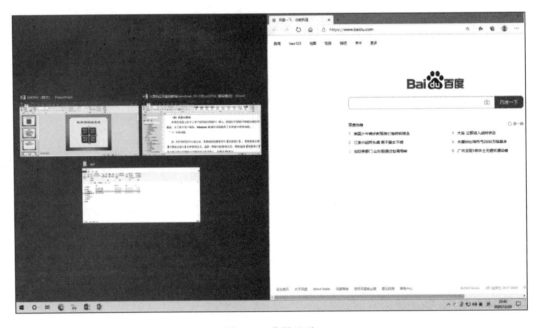

图 2-4　分屏显示

除了左右两侧的热点区域以外，将窗口拖曳到上方，则该窗口全屏显示。将窗口拖曳到左上、左下、右上、右下四个边角时，该窗口将以 1/4 屏幕大小显示。

第 2 种：在任务栏的空白处右击，从弹出的快捷菜单中"层叠窗口""堆叠显示窗口"和"并排显示窗口" 3 种排列方式，选择一种窗口的排列方式，例如选择"层叠窗口"命令，多个窗口将以层叠的方式顺序显示在桌面上，如图 2-5 所示。

6）多窗口预览和切换

当用户打开了多个窗口时，经常需要在各个窗口之间切换。Windows 10 提供了窗口切换时的同步预览功能，可以实现丰富实用的界面效果，方便用户切换窗口。以下为 4 种常见

图 2-5 多个窗口层叠显示

的窗口切换预览方法。

● 通过窗口可见区域切换窗口。如果非当前窗口的部分区域可见,在可见区域处单击鼠标左键,即可将其切换成当前窗口。

● 通过任务栏切换窗口。直接单击任务栏上所需窗口的图标即可。

● 按 Alt+Tab 键预览切换窗口。先按住 Alt 键不放,再按 Tab 键在所有窗口缩略图中切换,找到需要窗口时再释放按键。

● 通过任务视图查看,切换窗口。

3. 菜单

菜单是一种形象化的称呼,它是一张命令列表,用户可以从菜单中选择所需的命令来指示程序执行相应的操作。

（1）菜单的分类

● 开始菜单:"开始"菜单是计算机程序、文件夹和设置的主门户,使用"开始"菜单可以方便地启动应用程序、打开文件夹、访问 Internet 和收发邮件等,也可对系统进行各种设置和管理。"开始"菜单的组成如图 2-6 所示。

微课 2.1-3
菜单和对话框

应用程序区:显示计算机上已安装的应用程序,并按照字母的顺序排列,如图 2-6 所示。Windows 10 开始菜单中新增了分组字母快速查找应用程序的功能,利用该功能,用户可以根据要查找程序的首字母来快速查找。在应用程序区域任意字母上单击,进入首字母检索状态,如图 2-7 所示。选择字母后将快速定位到该字母开头的应用程序区域。

磁贴区:在开始菜单的右侧可以看到各种磁贴,用户可以将常用的程序固定到磁贴区中,以便快速访问。以"画图 3D"添加到磁贴区为例,操作如下。

方法 1:在"开始"菜单中找到"画图 3D",单击鼠标右键,在弹出的快捷菜单中选择"固定到'开始'屏幕",即可添加该应用到磁贴区。

方法 2:将"画图 3D"直接拖曳到磁贴区域目标位置即可。

当磁贴过多时,可以删除不常用的磁贴。在需要删除的磁贴上单击鼠标右键,在弹出的快捷菜单中选择"从'开始'屏幕取消固定",即可删除。

用户账户:代表当前登录系统的用户。单击该图标,将打开"用户账户"窗口,以便进

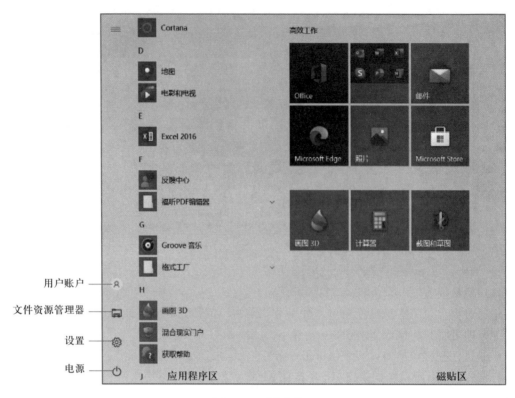

图 2-6　开始菜单

图 2-7　首字母检索

行用户设置。还可进行锁定或注销操作。

文件资源管理器：链接到"此电脑"窗口，用户就可以浏览所有的磁盘、文件和文件夹。方便对文件进行浏览、查看、移动以及复制等各种操作。

设置：进入 Windows 设置窗口，可以对计算机进行管理和设置操作。

电源：关闭或重新启动计算机。还可以使系统睡眠，当需要唤醒计算机时，只要按键盘或是晃动鼠标，计算机就可以恢复正常工作，速度比重新开机要快得多。

• 快捷菜单：当使用鼠标右击某个对象时，就会弹出一个可用于该对象的快捷菜单，如图 2-8 所示。

（2）菜单的打开、执行和关闭

• 打开：将鼠标指针移到菜单栏上的某个菜单选项，单击可打开菜单。

• 执行：用鼠标或键盘选中菜单项，再用鼠标单击选中的菜单项，或直接按 Enter 键即可。

• 关闭：在菜单外面的任何地方单击鼠标，可以取消菜单显示。也可以使用 Esc 键。

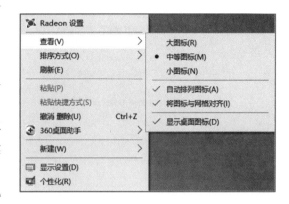

图 2-8　快捷菜单

4. 对话框

通常在执行某些命令时会打开一个对话框，如图 2-9 所示。在其中对所选对象进行具体的参数设置，可实现此命令的功能。执行不同的命令，所打开的对话框也各不相同。常用的对话框元素有如下几种。

① 文本框：文本框是一个用来输入文字的矩形区域。

② 列表框：列表框中会显示多个选项，用户可以从中选择一个或多个。被选中的选项会加亮显示或背景变暗。

③ 下拉列表框：下拉列表框是一种单行列表框，其右侧有一个下拉按钮 ▼。单击该按钮将打开下拉列表框，可以从中选择需要的选项。

④ 命令按钮：单击对话框中的命令按钮，将开始执行按钮上显示的命令。单击"确定"按钮，系统将接收输入或选择的信息并关闭对话框。

⑤ 单选按钮：单选按钮用圆圈表示，一般提供一组互斥的选项，其中只能有一项被选中。如果选择了另一个选项，原先的选择将被取消。被选中的选项用带点的圆圈表示，形状为"◉"。

⑥ 选项卡：当对话框包含的内容很多时，常会采用选项卡，每个选项卡中都含有不同的设置选项。图 2-9 所示的是一个含有 5 个选项卡的对话框。实际上，每个选项卡都可以看成一个独立的对话框，但一次只能显示一个选项卡，要在不同的选项卡之间切换时，只要单击选项卡上方的文字标签即可。

⑦ 复选框：复选框带有方框标识，一般提供一组相关选项，可以同时选中多个选项。被选中的选项的方框中出现一个"√"，形状为"☑"。

⑧ 数值微调框：用于设置参数的大小，可以直接在其中输入数值，也可以单击微调框右边的微调按钮 ▲ 来改变数值的大小，如图 2-10 所示。

⑨ 组合列表框：组合列表框像是文本框和下拉列表框的组合，可以直接输入文字，也可

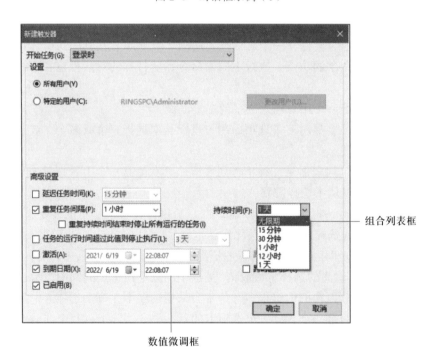

图 2-9　对话框示例（1）

图 2-10　对话框示例（2）

以单击右侧的下拉按钮 打开下拉列表框，从中选择所需的选项，如图 2-10所示。

5. 设置桌面背景

桌面背景就是 Windows 10 系统桌面的背景图案，又称为壁纸。启动

Windows 10 操作系统后，桌面背景采用的是系统安装时默认的设置，用户可以根据自己的喜好更换桌面背景。

在桌面空白处单击鼠标右键，在弹出的快捷菜单中，选择"个性化"命令，就可以进入个性化设置窗口，如图 2-11 所示。单击"背景"，可选择"图片""纯色"或"幻灯片放映"模式作为桌面背景。也可以通过"浏览"选择图片，在"选择契合度"的下拉列表中选择不同的图片放置方式。

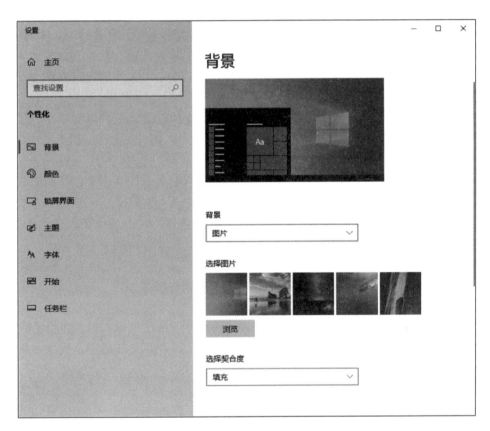

图 2-11　"个性化"设置窗口

6. 更改桌面图标

安装完 Windows 10 系统后，默认情况下，桌面上只有一个"回收站"图标。用户可以将自己需要的系统图标添加到桌面上，具体操作步骤如下。

步骤 1：在桌面上单击鼠标右键，在弹出的快捷菜单中选择"个性化"命令。

步骤 2：打开"个性化"对话框，选择"主题"选项，单击"桌面图标设置"。

步骤 3：在弹出的"桌面图标设置"对话框中，在复选框中勾选需要在桌面显示的图标后，单击"确定"按钮即可。

7. 设置锁屏界面

锁屏界面也叫屏幕保护程序，是用于保护计算机屏幕的程序，当用户暂时停止使用计算机时，它能让显示器处于节能的状态。Windows 10 提供了多种样式的屏保，用户可以设置屏保的等待时间，在这段时间内如果没有对计算机进行任何操作，显示器就进入屏保状态；

当用户要重新开始操作计算机时，只需移动一下鼠标或按下键盘上的任意键，即可退出屏保。

单击图 2-11 的个性化窗口中"锁屏界面"，在打开的"屏幕保护程序设置"按相应信息提示设置即可。

8. 设置任务栏

任务栏就是位于桌面下方的小长条，项目 2.1 中已对任务栏做过简单的介绍。任务栏作为 Windows 系统的助手，用户可以对任务栏进行个性化的设置，使其更加符合用户的使用习惯。

单击在图 2-11 的个性化窗口中"任务栏"，在弹出窗口中可以实现的功能包括对任务栏进行锁定、实现自动隐藏任务栏、在任务栏使用小图标、调整任务栏位置和自定义通知区域等。

9. 设置分辨率

显示分辨率是指显示器所能显示的像素点的数量，显示器可显示的像素点数越多，画面就越清晰，屏幕区域内能够显示的信息也就越多。

在桌面空白处单击鼠标右键，在快捷菜单中选择"显示设置"，在弹出对话框中选择"显示"，可以对项目的大小、分辨率和显示方向进行设置。

10. 设置刷新率

屏幕的刷新频率是图像在屏幕上每秒更新的次数，以赫兹（Hz）为单位。如果刷新频率设置过低会对眼睛造成伤害。

在"显示"对话框中选择"高级显示设置"，通过选择不同的显示器，查看显示信息，也可以分别设置刷新率。

11. 软件的卸载

很多软件公司在设计时就考虑到用户可能将来要卸载的问题。

例如，卸载已经安装的"酷狗音乐"软件。

方法 1：可单击"开始"菜单，在程序中找到该软件，单击鼠标右键，在弹出的快捷菜单中选择"卸载"命令，进入"卸载或更改程序"窗口，如图 2-12 所示。找到并单击"酷

图 2-12　"卸载或更改程序"窗口

狗音乐",单击"卸载 / 更改"即可自动运行卸载程序。

方法 2:在"开始"菜单选择"设置"选项,在弹出对话框中选择"应用",弹出"应用和功能"窗口,如图 2-13 所示。在"搜索"框中输入"酷狗音乐",可以找到该应用程序,单击"卸载"按钮即可自动运行卸载程序。

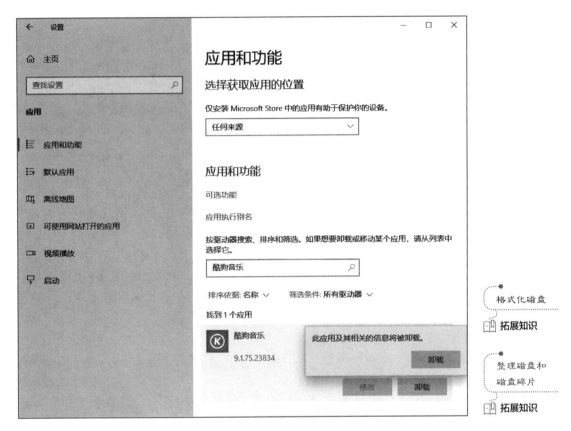

图 2-13 "应用和功能"窗口

任务要求

对系统进行个性化设置,如图 2-1 所示。

要求:设置桌面系统图标只显示"此电脑"和"回收站";背景设置为系统自带图片 img1.jpg;将计算器加入开始菜单中磁贴区,并设置其大小为"中";任务栏中显示"搜索"图标,显示"Cortana"和"任务视图"按钮,将"Microsoft Edge"和"文件资源管理器"固定到任务栏;锁屏界面设置屏幕保护程序为"气泡",等待 5 分钟;将屏幕分辨率调整至 1 920×1 080 或推荐大小,将屏幕刷新率调整至 60 Hz 或更高。

任务实施

1. 设置桌面系统图标、背景及锁屏界面

要求:设置桌面系统图标只显示"此电脑"和"回收站";背景设置为系统自带图片

img1.jpg；锁屏界面设置屏幕保护程序为"气泡"，等待 5 分钟。操作步骤如下。

步骤 1：在桌面上单击鼠标右键，在弹出的快捷菜单中选择"个性化"命令。

步骤 2：在"个性化"对话框中选择"主题"选项，单击"桌面图标设置"。在弹出的"桌面图标设置"对话框中，勾选"计算机"和"回收站"复选框，单击"确定"按钮即可。

步骤 3：在"个性化"对话框中选择"背景"，在"背景"下拉列表框中选择"图片"模式作为桌面背景，在其下方图片中选择 img1.jpg（如示例所示图片），此时屏幕背景会即时调整为选择后的图片，在"选择契合度"的下拉列表中选择"填充"即可。

步骤 4：在"个性化"对话框中选择"锁屏界面"，选择"屏幕保护程序设置"，在弹出对话框中"屏幕保护程序"下拉列表选择"气泡"选项，等待时间调整为 5 分钟，单击"确定"按钮即可。

2. 设置开始菜单

要求：将"计算器"加入开始菜单中的磁贴区，并设置其大小为"中"。

步骤 1：单击"开始"菜单，在应用程序区域任意字母上单击，进入首字母检索状态。选择字母"J"后将快速定位到该字母开头的应用程序区域，找到"计算器"，单击鼠标右键，在弹出的快捷菜单中选择"固定到'开始'屏幕"命令，即可添加该应用到磁贴区。

步骤 2：在磁贴区中找到"计算器"，单击鼠标右键，在弹出快捷菜单中选择"调整大小"→"中"命令即可。

3. 设置任务栏

要求：任务栏中显示"搜索"图标、"Cortana"和"任务视图"按钮，将"Microsoft Edge"和"文件资源管理器"固定到任务栏；

步骤 1：在任务栏任意空白区域单击鼠标右键，在弹出快捷菜单中选择"搜索"→"显示搜索图标"命令；选择"显示 Cortana 按钮""显示'任务视图'按钮"。如图 2-14 所示。

步骤 2：在"开始"菜单中应用程序区域找到"Microsoft Edge"，单击鼠标右键，在弹出快捷菜单中选择"更多"→"固定到任务栏"命令，如图 2-15 所示。

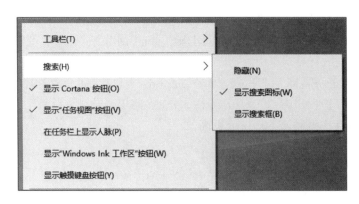

图 2-14　任务栏快捷菜单

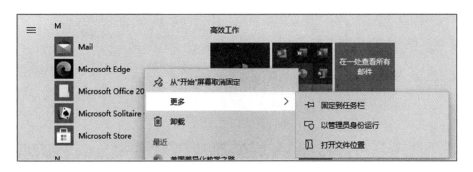

图 2-15　将"Microsoft Edge"固定到任务栏

打开任意"文件资源管理器"窗口时,在任务栏找到"文件资源管理器"图标,单击鼠标右键,在弹出快捷菜单中选择"固定到任务栏"命令,如图 2-16 所示。

图 2-16　将"文件资源管理器"固定到任务栏

4. 设置屏幕分辨率及屏幕刷新率

要求:将屏幕分辨率调整至 1 920 × 1 080 或推荐大小,将屏幕刷新率调整至 75 Hz 或更高。

步骤:在桌面空白处单击鼠标右键,在弹出快捷菜单中选择"显示设置",选择"显示",在右侧"显示分辨率"下拉列表中选择 1 920 × 1 080 或推荐分辨率。

选择"高级显示设置",弹出"高级显示设置"窗口如图 2-17 所示。在"选择显示器"下拉列表中选择"显示 1",查看显示信息,单击"显示器 1 的显示适配器属性",在弹出对

图 2-17　"高级显示设置"窗口

话框中选择"监视器"选项卡，在"屏幕刷新频率"中选择"75 赫兹"或更高，单击"应用"按钮查看频率设置是否合适，如果合适选择"保留更改"，否则选择"还原"。

任务 2.2　创建学习资源库

任务描述

新学期开始，针对"计算机应用基础"课程建立一个学习资源库，方便对学习资料进行收集、整理与查找。

任务目标

- 了解文件和文件夹的概念、命名、类型和属性。
- 熟练掌握文件与文件夹的管理操作方法。
- 掌握 WinRar 压缩软件的使用方法。

知识准备

1. 文件和文件夹的相关概念

（1）文件

微课2.2-1
文件和文件
夹的相关概
念

文件是计算机系统中数据组织的基本单位，是存储在外存上具有名字的一组相关信息的集合。文件中的信息可以是程序、数据或其他任意类型的信息，比如文档、图形、图像、视频和声音等。文件系统是操作系统的一项重要内容，它决定了文件的建立、存储、使用和修改等各方面的内容。

文件名通常由主文件名和扩展名两部分组成，中间由英文句点间隔。主文件名是用户根据使用文件时的用途自己命名的，文件名要遵守如下规则。

- 文件名最多可达 255 个字符。
- 文件名中可以包含空格。例如：My picture.jpg。
- 文件名中不能包含以下字符：? [* / \ :< > |。
- 允许使用多分隔符（.），但只有最后一个英文句点的后面部分才是扩展名。
- 例：My.picture.jpg.jpg（只有最后一个英文句点后的 jpg 才是扩展名）
- 允许文件名使用大、小写格式，两者之间没有区别。
- 文件名可以使用汉字。
- 文件的扩展名用于说明文件的类型，操作系统会根据文件的扩展名来区分文件类型，具体见表 2-1。

（2）文件夹

计算机是通过文件夹来组织管理和存放文件的，文件夹用来分类组织存放文件。在 Windows 10 中，文件的组织形式是树形结构。

（3）磁盘

硬盘空间可分为几个逻辑盘，在 Windows 10 中表现为 C 盘、D 盘等。它们其实都是硬盘的分区。

表 2-1 扩展名与文件类型对照表

扩 展 名	文件类型	扩 展 名	文件类型
.txt	文本文档 / 记事本文档	.doc / .docx	Word 文档
.exe / .com	可执行文件	.xls / .xlsx	电子表格文件
.hlp	帮助文档	.ppt / .pptx	演示文稿
.htm / .html	超文本文件	.rar / .zip	压缩文件
.bmp / .gif / .jpg	图形文件	.avi / .mpg	可播放视频文件
.int / .sys / .dll / .adt	系统文件	.bak	备份文件
.bat	批处理文件	.tmp	临时文件
.drv	设备驱动程序文件	.ini	系统配置文件
.mid / .wav / .mp3	音频文件	.ovl	程序覆盖文件
.rtf	丰富文本格式文件	.tab	文本表格文件
.wav	波形声音	.obj	目标代码文件

磁盘、文件夹和文件三者之间存在包含与被包含的关系。文件和文件夹都是存放在计算机的磁盘里，文件夹可以包含文件和子文件夹，子文件夹内又可以包含文件和子文件夹，以此类推，即可形成文件和文件夹的树形关系，如图 2-18 所示。

文件夹中可以包含多个文件和文件夹，也可以不包含任何文件和文件夹。不包含任何文件和文件夹的文件夹称为空文件夹。

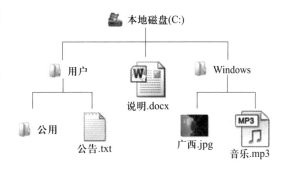

图 2-18 树形结构

（4）路径

路径指的是文件或文件夹在计算机中存储的位置，当打开某个文件夹时，在地址栏中即可看到进入的文件夹的层次结构，如图 2-5 所示。由文件夹的层次结构可以得到文件夹的路径。

路径的结构一般包括磁盘名称、文件夹名称和文件名称，它们之间用 "\" 隔开。例如，在 C 盘下的 "用户" 文件夹里的 "公告 .txt"，文件路径显示为 "C:\ 用户 \ 公告 .txt"。

（5）库

Windows 10 一直延续着 "库" 组件，可以方便我们对各类文件或文件夹的管理。库是专用的虚拟视图，用户可以将磁盘上不同位置的文件夹添加到库中，并在库这个统一的视图中浏览不同的文件夹内容。一个库中可以包含多个文件夹，而同时，同一个文件夹也可以被包含在多个不同的库中。另外，库中的链接会随着原始文件夹的变化而自动更新，并且可以以同名的形式存在于文件库中。

Windows 10 中，库默认是不显示的，库的打开方式如下：

双击 "此电脑"，在弹出窗口中选择 "查看"，在功能区中选择 "导航窗格"，在弹出菜单中勾选 "显示库"，即可在导航窗格中看到 "库"，如图 2-19 所示。

图 2-19　"库"窗口

2. 查看文件和文件夹

用户可通过 Windows 10 操作系统来查看计算机中的文件和文件夹，在查看的过程中可以更改文件和文件夹的显示方式与排列方式，以满足自己的需求。

（1）"此电脑"和"文件资源管理器"

Windows 10 向用户提供了两种文件管理工具，即"此电脑"和"文件资源管理器"，两种工具的功能和操作方法基本相同，均可以方便地对文件进行浏览、查看以及移动、复制等各种操作，在一个窗口里用户就可以浏览所有的磁盘、文件和文件夹。其组成部分和前面章节介绍的窗口相似，不再赘述。用户可以根据自己的习惯和需要来选择这两种工具来进行文件管理。

1）此电脑

打开"此电脑"的方法如下：

方法 1：双击桌面上"此电脑"图标，打开"此电脑"窗口。

方法 2：选择"开始"，在应用程序中找到"Windows 系统"→"此电脑"命令。

2）文件资源管理器

打开"文件资源管理器"的方法如下：

方法 1：单击"开始"按钮，在"开始"菜单左侧选择"文件资源管理器"命令。

方法 2：选择"开始"，在应用程序中找到"Windows 系统"→"文件资源管理器"命令。

方法 3：右击"开始"按钮，在弹出菜单中选择"文件资源管理器"命令。

文件资源管理器默认情况下是打开"快速访问"界面，可以快速查看用户最常用的文件或最近使用的文件夹。也可以通过"文件资源管理器"打开"此电脑"，操作方法如下：

在"文件资源管理器"窗口中的"查看"选项卡中单击"选项"，在弹出的窗口中，"打开文件资源管理器时打开"下拉菜单中选择"此电脑"即可，如图 2-20 所示。

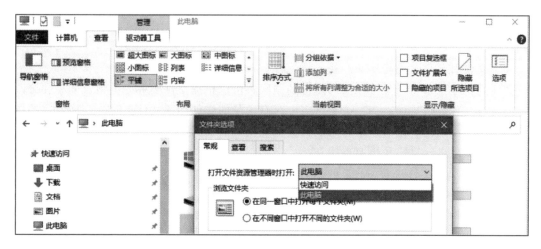

图 2-20　修改"文件资源管理器"界面

（2）文件和文件夹的查看方式

Windows 10 系统一般用"此电脑"窗口来查看磁盘、文件和文件夹等计算机资源，用户主要通过窗口工作区、地址栏、导航窗格这 3 种方式进行查看。

1）通过窗口工作区查看

在"此电脑"窗口中双击文件夹可以打开文件夹，查看其中存放的文件或子文件夹。在打开的窗口中双击所需的文件即可打开或运行该文件；单击文件或文件夹，则可看到文件或文件夹的详细信息及预览信息。

2）通过地址栏查看

在"此电脑"窗口中单击"地址栏"中 此电脑 按钮右侧的 › 按钮，在弹出的下拉列表中选择需要查看的文件所在的磁盘选项，再在打开的磁盘窗口中依次双击文件夹图标打开文件夹窗口进行查看，即可找到所需的资源。

3）通过导航窗格查看

在导航窗格中，包含子目录的所有目录左侧都会有 › 标识，单击该标识，可展开下一级目录或文件夹。单击某个文件夹目录，右侧窗口中将会显示该文件夹的内容。

（3）文件和文件夹的显示方式

在查看文件或文件夹时，系统提供了多种文件和文件夹的显示方式，用户可单击窗口右下角的 图标，或者是在窗口工作区空白处右击，在弹出的快捷菜单中选择"查看"命令。在弹出的显示方式列表中选择相应的选项，即可应用相应的显示方式。各显示方式介绍如下。

● 图标显示方式：将文件夹所包含的图像显示在文件夹图标上，可以快速识别该文件夹的内容，常用于图片文件夹中，包括超大图标、大图标、中等图标和小图标 4 种图标显示方法。

● 列表显示方式：将文件和文件夹通过列表方式显示其中的内容，若文件夹中包含很多文件，通过列表显示可快速查找需要的文件。在该显示方式中可以对文件和文件夹进行分类。

● 详细信息显示方式：显示相关文件和文件夹的详细信息，包括名称、类型、大小和更改日期等。

● 平铺显示方式：以图标加文件信息的方式显示文件与文件夹，该显示方式是查看文件或文件夹的常用方式。

● 内容显示方式：将文件的创建日期、类型和大小等内容显示出来，以方便用户进行查看和管理。

（4）文件和文件夹的排序与查找

文件的排序是指窗口中排列文件图标的顺序，可以根据文件名称、类型、大小和修改日期等信息对文件进行排序。当一个文件夹中存有大量的文件和子文件夹时，选择合适的排序方式对文件夹中的内容进行整理，可以快速地查找到需要的文件。此外，在文件夹中通过列标题也可对文件进行排序和快速查找。

● 使用菜单对文件进行排序：可在菜单栏中选择"查看"菜单"排序方式"命令，或者是在窗口工作区空白处右击，在弹出的快捷菜单中选择"排序方式"命令。然后在弹出的子菜单中选择相应的排序方式即可，排序方式见图 2-21 所示。

此外，如果排序方式不齐全或者需要更多不同的排序方式，用户可自行添加。其方法是，在排序方式子菜单中选择"更多"命令，打开"详细信息"对话框，在其中选择所需信息选项后再确定即可。

● 使用列标题对文件进行排序和查找：在窗口中设置文件或文件夹的显示方式为"详细信息"模式后，可看到每一列都会对应一个列标题，通

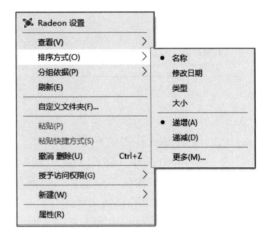

图 2-21　排序方式

过列标题可对文件进行排序和查找。具体方法为单击某一列标题的中间位置，可实现按照该列属性进行升序或降序排列；单击某一列标题右侧的 ﹀ 按钮，可以按照该列属性快速查找文件。

3. 选择文件和文件夹

微课 2.2-3
文件的基本
操作

用户对文件和文件夹进行操作之前，先要选定文件和文件夹，选中的目标在系统默认下呈蓝色状态显示。Windows 10 系统提供了如下几种选择文件和文件夹的方法。

（1）选定一个

选定某个磁盘、文件或文件夹的方法很简单，只需用鼠标单击要选定的目标即可，此时被选中的对象以反白形式显示。对于键盘操作，可选把光标移到要选用内容的开始位置，再同时按下 Shift 键及方向键（↑、↓、← 或 →）来选择。

（2）选定一组

选定一组连续排列的文件或文件夹。在要选择的对象组的第一个文件名上单击，然后把鼠标指针指向该文件组的最后一个文件，按下 Shift 键并同时单击鼠标。对于键盘操作，可先把光标移到要选定的内容的开始位置，再按住 Shift 键不放连续按下↑键（或↓、←、→、

PgDn 或 PgUp 键）。按 Ctrl+A 组合键可选定当前文件夹下的所有文件和文件夹。

（3）选定多个非连续

选定多个非连续排列的文件或文件夹。在按下 Ctrl 键的同时，用鼠标单击每一个要选择的文件或文件夹。

（4）取消

取消要选定的内容。只需将鼠标指针指向工作区的空白处，单击左键即可。

4. 创建文件或文件夹

要想创建文件和文件夹，首先要确定需建在哪个驱动器的哪个文件夹中，然后通过主页选项卡或右键菜单来新建文件或文件夹。

（1）通过主页选项卡新建

选择"主页"选项卡，在"新建"功能区，单击"新建文件夹"即可新建一个文件夹，单击"新建项目"，在下拉列表中选择需要新建的文件类型即可新建指定类型的文件或文件夹，如图 2-22 所示。

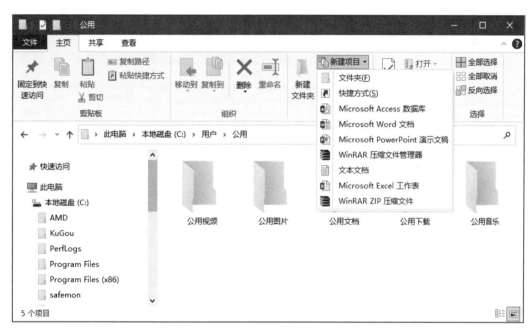

图 2-22 创建文件或文件夹

（2）通过右键菜单新建

在窗口工作区的空白处右击，从弹出的快捷菜单中选择"新建"命令，然后在弹出的子菜单中选择需要的文件类型即可新建相应的文件；选择"文件夹"命令即可新建文件夹，见图 2-23 所示。新建的文件或文件夹的名称文本框呈可编辑状态，可直接输入相应的名称。

注意：如果要创建文本文档，还可以使用附件中的记事本或写字板来创建。方法是启动"开始"菜单"Windows 附件"，单击其中的"记事本"或"写字板"，在其中输入完所要求的内容后，在保存时选择对应的路径并输入文件名；如果是"写字板"的话还要注意保存时的文件类型是不是所需要的。

图 2-23   新建文件和文件夹

5. 重命名文件或文件夹

为文件或文件夹重命名，常用的操作方法如下：

（1）直接重命名

步骤 1：选定要重命名的文件或文件夹。

步骤 2：单击选的文件或文件夹的名称，使对象名称文本框呈可编辑状态，并等待输入新的名字。

步骤 3：从键盘输入新的名字，然后按 Enter 键。

（2）利用弹出的快捷菜单

步骤 1：右击要重命名的文件或文件夹。

步骤 2：从弹出的快捷菜单中选择"重命名"命令，使对象名称呈反白显示状态，并输入新的名字。

步骤 3：从键盘输入新的名字，然后按 Enter 键。

此外，还可以利用"此电脑"窗口的"主页"选项卡中的"重命名"为文件或文件夹重命名。

6. 复制文件或文件夹

复制文件或文件夹是指对原来的文件或文件夹不做任何改变，重新生成一个完全相同的文件或文件夹。可以通过下拉菜单、鼠标拖动、工具栏菜单以及快捷菜单等方法来复制文件和文件夹。

（1）使用"主页"选项卡

步骤 1：选定要复制的文件或文件夹。

步骤 2：在"主页"选项卡中的"组织"功能区，单击"复制到"按钮，从弹出的菜单中选择要复制到的位置即可。

（2）使用快捷菜单或快捷键

操作方法：选择需复制的文件或文件夹，单击鼠标右键，在弹出的快捷菜单中选择"复制"命令或按 Ctrl+C 组合键，然后打开目标文件夹，单击鼠标右键，在弹出的快捷菜单中选择"粘贴"命令或按 Ctrl+V 组合键。

（3）利用鼠标拖放

操作方法：打开"此电脑"或"文件资源管理器"，在窗口中选定要复制的文件或文件夹，再按住鼠标左键不放，同时按住 Ctrl 键不放，将其拖动到目标文件夹中，再松开左键。注意：如果将文件或文件夹复制到不同的磁盘中可不按 Ctrl 键。

7. 移动文件或文件夹

移动文件和文件夹是指将文件或文件夹从一个位置移动到另一个位置，移动后，原来的位置将不存在该文件或文件夹。移动文件和文件夹的方法与复制操作类似。

（1）使用"主页"选项卡

步骤1：选定要移动的文件或文件夹。

步骤2：在"主页"选项卡中的"组织"功能区，单击"移动到"按钮，从弹出的菜单中选择要移动到的位置即可。

（2）使用快捷菜单或快捷键

操作方法：选择需移动的文件或文件夹，单击鼠标右键，在弹出的快捷菜单中选择"剪切"命令或按 Ctrl+X 组合键，然后打开目标文件夹，单击鼠标右键，在弹出的快捷菜单中选择"粘贴"命令或按 Ctrl+V 组合键。

（3）利用鼠标拖放

操作方法：选择需移动的文件或文件夹，然后按住鼠标左键不放将其拖动到目标文件夹上释放鼠标，即可实现文件或文件夹的移动。注意：如果是将文件或文件夹移动到不同的磁盘中需要按住 Shift 键的同时再拖动。

8. 删除文件或文件夹

对于一些多余的文件和文件夹，可以通过以下操作把它们删除掉：

（1）使用 Delete 键

步骤1：选定删除的文件和文件夹。

步骤2：按下 Delete 键。

步骤3：在"删除文件（文件夹）"对话框中单击"是"按钮。

（2）使用"主页"选项卡

步骤1：选定要删除的文件或文件夹。

步骤2：在"主页"选项卡中的"组织"功能区，单击"删除"上半部分 ✖，则将所选项目移动到回收站，如果选择"删除"的下半部分 🖬，则可以选择移动到回收站或是永久删除。

（3）使用快捷键菜单

步骤1：右击要删除的文件或文件夹。

步骤2：在弹出的快捷菜单上选择"删除"命令。

步骤3：出现确认窗口，如果确定要删除，选择"是"，否则选择"否"。

需要说明的是，这里的删除并没有把该文件真正删除掉，它只是将文件移到了"回收站"中，这种删除是可恢复的，要真正删除文件，要在操作的同时按住 Shift 键。对于初学者来说，为了避免误删，在删除文件时尽量不要选择"永久删除"，可先将删除的文件删到回收站，一旦误删，还可将已删除的文件或文件夹再找回来。

9. 设置文件或文件夹的属性

微课 2.2-4
文件属性设置

通过查看文件或文件夹属性，可以了解文件或文件夹的大小、占用磁盘的空间和创建时间，这些都是文件或文件夹被创建和使用时被系统自动保存的。文件或文件夹还可以具有隐藏、只读属性，设置这些属性的用途如下。

- 只读属性：具有只读属性的文件或文件夹，将不能被修改。要想改变文件或文件夹内容，必须先取消其只读属性。

- 隐藏属性：表示该文件或文件夹是否被隐藏，通常为了保护某些文件或文件夹不轻易被修改或复制才将其设为"隐藏"。具有隐藏属性的文件，默认情况下打开其所在的文件夹时将看不到该文件的存在。

（1）设置属性的具体方法

步骤 1：打开文件属性对话框。

方法 1：选中需要显示和修改的文件或文件夹，在上方"主页"选项卡中选择"属性"，可弹出文件属性对话框。

方法 2：右击要显示和修改的文件或文件夹，从快捷菜单中选取"属性"命令，也可弹出文件属性对话框。

步骤 2：从对话框中用户可以看到该文件的类型、大小、名称和属性等资料。

步骤 3：若要修改属性，单击相应的属性复选框。当复选框带有选中标记时，表示对应的属性被选中，如图 2-24 所示。

步骤 4：单击"确定"按钮，确认退出。

（2）显示隐藏的文件或文件夹

选中文件后，在"查看"选项卡中单击"隐藏所选项目"可隐藏该文件；选中隐藏的文件再次单击"隐藏所选项目"，可将文件的隐藏属性取消。

勾选"隐藏的项目"复选框可将该文件夹中隐藏的文件显示出来，反之则隐藏，如图 2-25 所示。

10. 创建快捷方式

快捷方式使得用户可以快速启动程序和打开文档。在 Windows 10 中，许多地方都可以创建快捷方式，如桌面上或文件夹中。快捷方式图标和应用程序图标几乎是一样的，只是左下角有一个小箭头。快捷方式可以指向任何对象，如程序、文件、文件夹、打印机或磁盘等。

微课 2.2-5
创建快捷方式

创建快捷方式的方法有以下

图 2-24 设置文件属性

图 2-25 显示隐藏文件或文件夹

几种。

方法 1：右击对象，再从快捷菜单中选择"创建快捷方式"命令，此时会在对象的当前位置创建一个快捷方式。如果选择快捷菜单中的"发送到"→"桌面快捷方式"命令，则会将快捷方式创建在桌面上。

方法 2：使用拖放的方法。例如，要在"D:\"根目录上创建指向"C:\T1.txt"的快捷方式，先打开"计算机"中 C 盘驱动器窗口，用鼠标右键点中"T1.txt"图标不放，拖动图标到左窗格的"（D:）"处，释放鼠标右键，然后在快捷菜单中选择"在当前位置创建快捷方式"命令。

完成上述操作后，用户根据需要再对其重命名，通过双击该对象的快捷方式图标，就可以运行该应用程序或打开该文件或文件夹。

11. 搜索文件或文件夹

在使用计算机的过程中，用户会不断创建新的文件或文件夹。当文件或文件夹越来越多时，有时很难准确知道某个文件或文件夹到底存放在磁盘的哪个地方。此时可以使用 Windows 10 的搜索功能便可快速地查找到所需的文件或文件夹。搜索的方法很简单，只需要在"搜索"文本框中输入需要查找的文件或文件夹的名称或该名称的部分内容，系统就会根据输入的内容自动进行搜索，搜索完成后将在打开的窗口中显示搜索到的全部文件或文件夹。

微课 2.2-6
搜索文件或
文件夹

（1）如何使用"搜索"框

可使用任务栏中的搜索框、文件夹或库中的搜索框。

（2）使用搜索工具

单击"搜索框"，输入要搜索的内容并开始搜索后，在窗口上方会出现"搜索工具"，在"搜索"选项卡的"优化"功能可使用高级搜索功能。

1）有修改日期要求

单击"修改日期"按钮即可显示固定日期范围"今天""昨天""本周""上周""本月""上月""今年"和"去年"，任意单击一个日期范围，例如"今天"。文件资源管理器窗口右上角的搜索框中即显示"修改日期:今天"。单击"今天"，就会弹出"日期或日期范围"选项框，单击选择框顶部的"2020 年 12 月"，搜索框中的"修改日期"会变成了一个日期范围"2020/12/1 .. 2020/12/31"。用鼠标单击该日期范围，年、月和日都是可以编辑的，可以修改成任意日期范围，如图 2-26 所示。

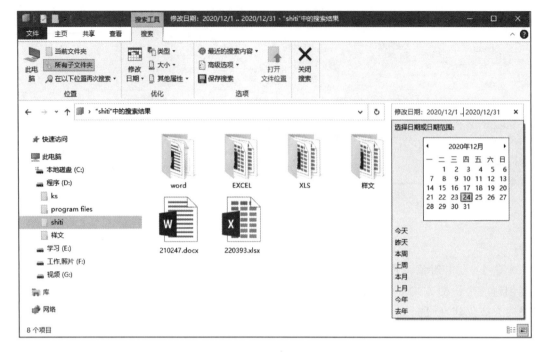

图 2-26　使用日期搜索文件或文件夹

2）有大小要求

单击"大小"按钮即可显示固定大小范围,如图 2-27 所示任意单击一个大小范围,例如"极小"。文件资源管理器窗口右上角的搜索框中即显示"大小:极小"。或者在搜索框中输入类似"大小:>1 M"的语句,后面的文件大小可以使用 G、M 和 K 等单位。工作窗口中会显示满足条件的文件。

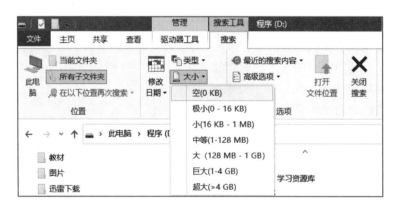

图 2-27　使用搜索筛选器

（3）搜索技巧

使用通配符搜索。通配符是指用来代替一个或多个未知字符的特殊字符,常用的通配符有以下两种。

星号"*":可以代表文件中的任意字符串。问号"?":可以代表文件中的一个字符。例如,要搜索所有 JPG 格式的文件，只需在搜索栏中输入"*.jpg"即可。

12. 压缩文件或文件夹

（1）压缩文件

方法 1：选中要压缩的文件或文件夹，在"共享"选项卡中单击"压缩"功能，即可在本文件夹中生成一个扩展名为 .zip 的压缩文件。

方法 2：选中要压缩的文件或文件夹，右键单击，在弹出的快捷菜单中，选择"发送到 -> 压缩（Zipped）文件夹"命令，即可压缩为扩展名为 .zip 类型的压缩文件。

（2）解压文件

1）全部解压

选中压缩文件，鼠标右键单击，在弹出的快捷菜单中，选择"全部提取"命令，或者选择"压缩的文件夹工具"选项卡的"全部解压缩"功能，如图 2-28 所示。在弹出窗口中，选择提取文件的保存位置。选择好位置后，单击"提取"按钮即可解压全部文件。

微课 2.2-7
压缩和解压
文件

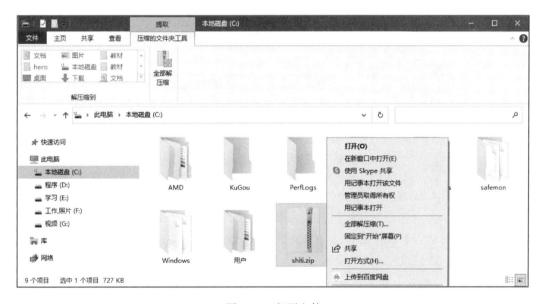

图 2-28　解压文件

2）解压其中的某个或某些文件

鼠标左键双击压缩包，打开压缩文件列表，然后选中并复制需要解压的文件，粘贴到指定的文件夹即可。也可以选中需要解压的文件后，单击"压缩的文件夹工具"选项卡"解压缩到"功能区中的向下按钮，展开后，选择"选择位置"，在弹出窗口中选择目标文件夹后单击"复制"按钮即可。

注：安装其他压缩软件后，右键菜单中的"全部提取"和"压缩的文件夹工具"选项卡不可用。

13. WinRAR 软件

WinRAR 软件提供强大的压缩文件管理，支持 RAR 和 ZIP 文件，能解压 ARJ、CAB、LZH、ACE、TAR、GZ、UUE、BZ2、JAR 和 ISO 格式文件。WinRAR 的功能包括强力压缩、分卷、加密、自解压模块、备份简易。

微课 2.2-8
WinRAR 软
件的使用

（1）利用快捷菜单来压缩文件

步骤 1：右击要压缩的文件或文件夹。

步骤 2：从弹出的快捷菜单中选择"添加到压缩文件"命令，打开"压缩文件名和参数"对话框，如图 2-29 所示。

图 2-29　"压缩文件名和参数"对话框

"常规"选项中"压缩文件格式"有三种压缩文件格式供选择（RAR、RAR4 和 ZIP）；"切分为分卷，大小"是准备分割压缩包的，如果不需要可以不选择；如果选中"创建自解压格式压缩文件"复选框后可以在没有 WinRAR 的情况下解压缩，单击"高级"选项卡，从中选择"自解压选项"进行设置；如果需要加密，单击"高级"选项卡，从中选择"设置密码"。

步骤 3：单击"确定"按钮，在当前文件夹下即可生成压缩文件。如果要改变压缩文件的路径，单击"常规"选项卡中的"浏览"按钮进行相应的设置。

（2）利用快捷菜单来解压文件

右击要解压的文件，从弹出的快捷菜单中选择"解压文件"命令，打开"解压路径和选项"对话框。在"常规"选项中可设置"目标路径"，可通过右侧的窗口进行设置，如图 2-30 所示。

（3）通过双击压缩文件

弹出的解压文件窗口如图 2-31 所示。

单击"添加"按钮可设置把某个文件添加到此压缩文件中；也可以直接将文件拖到弹出窗口中。

单击"解压到"按钮可解压此压缩文件；如果要解压其中的某个文件，可直接将此文件拖到指定的位置。

单击"自解压格式"按钮，从弹出的对话框中单击"高级自解压选项"进行设置，可生成 .exe 文件。

图 2-30 "解压路径和选项"对话框

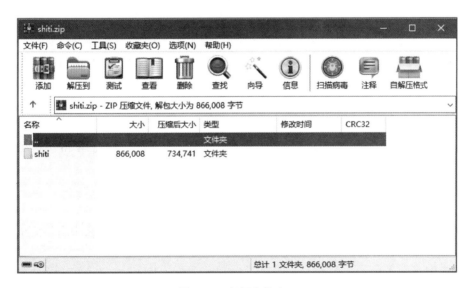

图 2-31 解压文件窗口

14. 截图工具

利用截图和草图工具可以将屏幕上的图片和文字等信息截取下来，保存为图片文件存储在计算机中，供用户随时查看。

（1）截图

单击"开始"按钮，选择"Windows 附件"→"截图工具"命令，打开"截图工具"窗口，在窗口中单击"模式"按钮右侧的 · 按钮，在弹出的菜单中

微课 2.2-9
截图工具

计算器的使用

拓展知识

画图程序的使用

拓展知识

可选择截图的类型，如图 2-32 所示。单击"新建"进行截图操作，完成截图后，截取的图形将显示在截图窗口中，通过窗口中的工具可以对图形进行编辑操作，编辑结束后单击"保存"按钮即可将截取的图形以图片的形式存储在计算机中。

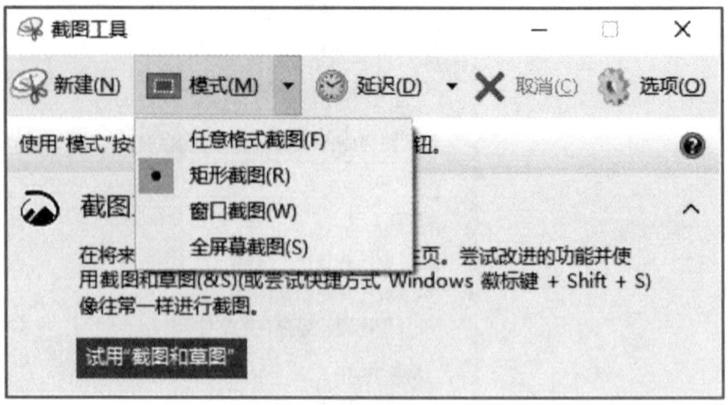

图 2-32　"截图程序"窗口

（2）延时截图

单击"延时"按钮旁边的 按钮，在下拉菜单中可以选择 1~5 秒延时截图。

任务要求

为"计算机应用基础"课程建立学习资源库，分类创建目录，并将学习资源包中的资源按要求进行整理，并在桌面创建快捷方式。学习资源库结构如图 2-33 所示。

微课 2.2-10
创建学习资源库

要求：按照要求在 D 盘根目录下新建文件夹；将"素材 .rar"中的"学习资源包"解压缩到 D 盘根目录下；在"学习资源包"文件夹中查找学习资源，并复制到相应文件夹中；为"《计算机应用基础》学习资源库"文件夹设置"只读"属性；在 D 盘根目录下新建"学习进度"文本文档记录学习进度并保存；在桌面创建"《计算机应用基础》学习资源库"快捷方式；将"《计算机应用基础》学习资源库"备份到 E 盘根目录下，并删除"学习资源包"文件夹。

任务实施

1. 新建文件夹

步骤 1：打开 D 盘根目录，在"主页"选项卡"新建"功能区中，单击"新建文件夹"即可新建一个文件夹。

步骤 2：选中新建的文件夹，在"主页"选项卡"组织"功能区中，单击"重命名"，将文件夹命名为"《计算机应用基础》学习资源库"。

步骤 3：以同样的方法，在"《计算机应用基础》学习资源库"文件夹中新建 2 个文件夹，分别命名为"电子教案"和"视频教程"。

2. 解压缩

步骤 1：选中"素材 .rar"，单击鼠标右键，在弹出的快捷菜单中选择"用 WinRAR 打开"命令。

步骤 2：在弹出窗口中，选择"学习资源包"后单击"解压到"，弹出"解压路径和选项"窗口，如图 2-34 所示。

步骤 3：在"常规"选项卡右下区域的树状结构中选中"D:"，"目标路径"自动更改为"D:\"，单击"确定"按钮后文件夹解压到 D 盘根目录中。

3. 查找学习资源

步骤 1：打开"学习资源包"文件夹，在"搜索框"中输入"*.pptx"，即可查找出该文件夹中所有的演示文稿。

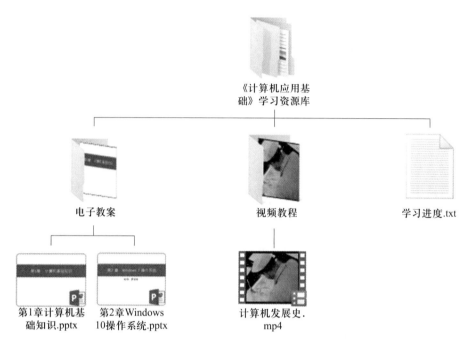

图 2-33 学习资源库结构

图 2-34 "解压路径和选项"窗口

步骤 2：选中"第一章 计算机基础知识 .pptx"和"第 2 章 Windows 10 操作系统 .pptx"，单击鼠标右键，在弹出快捷菜单中选择"复制"。

步骤 3：打开"D:\《计算机应用基础》学习资源库 \ 电子教案"，在窗口空白处单击鼠标右键，在弹出快捷菜单中选择"粘贴"命令，即可将文件复制到文件夹中。

步骤 4：打开"学习资源"文件夹，在"搜索框"中输入"发展史"，即可查找出"计算机发展史 .mp4"。按照同样的方法，将该文件复制到"D:\《计算机应用基础》学习资源库 \ 视频教程"中。

4．设置文件夹属性

步骤 1：选中 D 盘中的"《计算机应用基础》学习资源库"文件夹，在"主页"选项卡"打开"功能区中单击"属性"，弹出"属性"对话框。

步骤 2：在"常规"选项卡"属性"区域，勾选"只读"复选框后单击"确定"按钮，即可将该文件夹中的文件及子文件夹设置为"只读"。

5．新建文本文档

步骤 1：打开"D:\《计算机应用基础》学习资源库"，在"主页"选项卡"新建"功能区，单击"新建项目"，在下拉列表中选择"文本文档"，即可新建一个扩展名为".txt"的文本文档。

步骤 2：新建后该文本文档的文件名即可进入编辑状态，修改名称为"学习进度"。

步骤 3：双击打开该文档，输入"2021.2.18 学习新建文本文档"后，选中"文件"菜单中的"保存"，再关闭窗口。

6．创建快捷方式

选中"《计算机应用基础》学习资源库"文件夹，单击鼠标右键，在弹出快捷菜单中选择"发送到"→"桌面快捷方式"命令，即可在桌面上生成该文件夹的快捷方式图标。

7．备份

步骤 1：选中"《计算机应用基础》学习资源库"文件夹，单击鼠标右键，在弹出的快捷菜单中选择"添加到压缩文件"命令，弹出"压缩文件名和参数"对话框。

还原文件或
文件夹

📖拓展知识

步骤 2：在对话框中选择"浏览"，在弹出窗口中选到"E:\"，将文件名修改为"学习资源库备份"单击"保存"按钮，再单击"确定"按钮，即可将该文件夹备份到在 E 盘。

本 章 小 结

本章要求掌握 Windows 10 窗口组成和窗口的基本操作，对话框、菜单和控制面板的使用，桌面、"此电脑"和"资源管理器"的使用，文件和文件夹的管理与操作。重点要求掌握对 Windows 10 的桌面图标、背景和各项显示属性进行设置；文件和文件夹的创建、移动、复制、删除、重命名和搜索，文件属性的修改，快捷方式的创建，利用写字板、记事本建立文档；WinRAR 压缩软件的使用。

课　后　练　习

一、选择题

1. 如果要播放音频或视频光盘，不需要（　　　）。

　　A. 声卡　　　　　　　　B. 显卡　　　　　　　　C. 播放软件　　　　　　D. 网卡

2. "此电脑"窗口的组成部分中不包含（　　　）。

　　A. 标题栏、地址栏和状态栏　　　　　　　　B. 搜索栏和工具栏

　　C. 导航窗格和窗口工作区　　　　　　　　　D. 任务栏

3. 下列关于 Windows 菜单的说法中，不正确的是（　　　）。

　　A. 命令前有"·"记号的菜单选项，表示该项已经选用

　　B. 当鼠标指向带有向右黑色等边三角形符号的菜单选项时，弹出一个子菜单

　　C. 带省略号（…）的菜单选项执行后会打开一个对话框

　　D. 用灰色字符显示的菜单选项表示相应的程序被破坏

4. 在 Windows 中，下列不能进行文件夹重命名操作的是（　　　）。

　　A. 选定文件后再按 F4 键

　　B. 选定文件后再单击文件名一次

　　C. 鼠标右键单击文件，在弹出的快捷菜单中选择"重命名"命令

　　D. 用"资源管理器"/"文件"下拉菜单中的"重命名"命令

5. 在"计算机"或者"Windows 资源管理器"中，若要选定全部文件或文件夹，按（　　　）组合键。

　　A. Tab+A　　　　　　　B. Ctrl+A　　　　　　　C. Shift+A　　　　　　D. Alt+A

6. 选定要移动的文件或文件夹，按（　　　）组合键剪切到剪贴板中，在目标文件夹窗口中按"Ctrl+V"组合键进行粘贴，即可实现文件或文件夹的移动。

　　A. Ctrl+A　　　　　　　B. Ctrl+C　　　　　　　C. Ctrl+X　　　　　　D. Ctrl+S

7. 在"此电脑"或者"Windows 资源管理器"中，若要选定多个不连续排列的文件，可以先单击第一个待选的文件，然后按住（　　　）键，再单击另外待选的文件。

　　A. Shift　　　　　　　　B. Tab　　　　　　　　C. Ctrl　　　　　　　D. Alt

8. 在 Windows 10 操作系统中，将打开窗口拖动到屏幕顶端，窗口会（　　　）。

　　A. 关闭　　　　　　　　B. 消失　　　　　　　　C. 最大化　　　　　　D. 最小化

9. 在 Windows 中，若在某一文档中连续进行了多次剪切操作，当关闭该文档后，"剪贴板"中存放的是（　　　）。

　　A. 空白　　　　　　　　　　　　　　　　B. 所有剪切过的内容

　　C. 最后一次剪切的内容　　　　　　　　　D. 第一次剪切的内容

10. 在 Windows 中，按 PrintScreen 键，则整个桌面内容被（　　　）。

　　A. 复制到指定文件　　　　　　　　　B. 打印到指定文件

　　C. 打印到打印纸上　　　　　　　　　D. 复制到剪贴板上

11. 在下列叙述中，正确的是（　　　）。

A. 在 Windows 中，可以同时有多个活动应用程序窗口

B. 对话框可用改变窗口的方法改变大小

C. 在 Windows 中，关闭下拉菜单的方法是单击菜单内的任何位置

D. 在 Windows 中，可以同时运行多个应用程序

12. 通常文件包括的属性，错误的是（   ）。

    A. 共享   B. 隐藏   C. 存档   D. 只读

13. 在 Windows 系统中，在按住键盘上（   ）键的同时，可以选择多个连续的文件和文件夹。

    A. Ctrl   B. Shift   C. Alt   D. Tab

14. 在回收站中，可以恢复（   ）中被删除的文件。

    A. 光盘   B. 软盘   C. 内存   D. 硬盘

15. 在 Windows 中，下列说法不正确的是（   ）。

    A. 一个应用程序窗口可含多个文档窗口

    B. 一个应用程序窗口与多个应用程序相对应

    C. 应用程序窗口关闭后，其对应的程序结束运行

    D. 应用程序窗口最小化后，其对应的程序仍占用系统资源

16. 要把当前活动窗口的内容复制到剪贴板中，可按（   ）组合键。

    A. Ctrl+PrintScreen   B. Shift+PrintScreen

    C. PrintScreen   D. Alt+PrintScreen

17. Windows 将整个计算机显示屏幕看作是（   ）。

    A. 背景   B. 桌面   C. 工作台   D. 窗口

18. 删除 Windows 桌面上某个应用程序的图标，意味着（   ）。

    A. 该应用程序连同其图标一起被删除

    B. 只删除了图标，对应的应用程序被保留

    C. 只删除了该应用程序，对应的图标被隐藏

    D. 该应用程序连同其图标一起被隐藏

19. 默认情况下，Windows 10 的资源管理器窗口的菜单栏是隐藏的，要选择菜单命令，可按下（   ）。

    A. Ctrl   B. Alt   C. Tab   D. Shift

20. 在 Windows 10 操作系统中，显示桌面的快捷键是（   ）组合键。

    A. Win+D   B. Win+P   C. Win+Tab   D. Alt+Tab

二、操作题

1. 在 D:\ 根目录下创建文件夹 "student"。

2. 在桌面创建 "C:\Windows\system32\CALC.exe" 的快捷方式，并将该快捷方式复制到 "D:\student" 下。

3. 在记事本中输入文字"我的大学生活"，以文件名"title.txt"保存到文件夹"student"中。

第**3**章

文字处理软件 Word 2016

Office 2016 是微软继 Office 2010 和 2013 后推出的一个办公软件集合，其中包括了 Word、Excel、PowerPoint、OneNote 和 Outlook 等组件和服务。Office 2016 具有丰富的功能、全新的现代外观和内置协作工具，可帮助用户更快地创建和整理文档。Word 是 Office 软件包的一个重要组成部分，具有强大的文字、表格、对象编辑处理功能，邮件合并功能和长文档编排的自动化功能，在日常工作和生活中得到广泛应用。

学习目标

- 了解 Word 的基本知识。
- 掌握 Word 的基本操作及常用的排版方法。
- 培养读者的计算机基础操作能力。并充分考虑与现实要求相结合，让读者能够学以致用，为读者学习其他计算机课程和可持续发展打下坚实的基础。

文字处理软
件 Word 2016

📒 教学设计

文字处理软
件 Word 2016

📱 教学课件

任务 3.1 韶关旅游景点介绍

任务描述

请尝试用 Word 制作一个关于韶关旅游景点介绍的 Word 文档。案例展示如图 3-1 所示。

🗒 教学教案

任务目标

- 了解 Word 2016 的基本知识。
- 掌握 Word 2016 的基本操作，文档的新建与保存、复制、移动和删除。
- 熟练掌握 Word 2016 内容的输入、字体格式、段落格式、边框与底纹的设置。

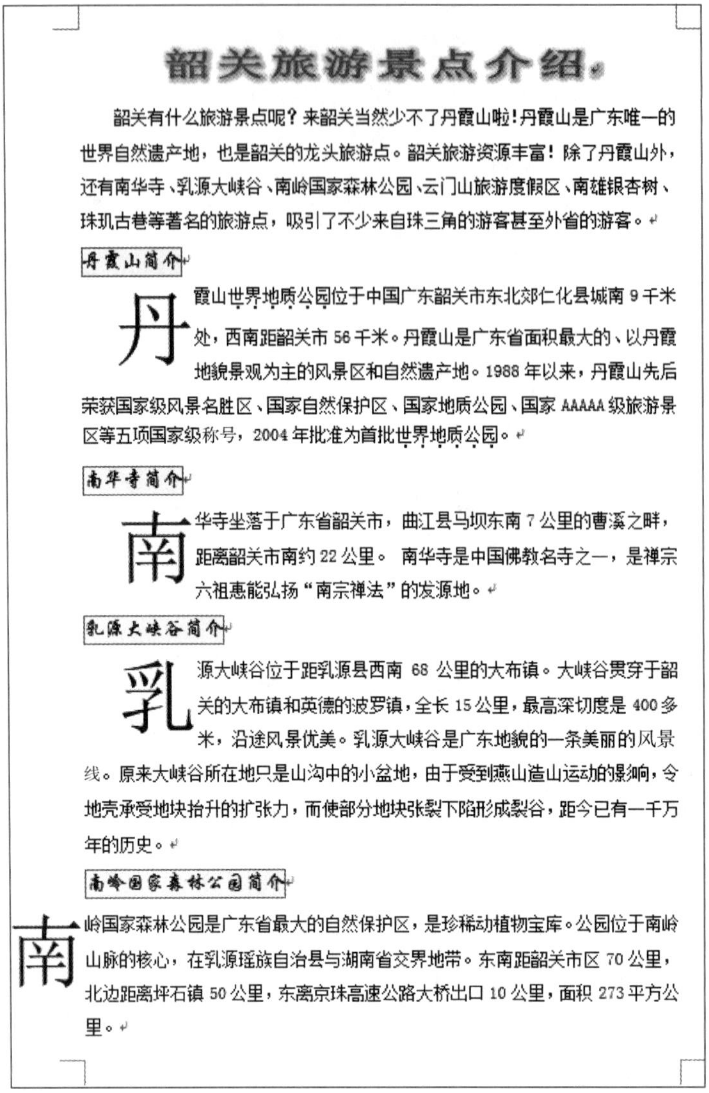

韶关旅游景点介绍

韶关有什么旅游景点呢？来韶关当然少不了丹霞山啦！丹霞山是广东唯一的世界自然遗产地，也是韶关的龙头旅游点。韶关旅游资源丰富！除了丹霞山外，还有南华寺、乳源大峡谷、南岭国家森林公园、云门山旅游度假区、南雄银杏树、珠玑古巷等著名的旅游点，吸引了不少来自珠三角的游客甚至外省的游客。

丹霞山简介

丹霞山世界地质公园位于中国广东韶关市东北郊仁化县城南 9 千米处，西南距韶关市 56 千米。丹霞山是广东省面积最大的、以丹霞地貌景观为主的风景区和自然遗产地。1988 年以来，丹霞山先后荣获国家级风景名胜区、国家自然保护区、国家地质公园、国家 AAAAA 级旅游景区等五项国家级称号，2004 年批准为首批世界地质公园。

南华寺简介

南华寺坐落于广东省韶关市，曲江县马坝东南 7 公里的曹溪之畔，距离韶关市南约 22 公里。 南华寺是中国佛教名寺之一，是禅宗六祖惠能弘扬"南宗禅法"的发源地。

乳源大峡谷简介

乳源大峡谷位于距乳源县西南 68 公里的大布镇。大峡谷贯穿于韶关的大布镇和英德的波罗镇，全长 15 公里，最高深切度是 400 多米，沿途风景优美。乳源大峡谷是广东地貌的一条美丽的风景线。原来大峡谷所在地只是山沟中的小盆地，由于受到燕山造山运动的影响，令地壳承受地块抬升的扩张力，而使部分地块张裂下陷形成裂谷，距今已有一千万年的历史。

南岭国家森林公园简介

南岭国家森林公园是广东省最大的自然保护区，是珍稀动植物宝库。公园位于南岭山脉的核心，在乳源瑶族自治县与湖南省交界地带。东南距韶关市区 70 公里，北边距离坪石镇 50 公里，东离京珠高速公路大桥出口 10 公里，面积 273 平方公里。

图 3-1　"韶关旅游景点介绍"Word 文档样图

知识准备

1. Office 2016 简介

（1）Office 2016 安装

下载并解压 Office 2016 压缩包，运行安装程序 setup.exe，自动安装 Word、Excel、PowerPoint、Outlook、OneNote、Publisher、Skype、OneDrive、Access 等 9 个组件，安装路径 "C:\Program Files（x86）\Microsoft Office\root\Office16"。Office 2016 安装完成后，不会在桌面生成各组件的程序启动快捷方式图标，只在 Windows 10 "开始"菜单的程序分类"我的 Office"程序组中分别有各程序的启动命令项。

微课 3.1-1
Word 概述

（2）修复或卸载

选择"开始"→"控制面板"→"程序和功能"命令或"开始"→"设置"→"应用"→"应用和功能"命令，在打开的窗口中选择" Microsoft Office 专业增强版 2016 - zh-cn "选项，单击"更改"或"修改"按钮，或单击"卸载"按钮后再重装。

2. Word 2016 的启动

启动 Word 的方法与启动 Office 组件类似。下面介绍 4 种启动 Word 2016 的常用方法。

- 单击"开始"按钮，选择"Word"菜单命令项 Word 。
- 单击"开始"按钮，选择"我的 Office"→"程序"→"Word　打开"命令项 Word 打开 。
- 双击磁盘中已有的 Word 文档。
- 双击已创建的 Word 2016 程序桌面快捷方式图标。

3. Word 2016 的工作界面

Word 2016 的工作界面主要由标题栏、"快速访问"工具栏、选项卡、功能区、编辑区、滚动条、状态栏、视图按钮和缩放滑块等组成，工作界面如图 3-2 所示。

图 3-2　Word 窗口

标题栏：显示正在编辑文档的文件名及所使用的软件名。

"快速访问"工具栏：常用命令位于此处，例如"保存"和"撤销"。用户也可以添加个人常用命令。

选项卡：集成了 Word 的常用的操作，主要包括文件、开始、插入、设计、布局、引用、邮件、审阅和视图 9 个主选项卡。

功能区：工作时需要用到的命令位于此处。它与其他软件中的"菜单"相同。

编辑区：显示正在编辑的文档。

状态栏：显示正在编辑文档的相关信息，如当前页码、总页数、字数及语言等。

视图按钮：可用于更改正在编辑的文档的显示模式以符合需要。

缩放滑块：可用于更改正在编辑文档的显示比例设置。

滚动条：可用于更改正在编辑文档的显示位置。

（1）功能区

Word 工作界面有"文件""开始""插入""设计""布局""引用""邮件""审阅"和"视图" 9 个固定选项卡及功能区，选择其中选项卡会切换到与之相对应的功能区。

① 浮动工具选项卡及功能区要在插入或选择对象时由系统自动加载显示，放弃对象选择，相应的浮动工具会自动隐藏。

Word 2016 同 Word 2007~Word 2013 一样，常用的有"表格工具""图片工具""绘图工具""图表工具""SmartArt 工具""页眉和页脚工具"和"公式工具" 7 个浮动工具选项卡及功能区，这里以"表格工具"功能区为例，如图 3-3 所示。

图 3-3　"表格工具"选项卡

② 功能区的显示或隐藏。Word 2016 窗口功能区的显示和隐藏切换方法主要有以下 3 种：

• 通过双击"开始"等相应选项卡即隐藏或显示功能区。单击任一选项卡，临时显示功能区，单击正文部分，功能区自动隐藏。

• 单击 Word 窗口右上角"功能区显示选项"按钮 ，在弹出的下拉列表中选择"自动隐藏功能区"或"显示选项卡"或"显示选项卡和命令"等选项。

• 按 Ctrl+F1 组合键，切换当前功能区的隐藏（折叠）与显示（展开）。

（2）编辑区

位于 Word 窗口中间的一块区域，通常占据了窗口的绝大部分空间，它主要用来放置 Word 文档内容。文档编辑区主要包括如下部分。

① 插入点：即当前光标位置，它是以一个闪烁的短竖线来表示的。"插入点"指示出文档中当前的字符插入位置。

② 选定栏：位于文本区的左边有一个没有标记的栏称为"选定栏"。利用它可以对文本内容进行大范围的选定。虽然它没有标记，但当鼠标指针处于该区域时，指针形状会由 I 形变成向右上方的箭头形。

③ 滚动条：滚动条有两个，即垂直方向和水平方向的滚动条。通过拖动滚动条，可以在编辑区中显示文本各部分的内容。

④ 标尺：标尺可以用来测量或对齐文档中的对象，还可以利用标尺上的标记快速设置"段落"格式中的"左右缩进"和"首行缩进"。标尺的"显示"或"隐藏"可通过单击"视图"→"显示"工具栏上"标尺"按钮。

说明：在文档中还可以显示网格线，"网格线"可以将文档中的对象沿网格线对齐。显示方法：单击"视图"→"显示"工具栏上"网格线"按钮。

"导航窗格"可以按标题、按页面或通过搜索文本或对象来进行导航。显示方法为单击"视图"→"显示"工具栏上"导航窗格"按钮。此时在编辑窗口的左侧会弹出"导航"列表，通过此列表可以进行快速查找或定位。

（3）"文档视图"方式

Word 提供了五种文档视图的方式，即"页面视图""阅读视图""Web 版式视图""大纲视图"和"草稿"。在处理文档时，使用不同的视图方式，可使用户查看到文档的不同方面。可通过单击"视图"→"视图"工具栏上视图按钮或直接单击 Word 窗口右下角工具栏 ▥ ▣ ⧉ 设置。

在默认状态下处在"页面视图"，在此视图方式下查看文档的效果，与实际打印效果一致。但是，在页面视图方式下，通常会使计算机的处理速度变得较慢。

（4）"窗口"工具栏

Word 文档编辑时可以多窗口或拆分的方式查看文档的不同位置。可通过单击"视图"→"窗口"工具栏上"新建窗口"或"拆分"按钮来实现。

4. Word 的退出

如果想退出 Word，可按如下步骤操作。

① 单击"文件"菜单。

② 选择"关闭"命令。

执行上述命令时，如果文档中的内容已经存盘，则系统立即退出 Word；如果文档修改过且没有存盘，Word 就会弹出如图 3-4 所示的对话框。如果需要保存则单击"保存"按钮，否则单击"不保存"按钮。

此外，双击 Word 窗口标题栏左上角，即快速访问工具栏左侧空白的区域或单击 Word 窗口右上角的"关闭"按钮，也可以退出 Word 系统。

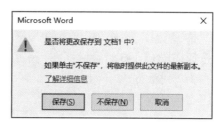

图 3-4 Microsoft Word 对话框

5. 创建新文档

前面讲述 Word 的启动时，实际上也是一个创建新文档的过程。Word 启动后，如果用户没有指定要打开的文档，系统默认自动打开一个名为"文档1"的空文档（如图 3-2），并为其提供一种称为"空白文档"的文档格式（又称为模板），其中包括一些简单的文档排版格式，如等线、五号字等。在启动 Word 后，用户还可以采用以下两种方法来创建新文档。

微课 3.1-2
Word 基本
操作

① 单击快速访问工具栏上的"新建"按钮，系统默认采用"空白文档"模板来建立一个新文档。

② 单击"文件"→"新建"，接下来选择相应的模板来创建一个新文档。

6. 输入文本

创建新文档或打开已有文档后，就可以输入文本了。这里所指的文本，是数字、字母、符号和汉字等的组合。

（1）录入文本

在文档窗口中有一个闪烁着的插入点，它表明可以由此开始输入文本。在插入状态下，输入文本时，插入点从左向右移动；在改写状态下，输入的文本将覆盖插入点右边的文本。

Word 会根据页面的大小自动换行，即当插入点移到行右边界时，再输入文字，插入点会移到下一行的首列位置。

（2）生成一个段落

如果用户想换一个段落继续输入，可以按 Enter 键。此时将插入一个"段落标记"，并将插入点移到新段落的首列处。

要把段落标记显示出来，可选择"文件"→"选项"→"显示"中"段落标记"即可。

（3）中 / 英文输入

可单击屏幕右下角的"英语模式" 英 图标，选择输入法切换中英文的输入（也可以用 Shift+Ctrl 组合键选择相应的中文输入法或按 Ctrl+ 空格组合键切换中英文输入法）。

7. 保存文档

文档在录入或修改后，屏幕上看到的内容只是保存在内存之中，一旦关机或关闭文档，都会使内存中的文档内容丢失。为长期保存文档，需要把当前文档存盘。此外，为了防备文档编辑过程中突然断电、死锁等意外情况的发生而造成文档的丢失，还有必要在编辑过程中适时保存文档。

保存文档分为按原名保存（即"保存"）和改名保存（即"另存为"）两种方式。根据处理对象的不同，主要有以下两种情况：

（1）保存新文档

要保存新建的文档，操作步骤如下：

① 选择"文件"菜单中的"另存为"或"保存"命令（或单击"快速访问"工具栏中的"保存"按钮或按 Ctrl+S 组合键），在"另存为"界面中选择"浏览"按钮，系统弹出如图 3–5 所示的"另存为"对话框。

图 3–5　"另存为"对话框

② "另存为"对话框的设置。

"保存位置"框：用于指定文档存放的位置（盘号和文件夹）。通常"保存位置"的默认文件夹为"库 \ 文档"，若用户没有改动保存位置，则文档将保存在该文件中。

说明："文档"是系统建立的一个文件夹，它通常用来存放用户生成的文档。

改变保存位置的方法：单击"保存位置"框中左侧的向左双箭头按钮，再从下拉列表中选择所需的驱动器，然后打开所需的文件夹（或从左侧的目录中选择相应的文件夹）。

"文件名"框：用于输入要保存的文档文件名。

"保存类型"框：默认值为"Word 文档（*.docx）"，其扩展名为".docx"。

单击"保存"按钮。

（2）保存旧文档

要将已有文件名的文档存盘，主要有以下两种操作方法。

① 以原文件名保存：选择"文件"菜单中的"保存"命令（或单击"快速访问"工具栏上的"保存"按钮，或按 Ctrl+S 组合键）。

② 以新文件名保存：选择"文件"菜单中"另存为"命令中的"浏览"，系统弹出"另存为"对话框，再按上述"另存为"对话框的设置方法进行操作（注意：要输入新文件名），即可改名保存当前文档内容。

说明：如果打开的是其他类型文档（如文本文档，扩展名为：*.txt），要求以 Word 方式保存，在此处必须注意"保存类型"应选择"Word 文档（*.docx）"。

8. 关闭文档

一般情况下，在完成一个 Word 文档的编辑工作及存盘之后，应当关闭此文档，操作步骤如下：

① 单击"文件"菜单。

② 选择"关闭"命令。

如果被关闭的文档是未存盘的新文档，Word 将弹出确认对话框，询问是否将更改保存。如果选择"保存"则进入"开始"菜单的"另存为"命令。如果是已被修改而未保存的已有文档，Word 也将弹出确认对话框，选择"保存"则保存更改并关闭文件。

9. 打开文档

如果用户要对已保存的文档进行处理，那么就必须先打开这个文档。

（1）使用"打开"命令打开文档的操作步骤

① 选择"文件"菜单中"打开"命令中的"浏览"（单击"快速访问"工具栏上的"打开"按钮），系统弹出如图 3-6 所示的"打开"对话框。

图 3-6　"打开"对话框

② 在"查找范围"框中指定要打开文档所在的文件夹（或从左侧的目录中选择相应的文件夹），再选定该文件。文件类型可采用"所有 Word 文档"类型。

说明：如果要打开的不是"Word 文档"类型文件（如文本文档，扩展名为"*.txt"），应单击"文件类型"框的下拉按钮，选择"所有文件（ *.* ）"。

③ 单击"打开"按钮（或直接双击该文件）。

（2）使用"文件"菜单来打开"最近使用的文档"

Word 在"文件"菜单中"打开"命令中的"最近使用的文档"选项，随时保存最近使用过的若干个文档名称，用户可以从这个文档名列表中选择要打开的文档。

如果所要打开的文档不在文档名列表中，则需执行"打开"命令中的"浏览"选项。

（3）双击打开

直接找到该 Word 文件（扩展名为 *.docx）双击（或右击"打开"，或选定后按 Enter 键）即可打开。

（4）打开其他类型文件

在 Word 环境下调出其他类型（如文本文档，扩展名为"*.txt"）的文本进行编辑，并以 Word 方式存盘。

方法 1：与上述（1）使用"打开"命令打开文档（注意说明部分）的方法相同。

方法 2：找到该文件，右击该文件，从弹出的快捷菜单中选择"打开方式"→"选择其他应用"，从弹出的对话框中选择 ![Word 2016]，再单击"确定"如图 3-7 所示。

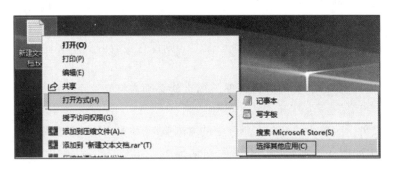

图 3-7　选择"打开方式"→"选择其他应用"命令

说明：不要勾选 □ 始终使用此应用打开 .txt 文件 复选框，文件在保存时要注意文件名正确并选择保存类型为"Word 文档（ *.docx ）"，如图 3-8 所示。

文档被打开后，其内容将显示在 Word 窗口的编辑区中，以供用户进行编辑、排版和打印等。

在 Word 中允许先后打开多个文档，使其同时处于打开状态。凡是打开的文档，其文档按钮都放到桌面的任务栏上，用户可采用单击按钮方法或快捷键 Alt+Tab 来切换当前文档窗口。

10.文本的编辑

在文字处理过程中，经常要对文本内容进行调整和修改。本节介绍与此有关的编辑操作，如修改、移动、复制、查找与替换等。

（1）基本编辑技术

1）插入点的移动

在指定的位置进行修改、插入或删除等操作时，就先要将插入点移到该位置，然后才能进行相应的操作。

微课 3.1-3
文本的编辑

使用鼠标：如果在小范围内移动插入点，只要将鼠标指针指向指定位置，然后单击左键。

用鼠标单击滚动条内的上、下箭头，或拖动滚动块或移动鼠标中间的滑轮，也可以迅速转到文档的任何地方，然后单击左键确定插入点位置。

使用键盘：使用键盘上下左右四个方向键，也可以移动插入点。

使用功能区按钮：用户可以选择"开始"→"编辑"功能区→"查找"→"转到"命令，在"查找和替换"对话框的左侧选择"定位目标"，在右侧文本框中输入相应的值即可。

2）文本的修改

在录入文本过程中，经常会发生文本多打、打错或少打等，遇到这种情况时，可通过下列方法来解决。

图 3-8　打开方式对话框

删除文本所用的操作键：

Delete	删除插入点之后的一个字符（或汉字）
Backspace	删除插入点之前的一个字符（或汉字）
Ctrl+Delete	删除插入点之后的一个词
Ctrl+ Backspace	删除插入点之前的一个词

插入文本的操作：插入文本必须在插入状态下进行。如果文档处于改写状态，可以通过按 Insert 键或单击"文件"菜单→"选项"→"高级"→"编辑选项"中"使用改写模式"来切换为插入状态。当在插入状态下输入字符时，该字符就被插入到插入点的后面，而插入点右边的字符将向后移动，以便空出位置。

改写文本的操作：在改写状态下，当输入字符时，该字符就会替换掉插入点右边的字符。

3）拆分和合并段落

拆分段落：当需要将一个段落拆分为两个段落，即从段落某处开始另起一段（实际上就是在指定处插入一个段落标记），操作方法如下：把插入点移到要分段处，按 Enter 键。

合并段落：当需要将两个段落合并成一个段落（实际上就是删除分段处的段落标记），则把插入点移到分段处的段落标记前，按 Delete 键删除该段落标记，即完成段落合并。

（2）文本的选定、复制、移动和删除

1）选定文本

"先选定，后操作"是 Word 重要的工作方式。当需要对某部分文本进行操作时，首先应选定该部分，然后才能对这部分内容进行复制、移动和删除等编辑操作。

给指定的文本做上标记，使其突出显示（即带底色显示），这种操作称为"选定文本"。

① 使用鼠标来选定文本。

基本方法：把鼠标的 I 形指针移到所需选择的文本之前，按住鼠标左键并拖动到所需选取的文本末端，然后松开左键，此时可见被选定的文本突出显示（即带底色显示）。

选定某一范围的文本：把插入点移到要选定的文本之前单击，把 I 形鼠标指针指向要选定的文本末端，按住 Shift 键，然后再单击，此时系统将选定插入点至鼠标指针之间的所有文本。

选定一行文本：单击此行左端的选定栏。

选定一个段落文本：双击该段落左端的选定栏，或在该段落上任意字符处三击。

选定矩形区域内文本：将鼠标指针移到要选区域的左上角，按住 Alt 键不放，按下鼠标左键并拖动到要选区域的右下角。

选定整个文档：三击任一行左端的选定栏，或按住 Ctrl 键的同时单击选定栏。

② 使用键盘选定文本。将插入点移到所要选的文本之前，按住 Shift 键不放，再使用箭头键、PgDn 键或 PgUp 键等来实现。按 Ctrl+A 组合键可以选定整个文档。

③ 撤销选定的文本。要撤销选定的文本，只需要用鼠标单击编辑区中任一位置或按键盘上任一方向键时，则可以完成撤销操作，此时原选定的文本即恢复正常显示。

2）复制文本

在 Word 中复制文本的基本做法，是先将已选定的文本复制到系统剪贴板上，再将其粘贴到文档的另一位置。复制操作的常用方法有：

① 利用"开始"→"剪贴板"工具栏（或右击"快捷菜单"，或按 Ctrl+C 组合键）复制文本。

a. 选定要复制的文本。

b. 单击"开始"→"剪贴板"工具栏上的"复制"（或右击"快捷菜单"，或按 Ctrl+C 组合键），此时系统将选定的文本复制到剪贴板上。

c. 移动插入点到文本复制的目的地。

d. 单击"开始"→"剪贴板"工具栏上的"粘贴"（或右击"快捷菜单"，或按 Ctrl+V 组合键），从粘贴选项中选择相应的按钮，如图 3-9 所示。

剪贴板中的剪贴内容可以任意多次地粘贴到文档中。

② 利用鼠标拖放的方法复制文本。

a. 选定要复制的文本。

图 3-9　"粘贴选项"对话框

b. 把鼠标指针移到选定的文本处，然后按下 Ctrl 键的同时，再按鼠标左键将文本拖到目的地。

c. 松开鼠标左键，完成复制操作。

3）移动文本

移动文本的操作步骤与复制文本的方法基本相同。其常用操作方法有两种。

① 利用"开始"→"剪贴板"工具栏移动文本（或右击"快捷菜单"，或按 Ctrl+X 组合键）。

a. 选定要移动的文本。

b. 单击"开始"→"剪贴板"工具栏上的"剪切"（或右击"快捷菜单"，或按 Ctrl+X 组合键），此时系统将选定的文本从文档中消除，并存放在剪贴板中。

c. 移动插入点到文本移动的目的地。

d. 单击"开始"→"剪贴板"工具栏上的"粘贴"（或右击"快捷菜单"，或按 Ctrl+V

组合键），从粘贴选项中选择相应的按钮，如图 3-9 所示。

② 利用鼠标拖放的方法移动文本。

a. 选定要移动的文本。

b. 把鼠标指针移到选定的文本处，然后按住鼠标左键将文本拖到目的地。

c. 松开鼠标左键，则完成了移动操作。

4）删除文本

前面我们已经介绍了采用 Delete 键或退格键来删除字符的方法。这两个键一般用来删除字符不多的场合，当要删除很多字符时，最好采用如下的方法：

a. 选定要删除的文本。

b. 按 Delete 键（或单击"开始"→"剪贴板"工具栏上的"剪切"，或右击"快捷菜单"，或按 Ctrl+X 组合键）完成删除操作。

11. 文本的查找与替换

（1）查找文本

微课 3.1-4
文本的查找
与替换

当一个文档很长时，要查找某些文本是很费时的，在这种情况下，可用查找命令来快速搜索指定文本或特殊字符。查找到的文本会处于选中状态。可采用如下方法：

① 设定开始查找的位置（如文档的首部），否则 Word 将默认从插入点开始查找。

② 选择"开始"→"编辑"工具栏→"查找"→"高级查找"（或"查找"），弹出"查找和替换"对话框（图 3-10）。

图 3-10　"查找和替换—查找"对话框

③ 在"查找内容"组合框中输入要查找的文本，或者单击该框的下拉按钮，从其下拉列表框（存放之前查找过的一系列文本）中选择要查找的文本。

④ 如果对查找有更高的要求，可以单击对话框中的"更多"按钮。再在对话框中进行有关设置，如"搜索"（即搜索范围，包括"全部""向上"和"向下"），"区分大小写""全字匹配""使用通配符"（通配符有 ? 和 * 等）、"同音"等。

⑤ 单击"查找下一处"按钮，则可以开始在文档中查找。若要找的文本找到了，则以选中方式显示。

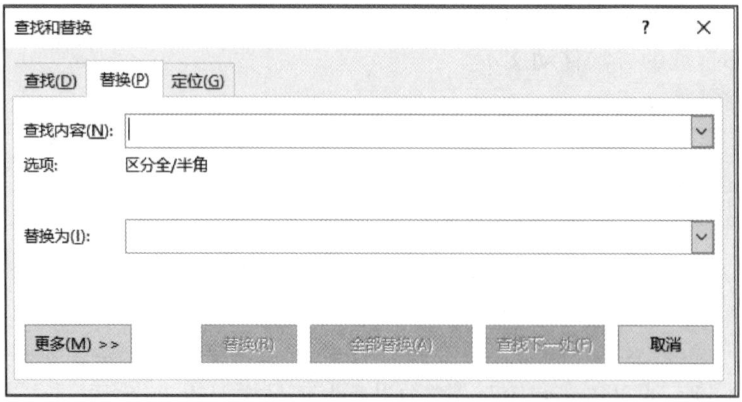

图 3-11　"查找和替换—替换"对话框

如果用户需要替换所找到的文本，可以单击"替换"选项卡，此时系统将显示如图 3-11 所示的对话框。若要继续查找，可再次单击"查找下一处"按钮。结束查找时，单击"取消"按钮来关闭对话框。

（2）替换文本

执行"替换"命令，可以在当前文档中用新的文本来替换指定文本。操作步骤如下：

① 插入点定位到文档的任意位置。

② 选择"开始"→"编辑"工具栏→"替换"，系统弹出如图 3-11 所示的对话框。

③ 在"查找内容"框中输入要查找的文本，而在"替换为"框中输入新的文本。

④ 若要替换所有查找到的文本，可单击"全部替换"按钮；若要对找到的文本进行有选择的替换，则应先单击"查找下一处"按钮，Word 会将找到的文本以选中方式显示，如果要替换当前查找到的文本，则单击"替换"按钮，否则单击"查找下一处"按钮以继续查找。

⑤ 如果对查找有更高的要求，可以单击对话框中的"更多"按钮，屏幕显示如图 3-12 所示。

主要复选框的功能的使用可以参照下面内容。

● 区分大小写。如果将文档中的"tom"全部替换成"Tom"，则在"查找内容"框中输入"tom"，在"替换为"框中输入"Tom"，再选中"区分大小写"复选框，单击"全部替换"。

● 使用通配符。如果将文档中的"标题一结束""标题二结束"一直到"标题十结束"删除，则在"查找内容"框中输入"标题？结束"（注意"？"是英文半角符号），在"替换为"框中不输入任何内容，再选中"使用通配符"复选框，单击"全部替换"。

● 将文档中的"北京"全部替换成红色字体并加着重号。先在"查找内容"和"替换为"框中都输入"北京"，再将光标移到"替换为"框中，单击对话框左下角"格式"→"字体"，设置红色字体并加着重号（注意其他没要求的项目不要进行设置），单击"全部替换"。（如果字体颜色设置错误，需要修改，直接单击"不限定格式"可取消"格式"设置）

● 将文档中的制表符全部删除。先将光标移到"查找内容"框中，再单击"特殊格式"→"制表符"，在"替换为"框中不输入任何内容，单击"全部替换"。结束替换时，单击"关闭"按钮来关闭对话框。

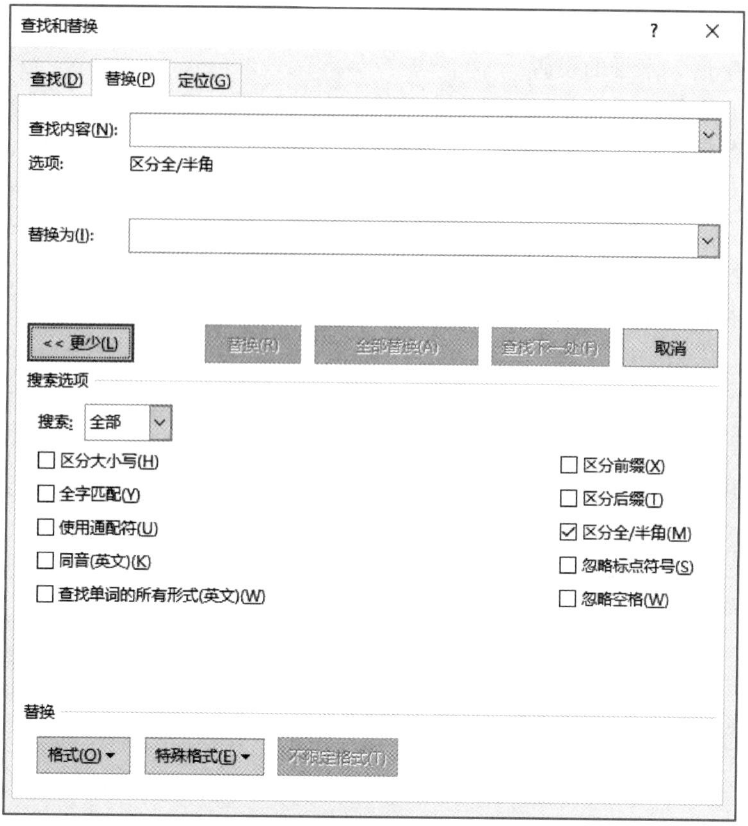

图 3-12 所示为"查找和替换"对话框"替换"选项卡。

查找和替换

查找(D)　替换(P)　定位(G)

查找内容(N)：

选项：　区分全/半角

替换为(I)：

<< 更少(L)　　替换(R)　　全部替换(A)　　查找下一处(F)　　取消

搜索选项

搜索：　全部

☐ 区分大小写(H)　　　　　　　　　☐ 区分前缀(X)
☐ 全字匹配(Y)　　　　　　　　　　☐ 区分后缀(T)
☐ 使用通配符(U)　　　　　　　　　☑ 区分全/半角(M)
☐ 同音(英文)(K)　　　　　　　　　☐ 忽略标点符号(S)
☐ 查找单词的所有形式(英文)(W)　　☐ 忽略空格(W)

替换

格式(O)▾　特殊格式(E)▾　不限定格式(T)

图 3-12　"查找和替换"对话框"替换"选项卡

12. 撤销与恢复

（1）撤销

当执行上述删除、修改、复制、替换等操作后，有时发现操作有错，需要取消，此时可以使用 Word 的"撤销"命令。它可以取消用户上一次所做的操作。

操作方法：单击"快速访问"工具栏→"撤销"按钮 ↩（或按 Ctrl+Z 组合键）。

撤销命令可以多次执行，以便把所做的操作从后往前的顺序一个一个地撤销。如果要撤销多项操作，可以单击"快速访问"工具栏→"撤销"按钮右边的下拉按钮，打开其下拉列表框，再从其中选择要撤销的多项操作。

（2）恢复

"恢复"用于恢复被"撤销"的各种操作。

操作方法：单击"快速访问"工具栏→"恢复"按钮 ↪（或按 Ctrl+Y 组合键）。

13. 文档的排版

一份文档中，有时为了使整个文档看起来比较美观，需要更改某一部分的外观，这种工作称为格式化，在 Word 文档中，格式化包括字符格式化、段落格式化、页面设置等，本章只讲述前两种，页面设置将在 3.2 节阐述。

（1）字符的格式化

对字符的格式化包括选择字体、字号、字形、字体颜色、字符间距和文字

微课 3.1-5
字符的格式
化

效果等。

1）字体、字形、字号的设置

• "字体"是字符的形状，包括"中文字体"和"西文字体"，中文字体包括仿宋、宋体、楷体、隶书和黑体等多种，西文字体包括 Arial，Times New Roman，Book Antiqua 等多种。打开一个 Word 文档后，若选用某一字体，则以后键入的字符就会使用该字体，直到文件结束或改用其他字体为止。在一份文本之中，可以用许多种字体，可以在键入文本前先选用字体，也可以先键入文本，然后选取文本，最后再选用字体。

• "字形"包括常规、加粗、倾斜及加粗倾斜四种。

• "字号"是指字的大小，用来确定字的长度和宽度，一般以"磅"或"号"为单位。如图 3-13 为不同磅数和字号的大小。

字体、字形、字号的设置有如下两种方法。

方法 1：使用"开始"→"字体"工具栏按钮直接设置。如图 3-14 所示来设置字体。

图 3-13　不同字号的效果

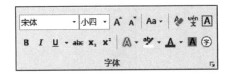

图 3-14　使用工具栏按钮设置"字体"

方法 2：使用"字体"对话框设置。操作步骤如下。

① 选中要设置字体的文字。

② 单击"开始"→"字体"工具栏右下角的对话框启动器按钮 。

③ 弹出"字体"对话框（如图 3-15 所示进行设置）。

④ 在字体对话框中进行设置。

关于"字体颜色""下画线线型""下画线颜色""着重号""删除线""上标"和"下标"（上标或下标的使用，例如 x_1^2，可以先输入 x12，选中 1 单击字体工具栏中的 $\mathbf{x_2}$，选中 2 单击字体工具栏中的 $\mathbf{x^2}$ 即可）等相应设置可以使用前面介绍的方法进行设置。如果在工具栏上找不到相应设置，就利用"字体"对话框设置。

2）字符间距

"字符间距"中可以设置"缩放"和"间距"等。"缩放"指字符按一定比例变宽或变窄。"间距"指相邻两个字符间的距离。操作步骤如下：

① 选择相应内容。

② 单击"开始"→"字体"工具栏右下角的对话框启动器按钮 。

③ 从"字体"对话框中选择"高级"选项卡。

④ 在"字符间距"中的"缩放"下拉列表框中选择显示文本的比例。

⑤ 在"间距"下拉列表框中选择字符间距的类型。用户可以通过其后的磅值设置框输入相应值或通过设置框右侧的微调按钮来设置，如图 3-16 所示。

说明：可在"间距"选项右侧选择"加宽""标准"或"紧缩"，然后在右侧的磅值框内

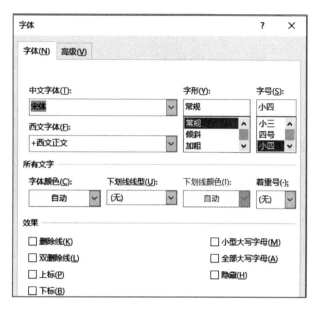

图 3-15　"字体"对话框

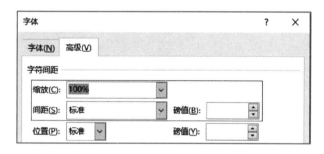

图 3-16　"字符间距"示例图

输入磅值，可出现不同的间距效果。

3）文字效果

当制作一份文件时，可为某些文字加上"文字效果"，使文字看起来更加美观。有如下两种方法。

方法 1：使用"开始"→"字体"工具栏按钮 <u>A</u>· 直接设置。

方法 2：使用"字体"对话框设置。操作步骤如下：

① 选中要设置文字效果的字。

② 单击"开始"→"字体"工具栏右下角的对话框启动器按钮 ⌐。

③ 弹出"字体"对话框。

④ 单击对话框右下角的"文字效果"，设置相应内容即可。

4）字符的边框和底纹

文档中的文字可以加上边框和底纹，操作步骤如下。

① 文字边框。

a. 选取要加边框的文字。

b. 使用"开始"→"字体"工具栏按钮 Ⓐ 直接设置。例：加边框 。如果取消边框，可再次单击 Ⓐ 。

利用工具栏上按钮加上的边框为固定格式，若要使边框有阴影，有变化或只有某些边有边框，则应利用对话框，其操作步骤如下。

a. 选取要加边框的文字。

b. 单击"开始"→"段落"工具栏中"边框"按钮 ⊞ · 右边的下拉按钮，在弹出的下拉列表中单击"边框和底纹"，则出现"边框和底纹"对话框，如图 3-17 所示。在对话框右下角的"应用于"选"文字"。

c. 在"设置"下方有"无""方框"或"阴影"等边框类型可选择，还可以设置边框线的样式、颜色和宽度。

d. 在"预览"框中可指定哪一边要设置边框。

e. 按"确定"按钮。

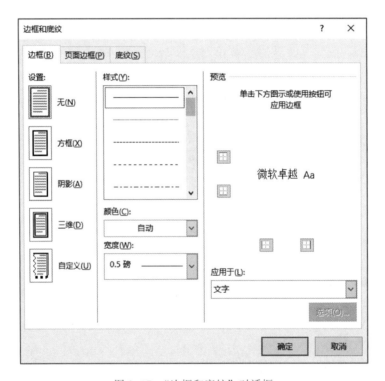

图 3-17   "边框和底纹"对话框

说明：对话框中的"应用于"可选"文字"或"段落"，"文字"指所设置的对象为部分文字，"段落"指插入点所在的段落。

段落的边框可以四边都有，也可以删除某边的边框，只要选择"预览"处代表边框的按钮即可。

② 文字底纹。使用"开始"→"字体"工具栏按钮 Ⓐ 直接设置或"开始"→"段落"工具栏按钮 ▨ · 直接设置。例：加底纹 。如果取消底纹，可再次单击。但是使用"底纹"按钮设置的底纹只有一种，如果想设置更多底纹效果，可利用"边框和底纹"对话框来设置如

图 3-17。在对话框中可以设置"填充"的背景颜色和填充的"图案"及图案的颜色。

说明：对话框中的"应用于"可选"文字"或"段落"，"文字"指所设置的对象为部分文字，"段落"指插入点所在的段落。

③ 页面边框。设置"页面边框"可以为打印出的文档增加美观的效果。"页面边框"可利用"边框和底纹"对话框如图 3-17 来设置。

5）首字下沉

首字下沉指将文章段落开头的第一个或前几个字符放大数倍，并以下沉或悬挂的方式改变文档的版面样式。

将光标移到段落中任意位置单击，单击"插入"→"文本"工具栏中"首字下沉"按钮，在弹出的下拉列表中单击"首字下沉选项"按钮，如图 3-18。在"首字下沉"对话框中进行相应设置，如图 3-19，单击"确定"按钮即可。

图 3-18　"首字下沉"下拉列表　　　　　图 3-19　"首字下沉"对话框

（2）段落的格式化

段落是文档中的自然段。段落格式化对文档的外观有很大的影响，当输入文本时，每当按下 Enter 键就形成了一个段落。每个段落的最后都有一个段落标记 ↵，而段落标记默认是看不到的，显示段落标记可以通过"文件"菜单→"选项"，在"Word 选项"对话框中单击"显示"选项，将右侧的段落标记选中 ☑ 段落标记(M)　↵ 。

微课 3.1-6
段落的格式化

段落格式化的设置主要包括段落缩进、文本对齐方式、间距及段落的边框和底纹等。

要设置某一段落格式必须先选定该段或将插入点停在该段上，也可同时对多段进行设置。设置方法有通过标尺、工具栏和"段落"对话框等。

1）段落对齐方式

段落对齐方式通常有五种，即：左对齐、居中、右对齐、两端对齐和分散对齐，这些方式都指文本相对于左右边界的位置（由左右缩进标志确定）。对于纯中文的文本，两端对齐相当于左对齐；分散对齐是使段落中各行的字符等间距排列在左右边界之间。操作方法如下。

方法 1：使用工具栏上的按钮。

① 将插入点移到要设置对齐方式的段落或选定相应段落。

② 单击"开始"→"段落"工具栏中对齐方式按钮 ≣≣≣≣ 进行设置。

方法 2：使用对话框设置。

① 将插入点移到要设置对齐方式的段落或选定相应段落。

② 单击"开始"→"段落"工具栏右下角的 按钮或单击"布局"→"段落"工具栏右下角的 按钮。

③ 在"段落"对话框（如图 3-20）中进行相应设置。

图 3-20   "段落"对话框

2）段落缩进

段落的缩进是指段落中的文本到边界有多少距离，包括左缩进、右缩进、首行缩进和悬挂缩进。左缩进指规定段落左边从什么地方开始，右缩进指规定段落右边从什么地方开始，首行缩进指段落第一行的左边位置，悬挂缩进指段落除第一行外的其他段落左边位置。在英文文本中，通常规定首行缩进为五个字母，中文文本规定首行缩进两个字符。操作方法如下。

方法 1：使用标尺上的标记。

若标尺没显示出来，则选"视图"→"显示"工具栏中的"标尺"复选框。

① 将插入点移到要设定缩进的段落或选定要设定缩进的段落。

② 用鼠标将标尺上的三角标记拖动到适当的位置，如图 3-21 所示。

说明：这种方法比较简单，当移动左缩进块时，第一行缩进也会跟着移动；如果不想让第一行跟着缩进，只要移动左缩进块的同时，按 Shift 键。

要对某一段的文本进行缩进，可使用"段落"工具栏上 按钮，其功能分别为：减少缩进量（将选定的段落往左边移动）和增加缩进量（将选定的段落往右边移动）。

方法 2：使用段落对话框设置（可参考图 3-20）。

图 3-21　标尺

3）段落间距

段落间距的调整包括行间距及本段落与前段、本段落与后段的间距的设置。

设置行距及段前段后的方法与设置段落缩进相似，所不同的是本操作使用"段落"对话框中"间距"部分的命令，包括"段前""段后"及"行距"。操作方法如下：

方法 1：用工具栏设置。

① 将插入点移到某一段内或选取要设定行距的段落。

② 单击"开始"→"段落"工具栏中"行和段落间距"按钮 ≡· 进行设置。

方法 2：使用段落对话框设置（可参考图 3-20）。

4）格式刷

字符和段落的格式可以通过复制的方法进行设置。例如：在一篇文章中，标题中出现"北京"两个字，格式为粗体、红色、五号字，在文章中也出现了若干个"北京"，如果想将标题中的"北京"格式复制到文章中的"北京"，或多个段落使用相同的格式设置，则可使用 Word 中的"格式刷"命令。

① 复制字符格式。

a. 选取已设好格式的文字。

b. 单击"开始"→"剪贴板"工具栏上的 格式刷。

c. 把鼠标指针放到要格式化的文本区域之前。

d. 按住鼠标左键不放，在要复制的区域拖动即可。

e. 若要复制同一格式到许多地方，可在"格式刷"按钮上双击，依次选取要格式化的文字即可。

② 复制段落格式。

由于段落格式保存在段落中，可以只复制段落标记来复制段落的格式，操作步骤如下。

a. 选定段落标记。

b. 单击"开始"→"剪贴板"工具栏上的 格式刷（若复制到多个段落则双击），鼠标指针变成"刷子"形式。

c. 选取要排版的段落，以将段落格式复制到该段落中。

说明：如果字符格式和段落格式要同时复制，可以选中包含格式的文字和段落标记，单击或双击格式刷，再去选取要设置的段落的文字和段落标记。

任务要求

分析案例情景可知，要制作一个关于韶关旅游景点介绍的 Word 文档，需要完成以下要求：

• 通过网络搜集相关资料和图片信息。

• 确定标题、简介段落、每个小标题及具体介绍段落的内容及格式。

● 设置标题、简介段落、每个小标题及具体介绍段落的格式。

任务实施

1. 创建并保存 Word 文档

① 启动 Word 2016 后，系统默认创建文件名为"文档 1"的 Word 文件。

② 选择"文件"菜单中的"保存"命令或单击"快速访问"工具栏中的"保存"按钮，从弹出的"另存为"对话框中选择 Word 文档保存的路径并输入文件名"韶关旅游景点介绍"，然后单击"保存"按钮保存该文档。

2. 输入文字并设置字体和段落格式

上网搜集的内容整理成素材内容，输入或复制到文档中，接下来对文档进行排版，具体步骤如下：

① 选中标题，单击"开始"→"字体"工具栏右下角的对话框启动器按钮 ，从弹出来的"字体"对话框或"字体"工具栏按钮设置字体格式：宋体、二号、加粗、缩放 150%、间距加宽 2 磅，字体颜色为标准色中的红色，文本效果格式为阴影（"预设"→"外部"→"右下斜偏移"）和发光（"预设"→"发光变体"→"金色，8 pt 发光，着色 4"）；单击"开始"→"段落"工具栏右下角的对话框启动器按钮 ，从弹出来的"段落"对话框或"段落"工具栏按钮设置段落格式的"对齐方式"为"居中"。

② 选中第 2 段，设置字体格式为宋体、小四；段落格式为首行缩进 2 字符、行距为 1.5 倍行距。

3. 边框和底纹

选中第 3 段，设置字体格式为华文行楷、四号；单击"开始"→"段落"工具栏中边框按钮 右边的下拉按钮，从弹出的下拉列表中选择"边框和底纹"，在边框和底纹对话框中设置第 3 段文字边框为标准色红色，底纹颜色为标准色黄色，具体设置如图 3-22 和图 3-23。

4. 格式刷

选中第 3 段，双击"开始"→"段落"工具栏中的格式刷 ，接下来选中第 5、7 和 9 段，即可将第 3 段的格式复制到其他的段落。使用相同的方法，将第 2 段的格式复制到第 4、6、8 和 10 段。

5. 首字下沉

选中第 4 段，单击"插入"→"文本"工具栏"首字下沉"按钮，从弹出的下拉列表中选择"首字下沉选项"选项，在"首字下沉"对话框中选择"下沉"，具体设置如图 3-24。用同样的方法设置第 6、8 段为"下沉"，第 10 段设置为"悬挂"。

6. 查找和替换

将光标定位到文档的任意位置，单击"插入"→"编辑"工具栏中的"替换"按钮，在"查找和替换"对话框中设置"查找内容"为"世界地质公园"，"替换为"中内容为空，字体格式为"加着重号"，接下来按"全部替换"，设置效果如图 3-25。

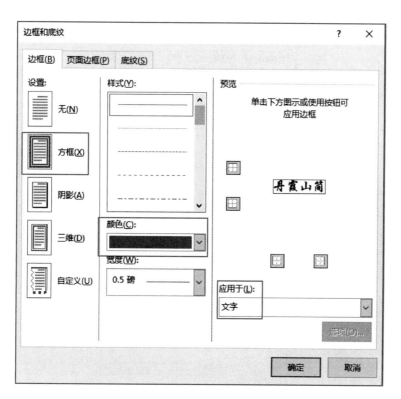

图 3-22　边框设置

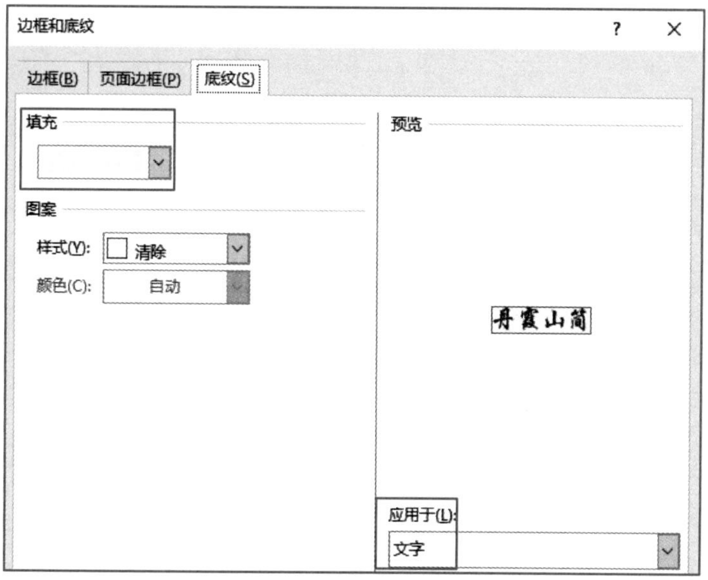

图 3-23　底纹设置

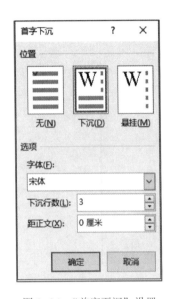

图 3-24 "首字下沉"设置

图 3-25   替换设置

任务 3.2   制作个人简历

任务描述

请尝试用 Word 制作一份个人简历，以便更好地介绍自己。案例样图如图 3-26 所示。

任务目标

- 熟练掌握 Word 表格的插入和编辑。
- 掌握图片、自选图形、艺术字和文本框的插入及编辑的方法。
- 掌握 SmartArt 图形插入及编辑的方法。

知识准备

1. 表格制作

制作表格是人们进行文字处理的一项重要内容。Word 提供了丰富的制表功能。表格是由许多行和列的单元格组成的。如图 3-27 所示。

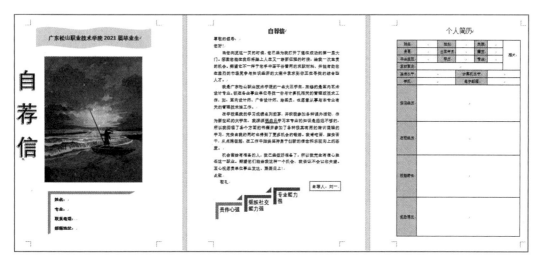

图 3-26　"个人简历"样图

（1）表格的创建

创建表格可以通过"插入"→"表格"工具栏来完成。

1）使用"绘制表格"创建表格

Word 提供了强大的绘制表格功能，可以像使用铅笔一样随意地绘制复杂的或非固定格式的表格。操作步骤如下：

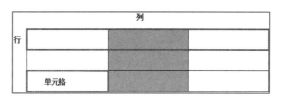

图 3-27　表格

① 单击"插入"→"表格"工具栏中"表格"按钮，从弹出的下拉列表中选择"绘制表格"。

② 鼠标指针变成铅笔形状。

③ 开始绘制。如果要删除框线，可单击"表格工具 布局"→"绘图"工具栏中"橡皮擦" ![icon] 按钮。

微课 3.2-1
表格制作

2）用"插入表格"创建表格

操作步骤如下：

① 单击"插入"→"表格"工具栏中"表格"按钮，从弹出的下拉列表中选择"插入表格"。

② 弹出如图 3-28 所示"插入表格"对话框。

③ 设置相应行数和列数即可。

3）使用内置行、列功能绘制表格

操作步骤如下：

单击"插入"→"表格"工具栏中"表格"按钮，将鼠标指针指向"插入表格"区域左上角（第 1 行第 1 列），移动鼠标到合适的位置单击，即可创建需要的表格。表格由系统自动生成（最多只能创建 10 行 8 列的表格）。

4）使用表格模板创建表格

Word 中包含各种各样的表格模板，使用已有的模板可以快速创建表格，也可增加美感。

操作步骤如下：

单击"插入"→"表格"工具栏中"表格"按钮，从弹出的下拉列表中选择"快速表格"来选择相应模板即可。

（2）文本的录入与数据的选取

表格内的任一格称为"单元格"，要在某一单元格内键入数据，首先将插入点移到单元格内，然后向此单元格输入文本。一个单元格容纳的字数并没有限制，当键入的字很多时，Word 会自动将该行的高度加大。

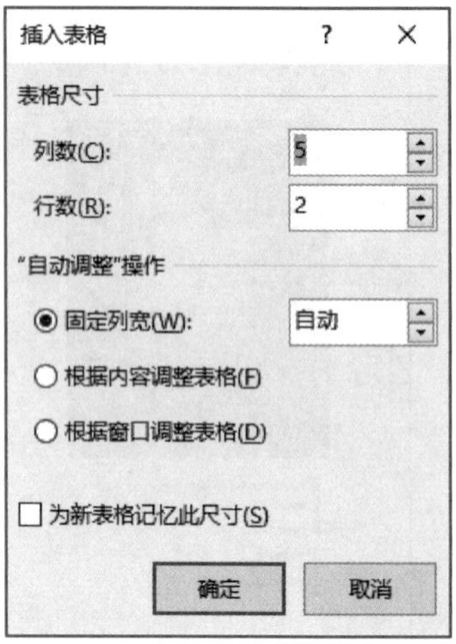

1）移动插入点

移动插入点可用鼠标单击单元格内部，之后可用上、下、左、右键或 Tab 键快速移动，Tab 键使插入点向右移动一个单元格，当插入点在最右边单元格时，再按一次将使插入点移到下一行的最左边。Shift+Tab 组合键，使插入点左移，当插入点在最左边时，再按一次将使插入点移到上面一行的最右边。

图 3-28　"插入表格"对话框

2）文本的录入

单元格内的文本与其他文本一样，可对其进行"剪切""复制"和"粘贴"操作，也可以设置各种字体、颜色等格式。由于每个单元格均是独立的处理单元，因此在完成该单元格后不能按 Enter 键表示结束，否则会增加行高。

3）表格的选取

选取单元格：将鼠标指针移到单元格左边，指针变成箭头↗，单击左键即可选中单元格。当指针变成箭头↗，按下鼠标左键拖动即可选中多个单元格。

选取行：将鼠标指针移到某一行左边，鼠标指针变成箭头↗，单击左键即可选中一行。当鼠标指针变成箭头↗，按住鼠标左键上下拖动即可选中多行。

选取列：将鼠标指针移到该列上方，鼠标指针变成箭头↓，单击左键即可选中一列。当鼠标指针变成箭头↓，按住鼠标左键左右拖动即可选中多列。

选取一定范围或整个表格：将鼠标指针移到选择范围左上角的单元格，按住鼠标左键，拖动鼠标至右下角单元格，即可选中一定范围。如果要选中整个表格，只需将鼠标指针移到表格左上角的表格移动控制点⊞上单击。

说明：上面的操作还可以通过工具栏按钮设置。将光标置于表格中，单击"表格工具布局"→"表"工具栏中"选择"按钮，从弹出的下拉列表中可以选择单元格、行、列和表格。

（3）表格的编辑

表格创建后，一般要对表格进行调整，修改或对表格中内容进行对齐等操作，在对其进行操作前，一般要先选定内容。

1）行的插入与删除

① 在某行之前插入若干行。

a. 选定行及其下的若干行。务必使所选的行数等于需插入的行数。

b. 单击"表格工具 布局"→"行和列"工具栏中"在上方插入"按钮，即可插入相应行，或在选定区域内右击，从弹出的快捷菜单中选择"插入"列表中的相关命令。

② 在最后一行后面追加若干行。

a. 从表格后面最后一行开始选中若干行。务必使所选的行数等于需插入的行数。

b. 单击"表格工具 布局"→"行和列"工具栏中"在下方插入"按钮，即可插入相应行，或在选定区域内右击，从弹出的快捷菜单中选择"插入"列表中的相关命令。

③ 行的删除。

a. 选取要删除的行。

b. 单击"表格工具 布局"→"行和列"工具栏中"删除"按钮，从弹出的下拉列表中选择"删除行"，或在选定区域内右击，从弹出的快捷菜单中选择"删除行"。

注意：删除表格中的行（或列）与删除表格中的内容在操作方法上有所不同。如果选定某些行之后，再按 Delete 键，那么只能删除行中的文本内容，而不能删除所在行。

2）列的插入与删除

列的插入与删除与行的操作步骤相似。

3）行高和列宽的调整

创建表格时，Word 可以根据用户的需要调整行高和列宽，若未设置，则使用默认的行高和列宽。

① 行高的调整。

方法 1：利用工具栏按钮调整行高。

a. 选定要调整的行。

b. 单击"表格工具 布局"→"单元格大小"工具栏中 按钮或选定后在选定区域右击，从弹出的快捷菜单中选择"表格属性"。

c. 弹出"表格属性"对话框，如图 3-29 所示。

d. 单击"行"选项卡，并在"指定高度"前的正方形上单击，在右侧设置框中选择或键入一个所需的行高值。最后单击"确定"即可。

方法 2：利用鼠标直接拖动调整行高。

用鼠标指针指向行的下边框线上，当指针变成双向箭头，按下左键并拖动至合适的位置。

② 列宽的调整。

列宽的调整与行高的调整方法相似，同样可以参考上述两种方法进行调整。

（4）单元格的合并与拆分

1）单元格的合并

将相邻若干个单元格合并为一个单元格称为单元格的合并，操作步骤如下。

单击"表格工具 布局"→"合并"工具栏中"合并单元格"按钮。

2）单元格的拆分

所谓单元格的拆分是指将一个单元格分割成若干个单元格，操作步骤如下。

① 选定要拆分的单元格，在选定区域内右击，从弹出的快捷菜单中选择"拆分单元格"或单击"表格工具 布局"→"合并"工具栏中"拆分单元格"按钮。

② 弹出"拆分单元格"对话框，如图 3-30 所示。

③ 在对话框中进行相应设置，单击"确定"即可。

图 3-29   行高调整   图 3-30   拆分单元格

（5）表格格式

表格格式是 Word 中使用表格的一项重要设置，包括表格中字符格式的设置及表格边框和底纹的设置。

1）单元格中字符的格式化

单元格中字符格式的设置与一般 Word 文本格式设置相同。

2）表格在页中的对齐方式

指表格在页面中的位置，如左对齐、右对齐、居中及与文字环绕方式等。

操作步骤如下：

① 将插入点移到表格中的任何位置。

② 单击"表格工具 布局"→"单元格大小"工具栏中 按钮或右击，从弹出的快捷菜单中选择"表格属性"，弹出如图 3-31 所示的对话框。

③ 单击"表格"选项卡，选择一种对齐方式（在此对话框可以通过"尺寸"中的"指定宽度"来设置表格的宽度）。单击"确定"即可。

说明：

• 表格中单元格文字的垂直（纵向）对齐方式：选定要设置的单元格后，右击，从弹出的快捷菜单中选择"表格属性"，如图 3-31 所示，再单击"单元格"选项卡进行设置；

• 表格中单元格文字的水平（横向）对齐方式：选定要设置的单元格后，单击"开始"→"段落"工具栏中 按钮，从弹出的"段落"对话框中进行"对齐方式"的设置，或通过"段落"工具栏中 按钮设置。

• 表格中单元格文字的垂直（纵向）对

图 3-31   表格属性

齐方式或水平（横向）对齐方式还可以使用工具栏按钮来设置，单击"表格工具 布局"→"对齐方式"工具栏中相应按钮来设置。

3）插入斜线表头

将光标定位在表格的相应单元格内，单击"表格工具 设计"→"边框"工具栏中"边框"按钮，从弹出的下拉列表中选择"斜下框线"选项，即可插入斜线表头。

微课 3.2-2
表格边框和底纹

4）表格样式

创建一个表格后，可以用"表格样式"进行快速排版，它可以把某些预定义格式自动应用于表格中，包括字体、边框、底纹和颜色等。

操作步骤如下：

① 将插入点移到表格中的任意位置。

② 单击"表格工具 设计"→"表格样式"工具栏中 ☑ 按钮，从弹出的表格样式中进行选择（☑ 按钮，可以向下翻页继续选择其他的表格样式），如图 3-32 所示。

图 3-32 表格样式

5）表格边框和底纹设置

除了对表格使用"表格格式"来设置表格的外观以外，还可以通过对表格的"边框"和"底纹"的设置来对表格进行修饰，如对表格边框加粗、内外表格线型的改变及对内部表格进行底纹的设置等。

① 边框的设置。

操作步骤如下：

a. 将插入点移到表格中的任何位置。

b. 单击"表格工具 布局"→"表"工具栏中"属性"按钮，弹出"表格属性"对话框，单击对话框右下方的"边框和底纹"按钮，弹出"边框和底纹"对话框，如图 3-33 所示。

c. 在"边框"选项"设置"中选择一种设置方式，如无、方框或全部等。

d. 选取一种所需要的线型、边框宽度和颜色等。在"预览"可通过单击框线来进行取消或添加边框线。

e. 单击"确定"。

说明：设置表格中某条线的线型或粗细或颜色，可使用"边框刷"按钮直接设置。

操作方法如下：

将插入点移到表格中的任何位置，单击"表格工具 设计"→"边框"工具栏中"边框刷"按钮，还可以进行边框样式、笔样式、笔画粗细和笔颜色的设置，此时鼠标指针变成钢笔形状，

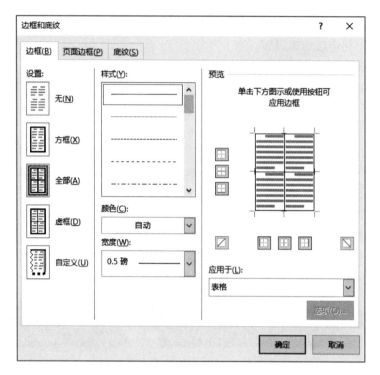

图 3-33　"边框和底纹"对话框

按住左键直接拖动即可。"边框"工具栏如图 3-34 所示。

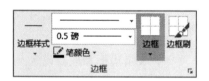

另外，还可以通过"边框"工具栏中边框样式列表下的"边框取样器" 边框取样器(S) 进行边框的设置。

② 底纹设置。底纹设置与边框设置所使用的命令相同。

操作步骤如下：

图 3-34　"边框"工具栏

微课 3.2-3
表格与文字
的转换、公
式、排序

a. 选择要加底纹的单元格。

b. 单击"表格工具 布局"→"表"工具栏中"属性"按钮，弹出"表格属性"对话框，单击对话框右下方的"边框和底纹"按钮，出现如图 3-33 所示"边框和底纹"对话框。

c. 单击"底纹"选项卡，设置与前面介绍字体与段落的底纹相同。

（6）表格和文字之间的转换

为了使数据的处理和编辑更加方便，Word 提供了表格和文本的相互转化。

1）将表格转换成文本

① 将光标置于表中或选取表格。

② 单击"表格工具 布局"→"数据"工具栏中"转换为文本"按钮。

③ 从弹出的"表格转换成文本"对话框中进行"文字分隔符"的设置，可以选择段落标记、逗号和制表符，如这些都不合要求，可选其他字符，在其右边输入分隔符，如图 3-35 所示。

④ 单击"确定"。

2）将文本转换成表格

① 选中要转换为表格的文本。

② 单击"插入"→"表格"工具栏中"表格"按钮。

③ 从弹出的下拉列表中选择"文本转换成表格"。

④ 从弹出的"将文字转换成表格"对话框中选一种"文字分隔位置",可以选择段落标记、逗号、空格或制表符。如这些都不合要求,可选其他字符,在其右边输入分隔符,如图 3-36 所示。

图 3-35　"表格转换成
文本"对话框

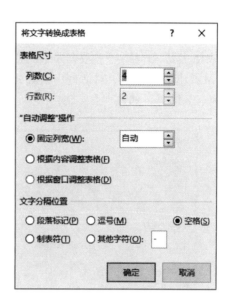

图 3-36　"将文字转换成表格"对话框

⑤ 单击"确定"按钮。

（7）表格中数据计算与排序

1）数据的计算

在 Word 编辑中有时需要某些计算功能,Word 可直接在表格中输入公式计算出数值。

公式的基本格式是:

=〈函数名〉(〈引用符号〉)

• 函数名表示引用哪个函数,Word 提供了一系列的计算函数,包括求和函数 SUM（ ）和求平均值函数 AVERAGE（ ）等。

• 引用符号采用 LEFT、RIGHT 和 ABOVE 来代表插入点的左边、右边和上边的所有数值单元格。

• =SUM（ABOVE）　　　将以上各单元格中数据相加

• =AVERAGE（LEFT）　　对左边各单元格数据项求平均值

操作步骤如下:

① 单击相应单元格,单击"表格工具 布局"→"数据"工具栏中"公式"按钮,从弹出的"公式"对话框中设置"公式",如图 3-37 所示。此时默认公式正确,如不正确需重新输入,在粘贴函数中可以查找其他的函数,在编号格式中可以设置数值格式。

② 确定后得出总分,选中总分结果后按 Ctrl+C 组合键,接下来选中其他需要求总分的

单元格按 Ctrl+V 组合键，在选中状态下按 F9 键进行刷新即可。

2）数据的排序

Word 能够对表格中的内容进行排序，可按笔画、数字、日期和拼音升序或降序排列。

操作步骤如下：

① 将光标置于表格中。

② 单击"表格工具 布局"→"数据"工具栏中"排序"按钮，从弹出的"排序"对话框中设置相应选项，单击"确定"即可，如图 3-38 所示。

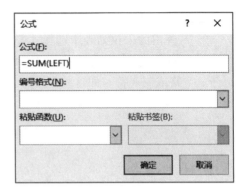

图 3-37   "公式"对话框

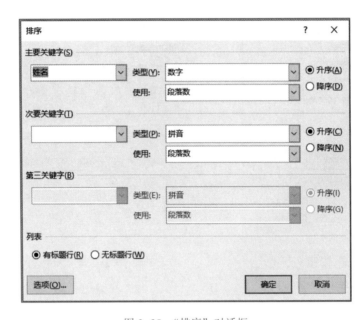

图 3-38   "排序"对话框

微课 3.2-4
图形和艺术字

2. 图形和艺术字

为使 Word 中文字与段落更加生动，可插入图片或艺术字，使 Word 中图文充分融合，使文档更有动感。

（1）插入图片

1）插入来自 Web 的图片

单击"插入"→"插图"工具栏中"图片"按钮，从弹出的下拉列表中选择"联机图片"，弹出如图 3-39 所示"插入图片"的对话框，在"必应图像搜索"框中，键入要搜索的内容，然后按 Enter 或单击右边"搜索必应"按钮，弹出如图 3-40 所示的"联机图片"对话框，单击要插入的图片，然后单击"插入"按钮。

注意：如果要插入剪贴画，可以在搜索内容中输入关键字如"花剪贴画"，即可搜索出相应剪贴画。

图 3-39 "插入图片"对话框

图 3-40 "联机图片"对话框

2）插入文件中的图片

操作步骤如下：

将光标移动到要插入图片的位置，单击"插入"→"插图"工具栏中"图片"按钮，在"插入图片"对话框中选择要插入的图片，单击"插入"即可，如图 3-41 所示。

3）利用剪贴板插入图片

剪贴板是内存中的一块区域，是 Windows 内置的一个非常有用的工具，通过剪贴板，使得在各种应用程序之间传递和共享信息成为可能。

操作步骤如下：

① 选取要复制或移动的图片。

② 单击"开始"→"剪贴板"工具栏中"复制或剪切"按钮（此时图片已保存在剪贴板上）。

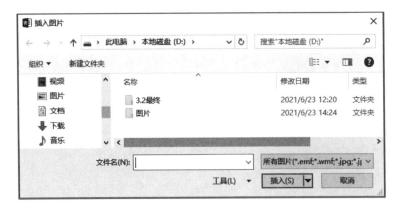

图 3-41   "插入图片"对话框

③ 将指针指向所要插入图片的地方。

④ 单击"开始"→"剪贴板"工具栏中的"粘贴"按钮（剪贴板上的图片被移到 Word 中）。

（2）图片的编辑

图片插入到文档以后，如果对图片的设置不符合要求，可以对图片进行调整。

1）图片的选取

① 选取图片方法。单击图片，图片的四周会出现八个控制点，代表已选取此图。选中图片显示工具栏，如图 3-42 所示，编辑工作可利用此工具栏上的工具执行。

图 3-42   "图片工具 格式"工具栏

② 不选图片方法。若图片已被选中，则在图片外单击左键即可取消选择。

③ 调整图片的大小。

操作方法如下。

方法 1：直接拖动。

• 单击要修改的图片以选定它，此时在图片的周围会出现八个控制点。

• 用鼠标指针指向八个控点中的任一个，当指针形状变为双向箭头时，拖动鼠标来改变图片的大小，通过拖动对角线上的控制点将按比例缩放图片，拖动其他上、下、左或右控点将改变图片的高度或宽度。

方法 2：利用"布局"对话框设置。

• 单击"图片工具 格式"→"大小"工具栏右侧 按钮，在"布局"对话框"大小"选项卡中进行设置。如图 3-43 所示。

说明：如果要设置任意大小的高度和宽度需取消 锁定纵横比(A) 前面的 。设置图片大小还可以通过"图片工具 格式"→"大小"工具栏直接设置。

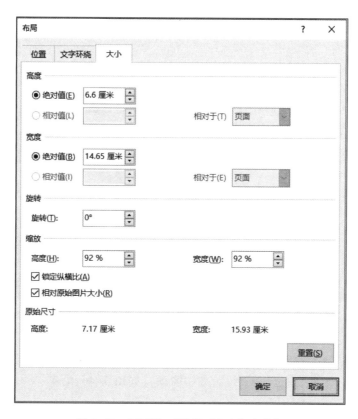

图 3-43　"布局"对话框"大小"选项卡

2）图片的移动

① 将鼠标指针移到图片上，当鼠标指针变成十字形四向箭头时按住鼠标左键拖到新的位置即可。

② 选中图片，右击从弹出的快捷菜单中选择"大小和位置"，弹出如图 3-43 所示的"布局"对话框。在"文字环绕"选项卡中将"环绕方式"设置为四周型，在"位置"选项中进行相应的设置。也可以单击"图片工具 格式"→"排列"工具栏"位置"按钮进行设置。

3）图片删除

① 选定要删除的图片。

② 按 Delete 键或执行剪切操作。

4）图片裁剪

如果对插入的图片只需要选取其中的一部分，那么可以隐藏不需要的部分，当需要时可以让隐藏的部分显示出来。

操作步骤如下：

选中图片，单击"图片工具 格式"→"大小"工具栏中"裁剪"按钮，此时图片的周围会出现裁剪框，将鼠标指针移到裁剪框上，按住鼠标左键拖动到适当的位置释放左键，在空白处单击取消选定即可。

5）图片格式设置

① 设置环绕方式。

在插入图片后，往往要考虑图片与周围文字之间的位置关系，即环绕方式。

操作步骤如下：

a. 选取要设置格式的图片。

b. 单击"图片工具 格式"→"排列"工具栏中"位置"按钮，从弹出的下拉列表中选择相应的环绕方式,如图 3-44 所示,或单击"环绕文字"，在下拉列表中进行相应设置。

② 改变图片的线条颜色和填充色。

操作步骤如下：

单击图片,右击从弹出的快捷菜单中选择"设置图片格式",在"设置图片格式"对话框中进行相应设置即可，如图 3-45 所示。

说明:在"图片工具 格式"还可以对图片进行"旋转""对齐"及"图片样式"等设置。

（3）绘图

在 Word 文档中还可以绘制所需的图形，如正方形、圆形、直线和多边形等。

操作步骤如下：

① 单击"插入"→"插图"工具栏中的"形状"按钮。

② 从弹出的下拉列表中选任一形状,如"箭头",如图 3-46 所示。

图 3-44 "位置"
下拉列表

图 3-45 "设置图片格式"对话框

图 3-46 "形状"下拉列表

③ 将鼠标指针移到文档中，当指针变为十字形状时移到其要绘图的地方，按住鼠标左键向右下方拖动，拖到合适的位置松开即可。也可以在指定的位置直接单击来插入形状。

说明：

• 如果要插入"画布"，可单击"插入"→"插图"工具栏中"形状"按钮，从弹出的下拉列表中选择"新建画布"。

• 在形状图形中添加文字，可右击形状图形选"添加文字"。

• 设置形状图形的格式可通过单击形状图形，利用图 3-47 进行相应的设置，或右击形状图形选"设置形状格式"。

（4）艺术字

艺术字是具有特殊效果的文字，艺术字不是普通的文字，而是图形对象，可以按照处理图形的方法进行处理。

操作步骤如下：

① 将插入点移到要插入艺术字处。

图 3-47　"绘图工具 格式"功能区

② 单击"插入"→"文本"工具栏中"艺术字"按钮，从弹出的下拉列表选择一种艺术字样式，如图 3-48 所示。此时在文档中将出现一个带有文字为"请在此放置您的文字"的文本框。

③ 输入艺术字的内容即可插入艺术字。例如"节日快乐"。

④ 如果要设置艺术字格式，可通过"绘图工具 格式"→"艺术字样式"工具栏进行设置。只要艺术字在选中状态下就可进入"艺术字样式"工具栏，如图 3-49 所示。

⑤ 在"艺术字样式"工具栏设置"文本效果"→"转换"→"弯曲"为双波形上下，效果如图 3-50 所示。

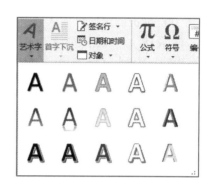

图 3-48　艺术字样式

图 3-49　"艺术字样式"工具栏

图 3-50　"艺术字"效果

此外，利用"艺术字样式"工具栏上的"文本效果"还可以设置"阴影""发光"和"三维旋转"等艺术字样式。

3. 文本框

文本框是一种图形对象，可以输入文字或存放图片。文本框可以放在文档的任意位置，大小也可以调节，它可分为横排和竖排两种。

微课 3.2-5
文本框、
SmartArt
图形、公式

1）插入文本框

单击"插入"→"文本"工具栏中"文本框"按钮，从弹出的下拉列表中选择"绘制横排文本框"，在文档的相应位置按住鼠标左键，拖动到合适大小，松开左键，输入内容即可。如果要插入"竖排文本框"则选择"插入"→"文本"工具栏中"文本框"按钮，从弹出的下拉列中选择"绘制竖排文本框"。

2）在文字上添加文本框

选中文本内容，单击"插入"→"文本"工具栏中"文本框"按钮，从弹出的下拉列表中选择"绘制横排文本框"，此时文本内容就会添加一个文本框。

说明：文本框的格式设置方法与前面图片相同。

4. SmartArt 图形

SmartArt 图形是用来表示流程或层次结构的图形。可以选择不同的布局来创建 SmartArt 图形，从而快速、轻松和有效地传达信息。创建 SmartArt 图形时，系统将提示您选择一种 SmartArt 图形类型，例如"流程""层次结构"或"循环"等。每种类型包含多种布局。

1）插入 SmartArt 图形

① 在要插入图形的位置单击。

② 单击"插入"→"插图"工具栏中"SmartArt"按钮，弹出"选择 SmartArt 图形"对话框，在左侧图形类型中选择图形类型，在右侧布局中选择布局。

③ 单击确定即可插入"组织结构图"。在"形状"框中直接输入内容或单击"SmartArt 工具 设计"→"创建图形"工具栏中"文本窗格"按钮，如图 3-51 所示。再在弹出的对话框中输入内容，效果如图 3-52 所示。

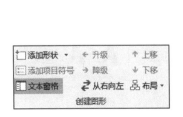
图 3-51　"创建图形"工具栏

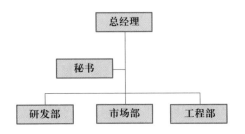
图 3-52　"组织结构图"效果

2）编辑 SmartArt 图形

① 添加 SmartArt 形状。单击选中如图 3-52 的"组织结构图"，单击"SmartArt 工具设计"→"创建图形"工具栏中"添加形状"按钮右侧的下拉按钮，从弹出的下拉列表中选择"在下方添加形状"，如图 3-53 所示。再在插入的形状中输入内容，效果如图 3-54 所示。

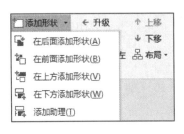
图 3-53　"添加形状"列表

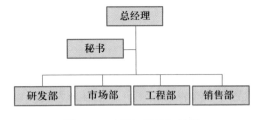
图 3-54　"添加形状"效果

② 更改布局。单击选中相应的形状，通过如图 3-55 中"从右到左""布局""上移""下移""升级"和"降级"进行布局的设置。

说明：

如果要改变整个 SmartArt 图形的"颜色"和"SmartArt 样式"，可以选中 SmartArt 图形，在如图 3-56 所示的工具栏中进行设置。

5. 插入公式对象

① 在要插入公式的位置单击。

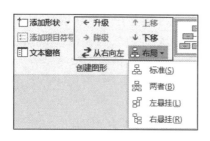

图 3-55　"布局"

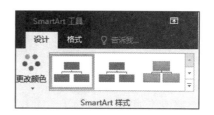

图 3-56　SmartArt 颜色与样式

② 单击"插入"→"符号"工具栏中"公式"按钮下方的下拉按钮,从弹出的下拉列表中选择"插入新公式",如图 3-57 所示。

③ 在"公式工具 设计"工具栏中找到▓单击,选中相应的类型,其他的内容直接从键盘输入即可。

说明:

如果要将另一个文档中的内容插入到当前文档,可单击"插入"→"文本"工具栏中"对象"按钮右侧的下拉按钮,从弹出的下拉列表中选择"文件中的文字",如图 3-58 所示。

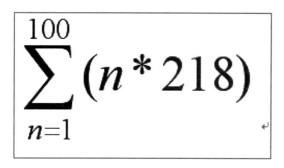

图 3-57　"求和公式"

图 3-58　插入其他"文件中的文字"

任务要求

分析案例情景可知,要制作一个关于个人简历的 Word 文档,需要完成以下要求:

- 进行个人简历的封面设计(绘图、艺术字、图片和文本框知识点的使用)。
- 确定自荐信的内容(文本框和 SmartArt 知识点的使用)。
- 设计个人简历的表格。

任务实施

1. 插入形状

① 新建空白文档,确定保存位置,以"3.2"为文件名保存。

② 单击"插入"→"插图"工具栏中"形状"按钮,在"星与旗帜"中选择"双波形",在文档的顶部,按住鼠标左键拖动,在合适的大小位置松开左键。单击"绘图工具 格式"→"大小"工具栏右下角的 按钮,在"布局"对话框中设置大小为取消锁定纵横比 ▢锁定纵横比(A),高度为 2.5 厘米,宽度

任务素材与
效果文件

微课3.2-6
任务 2

为 13.5 厘米。单击"绘图工具 格式"→"形状样式"工具栏中"形状填充"，设置颜色为主题颜色中的"浅灰色，背景 2，深色 10%"，设置"形状轮廓"为无。右击形状选择"添加文字"，输入"广东松山职业技术学院 2021 届毕业生"，设置内容字体格式为：宋体、小二、加粗和黑色。

2. 插入图片

在形状下双击添加插入点，单击"插入"→"插图"工具栏中"图片"按钮，从弹出的"插入图片"对话框中找到图片位置及文件名"3.2 图片 .jpg"，单击"插入"即可。右击图片选择"大小和位置"，设置大小为锁定纵横比 ☑锁定纵横比(A)，高度设置为 ⦿绝对值(E) 14.5 厘米 ⯅⯆。在"开始"→"段落"工具栏中设置水平居中 ▤▤▤▤。

3. 插入艺术字

单击"插入"→"文本"工具栏中"艺术字"按钮，从弹出的下拉列表中选择第 3 行第 2 列的样式，输入文字"自荐信"，内容字体格式：大小 72，加粗，黑色，字符间距加宽 15 磅。单击"绘图工具 格式"→"文本"工具栏中"文字方向"为"垂直"。将艺术字拖到合适的位置即可。

4. 插入形状

单击"插入"→"插图"工具栏中"形状"按钮，在"基本形状"中选择"半闭框"，绘制后利用圆形的控制点调节形状高度和宽度，利用橙色的控制点来调节蓝色框的长度和宽度。利用"绘图工具 格式"→"形状样式"工具栏中"形状轮廓"按钮设置"无轮廓"，"形状填充"为"主题颜色"中的"浅灰色，背景 2，深色 10%"。将形状放到合适位置即可。

5. 插入文本框

单击"插入"→"文本"工具栏中"文本框"按钮，从弹出的下拉列表中选择"绘制横排文本框"。在"半闭框"下面绘制合适大小的文本框，输入内容见图 3-59，设置字体格式：宋体、14 和加粗。利用"绘图工具 格式"→"形状样式"工具栏中"形状轮廓"按钮设置"无轮廓"。封面最后效果如图 3-59 所示。

微课 3.2-7
制作个人简
历的自荐信
和表格

6. 自荐信内容字体和段落格式设置

单击"布局"→"页面设置"工具栏中"分隔符"按钮，从弹出的下位列表中选择"分页符"。复制 3.2 素材中的内容。设置标题字体和段落格式：宋体、小二、加粗和水平居中。正文部分字体和段落格式：宋体、四号、行距为固定值 22 磅。

7. 将"自荐人：刘一"内容转化成文本框内容

选中"自荐人：刘一"，单击"插入"→"文本"工具栏中"文本框"按钮，从弹出的下拉列表中选择"绘制横排文本框"，此时文本内容就会添加一个文本框。拖动文本框到右边的位置。单击"绘图工具 格式"→"形状样式"工具栏中"形状轮廓"按钮来设置标准色为红色。

8. 插入 SmartArt 图形

在正文下面双击鼠标，单击"插入"→"插图"工具栏中"SmartArt"按钮，从弹出的"选择 SmartArt 图形"对话框中选择"流程"中的第 1 行第 2 列的布局。在文本框中输入内容，如图 3-60。单击"SmartArt 工具 设计"→"SmartArt 样式"工具栏中"更改颜色"按钮，从弹出的下拉列表中选择"彩色"中的第 3 种。"自荐信"效果如图 3-60。

图 3-59　"个人简历"样图 1　　　　图 3-60　"个人简历"样图 2

9. 插入表格

单击"布局"→"页面设置"工具栏中"分隔符"按钮，从弹出的下位列表中选择"分页符"。输入表格标题"个人简历"，设置字体和段落格式为宋体、二号、水平居中。按回车换行，单击"插入"→"表格"工具栏中"表格"按钮，从弹出的下拉列表中选择"插入表格"，从弹出的对话框中设置行数为 10，列数为 7，按"确定"即可插入表格。

10. 合并单元格

选中第 1-4 行最右边的四个单元格，右击选择"合并单元格"。用同样的方法将其他单元格合并，效果见图 3-63。

11. 输入表格内容并设置格式

输入表格所有内容。选中表格所有内容,设置字体格式为宋体、小四，通过"表格工具 布局"→"对齐方式"工具栏中"水平居中"按钮来设置水平和垂直都居中，如图 3-61。选中除"相片"单元格的其他有内容的单元格,通过"表格工具 设计"→"表格样式"工具栏中"底纹"按钮，设置底纹颜色为主题颜色中的"浅灰色，背景 2，深色 10%"。

12. 调整行高

选中前 6 行，右击选"表格属性"，从弹出的对话框中设置行高

图 3-61　"对齐方式"
工具栏

为"指定高度"0.8 厘米，如图 3-62。最后 4 行按同样的方法设置行高为 4.3 厘米。最终效果如图 3-63。

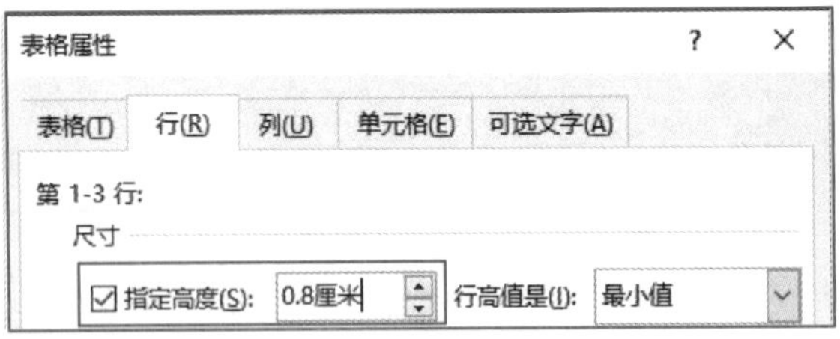

图 3-62　"表格属性"对话框"行"选项卡

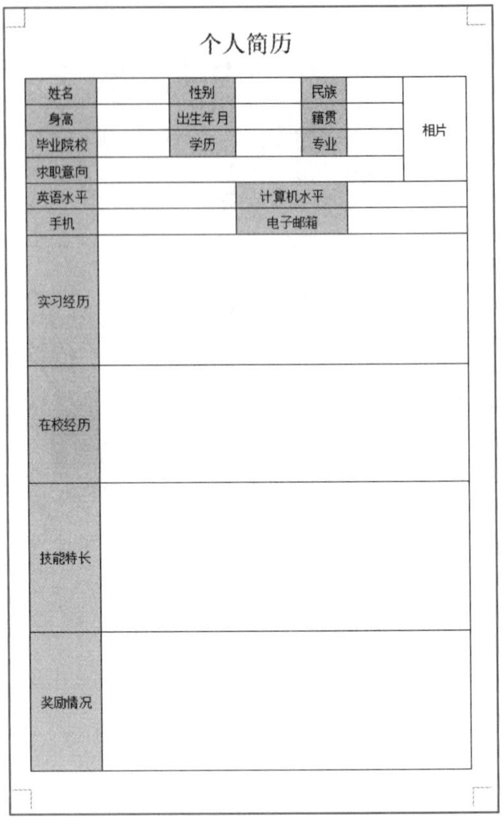

图 3-63　"个人简历"样图 3

任务 3.3　批量制作考试通知

任务描述

大学英语的考试时间快到了，为了通知班上的每一位同学，班长批量制作了大学英语的考试通知，以便把考试信息传达到每个同学。考试通知的效果如图 3-64 所示。

任务目标

- 熟练掌握页面设置的方法。
- 熟练掌握页眉、页脚设置的方法。
- 掌握页面背景及打印设置的方法。
- 掌握邮件合并功能的使用方法。

图 3-64　"考试通知"样图（以其中一位同学为例）

知识准备

1. 文件的打印

文档录入和排版之后，打印之前要进行相应的页面设置。页面设置包括纸张大小、纸张方向和页边距等设置。

（1）页面设置

1）纸张大小的设置

纸张大小的设置可直接选择默认纸型和自定义大小。

微课 3.3-1
文件的打印

操作步骤如下：

① 单击"布局"→"页面设置"工具栏中"纸张大小"按钮，从弹出的下拉列表中选择一种纸型。

② 如果在列表中找不到需要的纸型，可单击列表中的"其他纸张大小"，弹出如图 3-65 所示"页面设置"对话框。

③ 在"纸张大小"中选择"自定义大小"，在宽度和高度文本框中输入数值。

④ 设置好后按"确定"按钮。

说明：

"页面设置"对话框还可以单击"布局"→"页面设置"工具栏右下角的 ⌐ 按钮打开。

如果要插入"分页符""自动换行符"或"分节符"，可以利用"页面设置"工具栏的 ⊣⊢分隔符▾ 按钮进行设置。

2）页边距和纸张方向的设置

文件打印在纸张上时，纸张的左、右、上和下都留有边距，您可根据需要调整页边距。页边距和纸张方向的设置可以使用页面设置工具栏和页面设置对话框，如图 3-66。

3）文字方向

在文档中可以设置文档选定内容或所选文本框中的文字方向。

文字方向的设置可以使用页面设置工具栏和页面设置对话框。或选定内容后右击，从弹出的快捷菜单中选择"文字方向"，弹出如图 3-67 所示的对话框。在对话框内选择一种文字

图 3-65　"页面设置"对话框

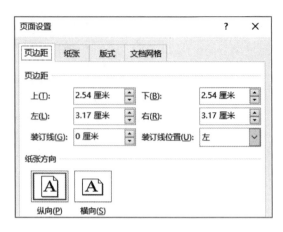

图 3-66　"页面设置"对话框"页边距"选项卡

图 3-67　"文字方向"对话框

的方向，单击"确定"即可。

4）规定每页行数和每行字数

在新建一个 Word 文件后，Word 会有一个预设定的值，规定每一行要存放多少个文字，每页要存放几行，通常使用预设值即可，但如果有需要，也可以更改这两个值，使页面的编排符合需要。可以通过单击"布局"→"页面设置"工具栏右下角的 ▣ 按钮，打开"页面设置"对话框，进行相应设置即可。

5）分栏

分栏就是将某一部分、某一页的文档或整篇文档分成具有相同栏宽或不同栏宽的多个栏。

操作步骤如下：

选定相应内容，单击"布局"→"页面设置"工具栏"栏"按钮，从弹出的下拉列表中选择相应选项，如需更多的设置则单击列表中"更多栏"，弹出如图 3-68 所示对话框，进行相应设置即可。

（2）页眉和页脚设置

页眉和页脚是出现在每张打印页的最上面和最下面的文本或图形。通常页眉和页脚包含章节标题、页号等，也可以是用户录入的信息（包括图形）。它们需要在"页面视图"方式下才能显示出效果。

1）格式设置

一般情况下，Word 在文档中的每一页显示相同的页眉和页脚。然而，用户也可以设置成首页显示一种页眉和页脚，而在其他页上显示不同的页眉和页脚，或者在奇数页上显示一种页眉或页脚，而在偶数页上显示另一种页眉或页脚。

操作步骤如下：

① 单击"布局"→"页面设置"工具栏右下角 ▣ 按钮，打开"页面设置"对话框。

② 单击"版式"选项卡，屏幕出现图 3-69 所示对话框。

③ 在此对话框内可以选择"奇偶页不同"或"首页不同"复选框，还可以设置"页眉和页脚"

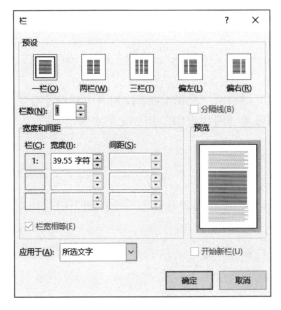

图 3-68 "栏"对话框

图 3-69 "页面设置"对话框"版式"选项卡

的距离。

④ 单击"确定"按钮。

2）内容设置

① 单击"插入"→"页眉和页脚"工具栏"页眉"按钮,从弹出的下拉列中选择"编辑页眉",此时进入到页眉和页脚状态,并出现"页眉和页脚工具"工具栏,如图 3-70 所示。

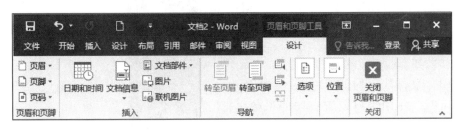

图 3-70 "页眉和页脚工具 设计"工具栏

② 在"页眉和页脚工具"工具栏上,包括插入"页码"、插入"日期和时间"和"转至页眉"或"转至页脚"等按钮,可以帮助用户进行内容设置。用户也可以在页眉、页脚编辑区中输入有关内容。

③ 单击工具栏上"关闭页眉和页脚"按钮,返回正文编辑状态。

④ 此时可以看到正文上下已有页眉和页脚内容。

说明:

• 在"页眉和页脚"工具栏上还可以设置"首页不同""奇偶页不同",页眉和页脚的距离等相应选项。

• 如果要插入"页码",单击"插入"→"页眉和页脚"工具栏中的"页码"按钮,从弹出的下拉列表中进行相应的设置。

微课 3.3-2
文件的页面
设置及邮件
合并

（3）页面背景

1）水印

水印是在页面内容后面插入虚影文字，通常表示要将文档特殊对待，如"机密"或"紧急"。操作步骤如下：

单击"设计"→"页面背景"工具栏→"水印"按钮，从弹出的下拉列表中选择"自定义水印"，打开"水印"对话框，在对话框中可以设置"图片水印"和"文字水印"。

2）页面颜色

页面颜色是指设置页面的背景颜色。

操作步骤如下：

单击"设计"→"页面背景"工具栏→"页面颜色"按钮，从弹出的下拉列表中选择相应"颜色"或"填充效果"。

（4）页面边框

关于"页面边框"前面 3.1 节已介绍。

（5）打印文档

1）打印预览

打印预览可以在打印之前查看文档的实际打印效果。

操作步骤如下：

单击"文件"→"打印"。在预览页的底部可能设置缩放比例和页码值。

2）打印

准备好打印机后，就可以开始打印文档了，在 Word 文档中，可以打印文档的全部内容，也可以只打印其中的一部分。

操作步骤如下：

① 单击"文件"→"打印"，如图 3-71 所示。

② 在图 3-71 中可以设置打印的份数、打印的范围、单面打印、纸张大小或方向等相应设置。

③ 设置好后单击"打印"按钮进行打印。

（6）文档保护

文档创建完后，可以设置其他人对此文档的更改类型（如对文档进行加密）。单击"文件"→"信息"中的"保护文档"从弹出的下拉列表中选择相应选项进行设置。

2. 邮件合并

在 Word 中常常遇到这样的问题：所发送的信函或开会通知中，正文相同，只是地址或姓名、单位等不同，要处理这类问题，可以利用 Word

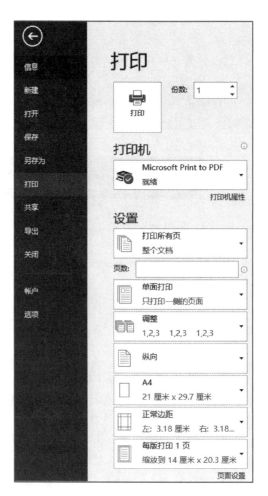

图 3-71　"打印"选项设置

提供的"邮件合并"功能。

　　所谓"邮件合并"是指把两个基本的元素（主文档和数据源）合并成一个新文档（或称邮件合并文档）。主文档中包含了保持不变的文本（如信函中的正文）和一些合并域（如姓名、地点等），合并域实际上就是一个变量，它随数据源中的内容而变化；所谓数据源则是多行记录的数据集，它包含合并域中的实际内容（如姓名、地址等）。通过合并，Word 把来自数据源程序中的实际内容分别加入到主文档的对应合并域中，由此产生了主文档的多个不同版本（如多个不同人的通知）

　　邮件合并过程主要分为四步：创建主文档，创建数据源，插入合并域以及合并。

任务要求

　　分析案例情景可知,要制作一份关于全班同学考试通知的 Word 文档,需要完成以下要求：

- 制作一个考试通知的主体内容文档。
- 制作一个包含每位同学考试信息表格的文档。
- 进行邮件合并。

任务实施

1. 创建并保存 Word 文档

操作步骤如下：

① 启动 Word 2016 后，系统默认创建文件名为"文档 1"的 Word 文件。

② 选择"文件"菜单中的"保存"命令或"快速访问"工具栏中的"保存"按钮，从弹出的"另存为"对话框中选择 Word 文档保存的路径并输入文件名"主文档"，然后单击"保存"按钮保存该文档。接下来按同样方法创建文件名为"数据源"的文档。

2. 对"主文档"文件进行内容添加及格式设置

操作步骤如下：

① 复制"主文档素材 .docx"中的内容到"主文档"文件中。

② 将标题字体格式设置为宋体、三号、加粗，段落格式设置为居中。其他部分内容的字体格式为宋体、四号，将第 4 和第 5 段设置为加粗。设置完后效果如图 3-72。

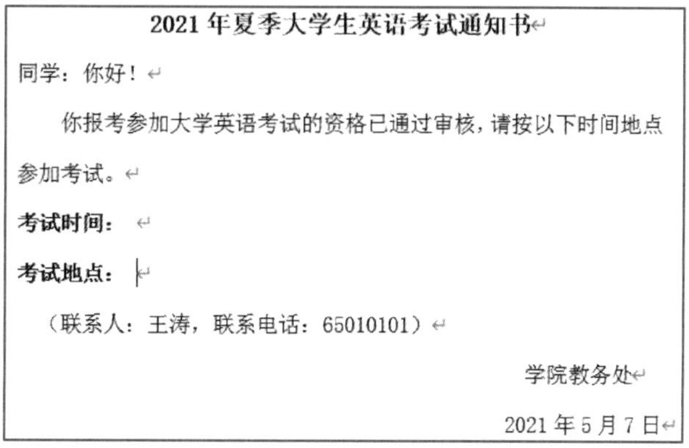

任务素材与
效果文件

微课 3.3-3
批量制作考
试通知

2021 年夏季大学生英语考试通知书

同学：你好！

　　你报考参加大学英语考试的资格已通过审核,请按以下时间地点

参加考试。

考试时间：

考试地点：

　　（联系人：王涛，联系电话：65010101）

学院教务处

2021 年 5 月 7 日

图 3-72　"主文档"内容

③ 对"主文档"进行页面设置。单击"布局"→"页面设置"工具栏右下角的 按钮打开"页面设置"对话框，进行如图 3-73 和图 3-74 的相应设置。

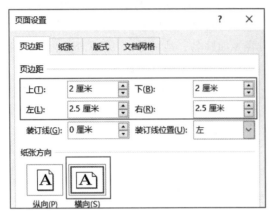

图 3-73　"页面设置"对话框"页边距"选项卡　　　图 3-74　"页面设置"对话框
"纸张"选项卡

④ 对"主文档"进行页脚设置。单击"插入"→"页眉和页脚"工具栏上的"页脚"按钮，从弹出的下位列表中选择"编辑页脚"。页脚的内容为"祝：同学们考试顺利！"，设置字体："宋体""五号"。

在"！"后插入笑脸形状。单击"插入"→"插图"工具栏上的"形状"按钮，从弹出的下位列表中选择"基本形状"中的笑脸形状。在"！"后按住鼠标左键拖动绘制笑脸形状，通过"绘图工具 格式"中的"形状样式"工具栏，设置"笑脸"形状填充为无，形状轮廓为"深红"。页脚设置完成后，双击文本内容退出页眉和页脚状态。效果为祝：同学们考试顺利！😊。

⑤ 对"主文档"进行水印及页面边框设置。单击"设计"→"页面背景"工具栏上"水印"按钮，从弹出的下位列表中选择"自定义水印"，弹出"水印"对话框，按照图 3-75 设置。在"页面边框"中进行宽度和艺术型的设置，如图 3-76。"主文档"进行设置后效果如图 3-77。

3. 对"数据源"文件进行表格的创建及内容的输入

单击"插入"→"表格"工具栏上"表格"按钮，从弹出的下位列表中选择"插入表格"，弹出"插入表格"对话框，设置行数为 11，列数为 4。接下来在表格中录入如图 3-78 所示内容。将"数据源"文件保存后关闭。

4. 对"主文档"文件进行邮件合并

切换到"主文档"文件。单击"邮件"→"开始邮件合并"工具栏上"开始邮件合并"按钮，从弹出的下位列表中选择"信函"。接下来单击旁边"选择收件人"按钮，从弹出的下位列表中选择"使用现有列表"，从弹出的对话框中选择"数据源"文件进行"打开"。接下来单击"邮件"→"编写和插入域"工具栏上"插入合并域"按钮进行相应合并域的插入，插入效果如图 3-79。最后单击"邮件"→"完成"工具栏上"完成并合并"按钮，从弹出的下位列表中选择"编辑单个文档"，直接按"确定"会重新生成一个文件名为"信函 1"的主文档。

5. 对"信函 1"文件进行打印输出

单击"文件"菜单的"打印"，在右侧有预览的效果，设置相应的打印机及打印的份数后，

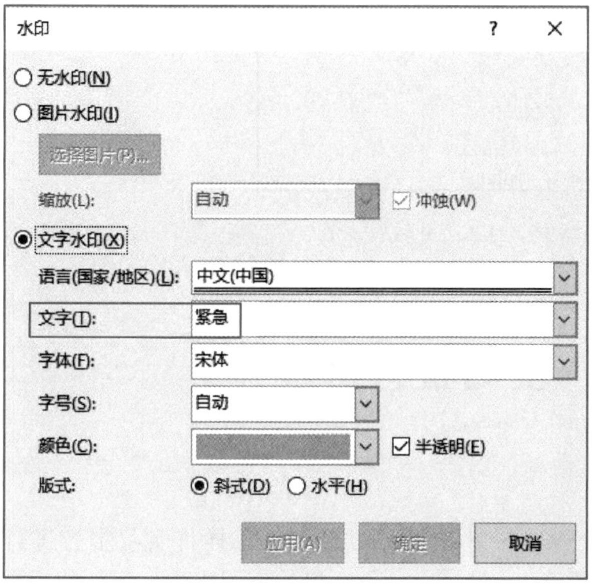

图 3-75 “水印”对话框

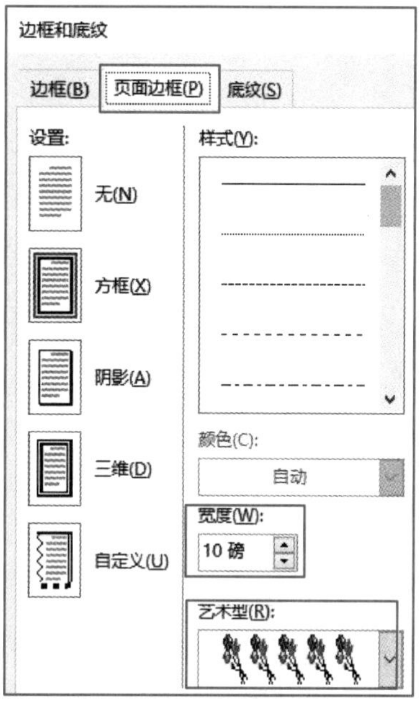

图 3-76 “边框和底纹”对话框

2021 年夏季大学生英语考试通知书

同学：你好！

你报考参加大学英语考试的资格已通过审核，请按以下时间地点参加考试。

考试时间：

考试地点：

（联系人：王涛，联系电话：65010101）

学院教务处

2021 年 5 月 7 日

祝：同学们考试顺利！

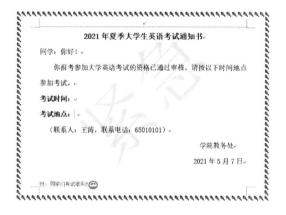

图 3-77 “主文档”效果

姓名	等级	考试时间	考试地点
艾小群	四级	2021 年 6 月 20 日 8：20~11：20	第 1 教学楼 301
陈美华	四级	2021 年 6 月 20 日 8：20~11：20	第 1 教学楼 301
李静	四级	2021 年 6 月 20 日 8：20~11：20	第 1 教学楼 301
李大军	四级	2021 年 6 月 20 日 8：20~11：20	第 1 教学楼 301
蔡雪敏	四级	2021 年 6 月 20 日 8：20~11：20	第 1 教学楼 301
林小强	六级	2021 年 6 月 20 日 14：30~17：25	第 2 教学楼 209
区俊杰	六级	2021 年 6 月 20 日 14：30~17：25	第 2 教学楼 209
王玉强	六级	2021 年 6 月 20 日 14：30~17：25	第 2 教学楼 209
黄在左	六级	2021 年 6 月 20 日 14：30~17：25	第 2 教学楼 209
朋小林	六级	2021 年 6 月 20 日 14：30~17：25	第 2 教学楼 209

图 3-78 “数据源”内容

2021 年夏季大学生英语«等级»考试通知书

«姓名»同学：你好！

你报考参加大学英语«等级»考试的资格已通过审核，请按以下时间地点参加考试。

考试时间：«考试时间»

考试地点：«考试地点»

（联系人：王涛，联系电话：65010101）

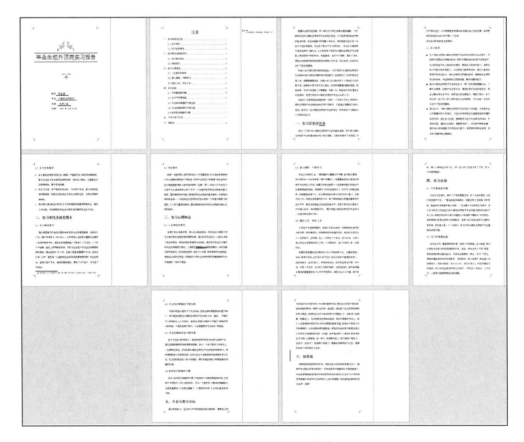

图 3-79　“主文档”插入合并域后效果

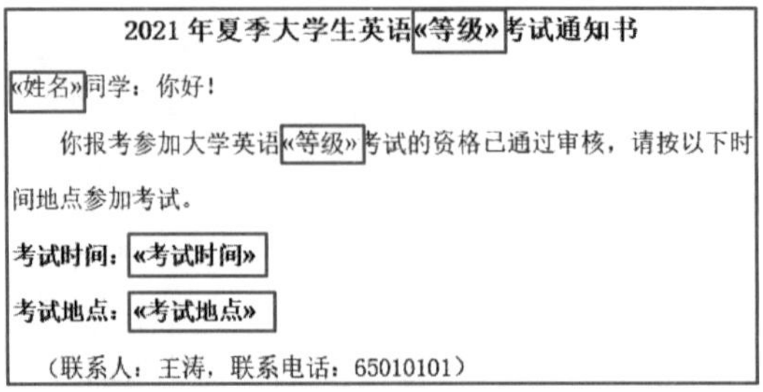

单击“打印”按钮。

任务 3.4　实习报告排版

任务描述

快毕业了，学校要求每位同学上交一份校外顶岗实习报告，怎样将实习报告进行合理的排版设计呢？下面详细介绍如何使用 Word 设计出一份合格的实习报告。案例的效果如图 3-80 所示。

图 3-80　“实习报告”效果

任务目标

- 熟练掌握样式和目录。
- 熟练掌握脚注和尾注、项目符号与编号、书签和超链接。
- 熟练掌握字数统计、批注及修订。
- 掌握封面的插入及删除。

知识准备

1. 样式

所谓"样式"是用样式名表示的一组预先设置好的格式，也就是文本格式的集合。对于长文档排版最好的方法是使用样式。如果以后修改了样式的格式，则文档中应用这种样式的段落或文本块将自动随之改变，以反映新的变化。Word 提供了内置样式，如果内置样式不能满足你的需要，可以新建一个样式。对于设置好新样式的文档，用户可以保存为一个模板文件，以备日后使用。

微课 3.4-1
样式和目录

（1）预定义样式

Word 中预定义了几十种现成的样式，如"标题 1""标题 2"和"标题 3"等，用户可根据自己的需要调用这些样式来编排文本和段落。

查看预定义样式，可以通过单击"开始"→"样式"工具栏上相应的样式，或单击"开始"功能区→"样式"组工具栏的 按钮，弹出如图 3-81 的"样式"窗格，在列表中显示了所有的预定义样式。

（2）创建新样式

用户除了应用已有的样式外，还可以自己创建样式。

操作步骤如下：

① 单击"开始"→"样式"工具栏的 按钮，在"样式"窗格中单击"新建样式"按钮 ，弹出"根据格式设置创建新样式"对话框，如图 3-82 所示。

② 分别设置样式的"名称""样式类型"和"格式"等，设置完成后按"确定"即可。

说明：

新样式创建后，光标所在段落会自动应用此样式。新样式会自动添加到"样式"列表中。

（3）应用样式对文本进行格式化

使用样式可以对具有相同格式的文本或段落进行格式化。

操作步骤如下：

选中内容，单击"开始"→"样式"工具栏上相应样式，或单击"开始"→"样式"工具栏的 按钮，弹出如图 3-81 的"样式"窗格，在对话框列表中单击相应样式即可应用。

（4）修改或删除样式

当所创建的样式不再需要时，用户可以将其删除。如图 3-81 所示，将光标移到某种样式上，样式名右侧会出现一个下拉按钮，单击下拉按钮，从弹出的列表选择"修改"或"删除"即可。

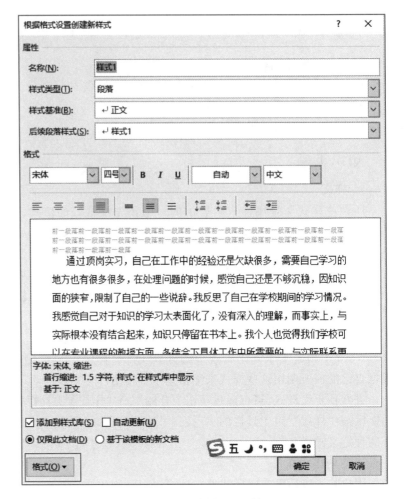

图 3-81　"样式"窗格　　　　　　　　　　图 3-82　"样式"对话框

2. 目录

目录使文档结构一目了然，还可以帮助用户方便、快速地查找内容。创建目录就是列出文档中各级标题所在的页码。

操作步骤如下：

将光标定位到文档的相应位置，单击"引用"→"目录"工具栏上"目录"按钮，从弹出的下拉列表中选择"自定义目录"，在"目录"对话框中进行相应设置，如图 3-83 所示。

3. 脚注和尾注

在编书或写文章时，"脚注"和"尾注"主要用于对文档进行一些补充说明。"脚注"常用于补充说明文档中难以理解的内容，位于每页文档的底部，也可以位于文字下方；"尾注"常用于引用文献、作者等说明信息，位于文档结束处或节结束处。

微课 3.4-2
脚注、中文版式、项目符号

"脚注"或"尾注"由两个互相链接的部分组成：注释引用标记和相对应的注释文本。在注释中可以使用任意长度的文本，并如处理其他任意文本一样设置注释文本格式。将光标停留在文档中的注释引用标记上便可以查看注释。

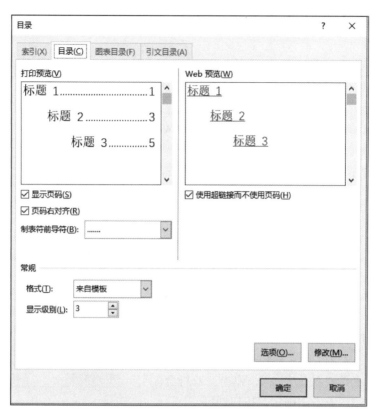

图 3-83　"目录"对话框

操作步骤如下：

① 将插入点移到文档的相应位置。

② 单击"引用"→"脚注"工具栏右下角的 ⬓ 按钮，弹出如图 3-84 所示"脚注和尾注"对话框。

③ 位置可选"脚注"或"尾注"。

④ 单击"插入"按钮。这时在插入点位置添加一个数字或符号标记，并在设置位置的注释分隔符下添加脚注或尾注注释区。将光标定位到注释区，在光标处输入内容即可。

说明：

在"格式"栏，将显示默认的自动编号方式；在"编号格式"列表中可以选取一种编号样式；若要设置"自定义标记"，可以在"自定义标记"右边的文本框中输入一种符号作为自定义标记，或单击"符号"按钮，在"符号"对话框选取一种符号作为自定义标记；若选取重新编号，可以设置起始编号。

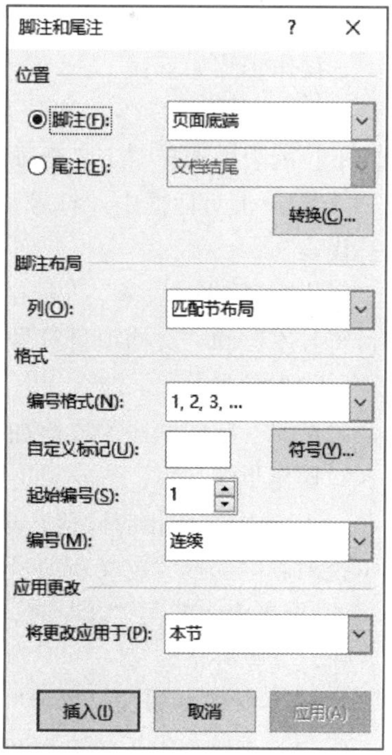

4. 中文版式

（1）汉字加拼音

如果需要给汉字自动加上拼音，可以通过"拼音指南"

图 3-84　"脚注和尾注"对话框

按钮。

操作步骤如下：

选中内容，单击"开始"→"字体"工具栏的 ✌ 按钮，弹出"拼音指南"对话框。在此对话框中可以设置"字体""字号""对齐方式"和"组合"等相应选项。

（2）带圈字符

带圈字符是给单字加上格式边框，加以强调。Word 提供了"圆圈""方形""三角形"和"菱形" 4 种圈号。

操作步骤如下：

单击"开始"→"字体"工具栏的 ⊕ 按钮，弹出"带圈字符"对话框。在此对话框中进行相应设置，在"文字"下面的文本框中输入内容，接下来设置"样式"和"圈号"即可。

（3）双行合一

Word 文档中有时要设置一些特殊的格式，如祝^{老师}_{同学}新年快乐！

操作步骤如下：

单击"开始"→"段落"工具栏的 ⼂· 按钮，从弹出的下拉列表中选择"双行合一"，弹出"双行合一"对话框，如图 3-85。单击"确定"按钮即可。

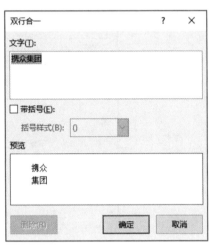

图 3-85　"双行合一"对话框

5. 项目符号和编号

（1）项目符号

项目符号就是在一些段落的前面加上相同的符号。

操作步骤如下：

① 选中相应段落，单击"开始"→"段落"工具栏的 ▤ 按钮右侧的下拉按钮，从弹出的下拉列表中选择"定义新项目符号"选项，打开如图 3-86 的"定义新项目符号"对话框。

② 单击对话框中"符号"按钮，打开如图 3-87 所示对话框，设置符号"字体"和"字符代码"。

说明：单击"段落"工具栏的 ▤ 按钮右侧的下拉按钮，可以从弹出的列表中直接选择"项目符号库"和"文档项目符号"中的符号进行设置。

（2）编号

按照一定的顺序为段落加编号，如按数字由小到大编号等。

操作步骤如下：

① 选中文档相应段落，单击"开始"→"段落"工具栏 ▤· 右侧的下拉按钮，从弹出的下拉列表中选择"定义新编号格式"，打开如图 3-88 所示对话框进行相应设置。

② 在输入符号"&"时，要注意"输入法状态栏"上"全角/半角"按钮设置为半角

万中🌙🖐,📗🖐·。

③ 在"定义新编号格式"对话框中单击"字体"按钮，可以进行"字体"格式的设置。

（3）多级列表（效果如图 3-89）

操作步骤如下：

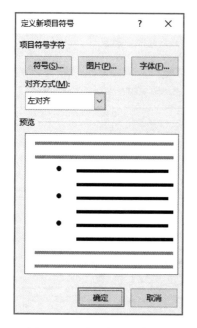

图 3-86　“定义新项目符号”对话框

图 3-87　“符号”对话框

图 3-88　“定义新编号格式”对话框

章鱼瘦肉汤的菜谱

一　选料

　甲　干莲子 80 克，陈皮 1 克，黑豆 80 克，干章鱼 1 条，瘦肉 300 克，生姜 1 小块，盐少许。

二　制法

　甲　章鱼用清水泡软，和瘦肉一起用开水氽烫。

　乙　锅内注入适量清水和所有材料，煮滚后改小火煲 2 小时。

　丙　用适量的盐调味。

三　功效

　甲　章鱼含有丰富的蛋白质、矿物质等营养元素，并还富含抗疲劳、抗衰老，能延长人类寿命等重要保健因子——天然牛磺酸。

　乙　一般人都可食用，尤适宜体质虚弱、气血不足、营养不良之人食用；适宜产妇乳汁不足者食用。

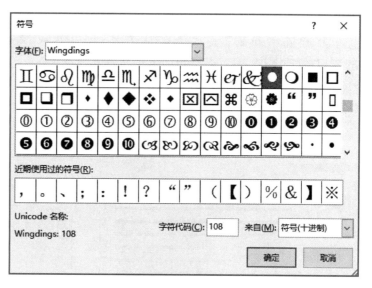

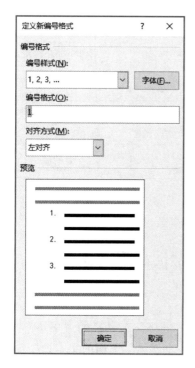

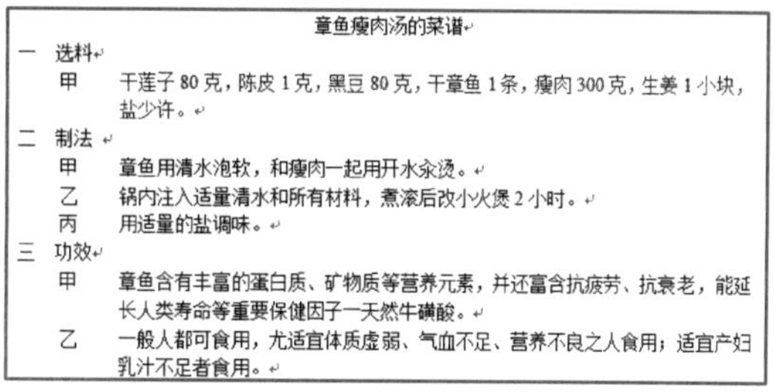

图 3-89　“多级列表”效果

① 按住 Ctrl 键选中二级编号的所有段落，如图 3-90，按 Tab 键进行二级编号的缩进。

② 选中要设置的一级和二级编号的所有内容（不包括标题）。

③ 单击"开始"→"段落"工具栏的 ⚏ 右侧的下拉按钮，从弹出的下拉列表中选择"定义新的多级列表"，打开如图 3-91"定义新多级列表"对话框。

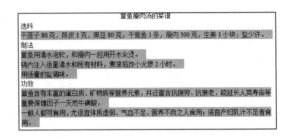

图 3-90　"多级列表"选定

④ 在对话框中进行一级编号和二级编号的设置，如图 3-91 和图 3-92 所示。

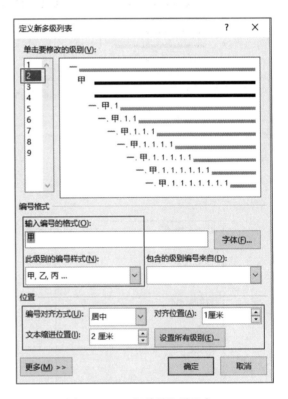

图 3-91　"一级编号"设置窗口　　　　图 3-92　"二级编号"设置窗口

6. 插入书签和超链接

当在文档中建立超链接后，查阅时可通过这些超链接快速地转到链接所指定的位置。此处的超链接与 Internet 上的超链接相同。

微课 3.4-3

插入书签和超链接

操作步骤如下：

① 选择相应内容，单击"插入"→"链接"工具栏的"书签"按钮，弹出如图 3-93 所示的"书签"对话框。在"书签名"下面的文本框中输入内容。单击"添加"按钮。

② 选择要插入链接的内容，单击"插入"→"链接"工具栏的"链接"按钮，弹出如图 3-94 所示的"插入超链接"对话框，进行相应设置后单击"确定"按钮。

说明：

● 在图 3-94 "插入超链接" 对话框中如果选中左侧 "现有文件或网页"，可以在 "地址" 文本框中输入 "超级链接的地址"。

● 如果选中左侧 "电子邮件地址"，可以在 "电子邮件地址" 文本框中输入邮件地址及其他设置。

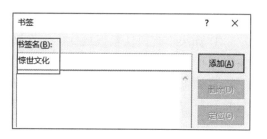

图 3-93 "书签" 对话框

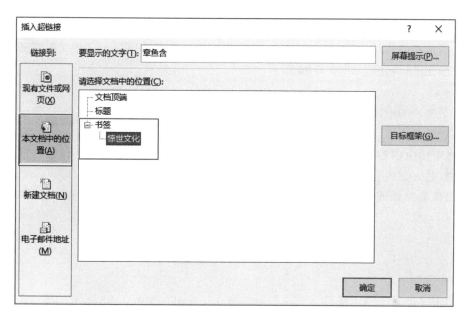

图 3-94 "插入超链接" 对话框

7. 字数统计

编写文档有时需要控制字数。Word 提供的字数统计功能，可以轻松解决这一难题。自动统计字数功能可以快速地统计文档的各种信息，使用它们可以方便地控制文档的长度。

操作步骤如下：

① 如果只需统计部分段落的字数，那么首先要选中这些段落。如果要统计全文字数，那么无须选中任何对象。

② 单击 "审阅" → "校对" 工具栏的 "字数统计" 按钮，打开如图 3-95 的 "字数统计" 对话框，使用该对话框可以随时查看文档的统计信息。

8. 拼写和语法

拼写和语法检查可以自动检查并纠正文档中的拼写错误。在输入文本时，如果输入了错误的或不可识别的内容，在该内容下就有红色的波浪线。如果是语法错误，就会用蓝色波浪线标记。

图 3-95 "字数统计" 对话框

操作步骤如下：

① 如果出现语法错误的文字，在文字的下面会有蓝色波浪线，在其上右击，从弹出的快捷菜单中选择"忽略一次"，此时蓝色波浪线就会消失。

② 如果出现红色波浪线，将光标放在出错的位置，单击"审阅"→"校对"工具栏的"拼写和语法"按钮，打开"拼写检查"对话框，在"建议"列表中选择正确单词后，单击"更改"。

说明：

如果要设置自动检查拼写和语法，可通过单击"文件"→"选项"，弹出"Word 选项"对话框，从左侧列表中选择"校对"，进行相应设置即可。

9. 中文简繁转换

中文简体和繁体可以进行相互转换。选定内容，单击"审阅"→"中文简繁转换"工具栏中相应按钮进行转换。如图 3-96 所示。

10. 批注

批注是文档的审阅者为文档添加的注释、说明等信息。

操作步骤如下：

① 选中相应内容，单击"审阅"→"批注"工具栏→"新建批注"按钮，选中的文字将被填充红色，在内容行的右边会出现一个批注框，在批注框中输入内容即可。

② 如果要删除或修改批注，只需在批注上右击，从弹出的快捷菜单中选择相应选项。也可以使用"批注"工具栏删除批注。"批注"工具栏如图 3-97 所示。

11. 修订

启用修订功能后，所做的每一项操作都用红色标记出来。

操作步骤如下：

① 单击"审阅"→"修订"工具栏→"修订"按钮，如图 3-98 所示，接下来对文档进行相应的修改操作。如果要关闭修订只需再次单击"修订"按钮。

② 如果要拒绝或接受修订，只需在修订上右击，从弹出的快捷菜单中选择"接受"或"拒绝"或使用"更改"工具栏"接受"或"拒绝"修订，如图 3-99 所示。

图 3-96　"中文简繁转换"工具栏　　图 3-97　"批注"工具栏　　图 3-98　"修订"工具栏　　图 3-99　"更改"工具栏

③ 设置完修订后，修订行的左侧有 1 条竖线，可以通过此竖线"显示"或"隐藏"修订。

任务要求

分析案例情景可知，要制作一份实习报告排版的 Word 文档，需要完成以下要求：

- 制作实习报告的封面，应用插入封面和文本框等相关知识。
- 制作实习报告的目录，选中标题插入批注。
- 对实习报告通过修改样式、创建样式及应用样式来设置字体及段落格式。

• 在实习报告中应用脚注和尾注、项目符号、书签和超链接、修订等相关知识。

任务实施

1. 插入实习报告封面

操作步骤如下：

① 新建空白文档，确定保存位置，以"3.4"为文件名保存。

② 单击"插入"→"页面"工具栏中"封面"按钮，从弹出的下拉列表中选择"花丝"。将文档的标题改为"毕业生校外顶岗实习报告"，字体设置为华文行楷、小初。右击"文档副标题"，选中"删除内容控件"，将副标题删除。选中含"日期"的文本框，按删除键删除。

微课3.4-4
实习报告排版 1

③ 单击"插入"→"文本"工具栏中"文本框"按钮，从弹出的下拉列表中选择"绘制横排文本框"。按住左键进行绘制，在合适大小松开。单击"绘图工具 格式"→"形状样式"工具栏中"形状轮廓"按钮，将形状轮廓设为"无"。在文本框中输入相应内容，设置字体和段落格式为宋体、小三、下画线、1.5 倍行距。封面设置完后效果如图 3-100。

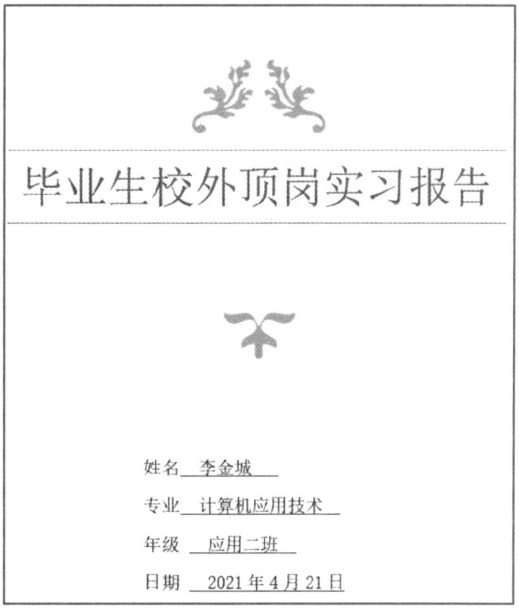

2. 使用样式对实习报告进行排版

操作步骤如下：

① 修改"正文"的样式。将 3.4 素材文档中的内容复制到文档的第 2 页。单击"开始"→"样式"工具栏右下角的 按钮，弹出样式对话框，从样式列表中找到"正文"样式，单击右边的 按钮，选"修改"，弹出"修改样式"对话框，如图 3-101。通过左下角的"格式"按钮设置字体和段落格式为宋体、四号、1.5 倍行距。注意：修改好的样式会自动更新到所使用段落。

图 3-100 "封面"效果

② 插入分节符，创建"样式 A"。将光标定位到第 2 页开始的位置，单击"布局"→"页面设置"工具栏的 分隔符 按钮，从弹出的列表中选择"分节符 下一页"。鼠标左键双击第 2 页开始位置，输入内容"目录"。单击"开始"→"样式"工具栏右下角的 按钮，弹出"样式"列表，单击右下角的 按钮创建"样式 A"，弹出如图 3-101 所示对话框。按上面的方法设置字体和段落格式为一号、对齐方式居中。注意：创建好的样式会自动应用到光标所在段落。

③ 应用样式。将以"一、二、三、四、五、六"开头，相应的段落内容选中，单击"开始"→"样式"工具栏上"标题 1"样式，应用样式。将以"1.1、2.1、3.1、4.1"这种形式开头的所有段落内容选中，单击"开始"→"样式"工具栏上"标题 2"样式，应用样式。应用"标题 1"和"标题 2"，内容如图 3-102。

图 3–101　"修改样式"对话框　　　　　　　　　图 3–102　"应用样式"效果

3. 生成目录

　　将光标定位到第 2 页"目录"内容后按回车,单击"引用"→"目录"工具栏中的"目录"按钮,从弹出的下拉列表中选择"自定义目录",弹出"目录"对话框,如图 3–103 所示,将"显示级别"设为"2",按确定即可创建目录。注意:如果要更改样式的目录级别可单击图 3–103 的"选项"按钮,弹出"目录选项"对话框,如图 3–104 所示。最后生成的目录如图 3–105。

4. 统计字数和插入批注

　　　　　　　　　　　操作步骤如下:

微课 3.4–5
实习报告排
版 2

　　　　　　　　　　　① 单击第 3 页开始处,按住 Shift 键,到文档结尾处再次单击,选中要进行字数统计的内容。单击"审阅"→"校对"工具栏中"字数统计"按钮,弹出如图 3–106 所示对话框。

　　　　　　　　　　　② 选中第 2 页的"目录"内容,单击"插入"→"批注"工具栏中"批注"按钮,在批注内容框中输入"实习报告内容(不包括空格)字符数为:3784"。插入批注后效果如图 3–107。

图 3-103 "目录"对话框

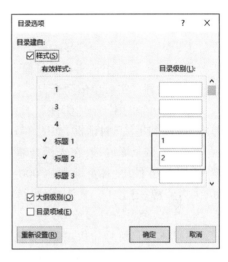

图 3-104 "目录选项"对话框

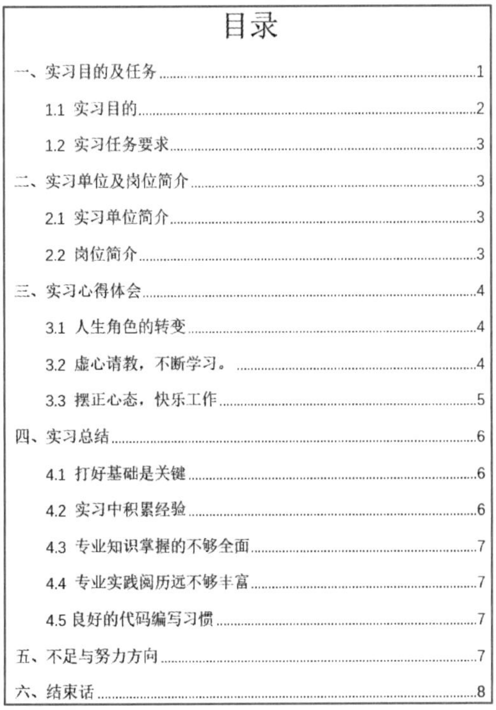

图 3-105 "目录"效果

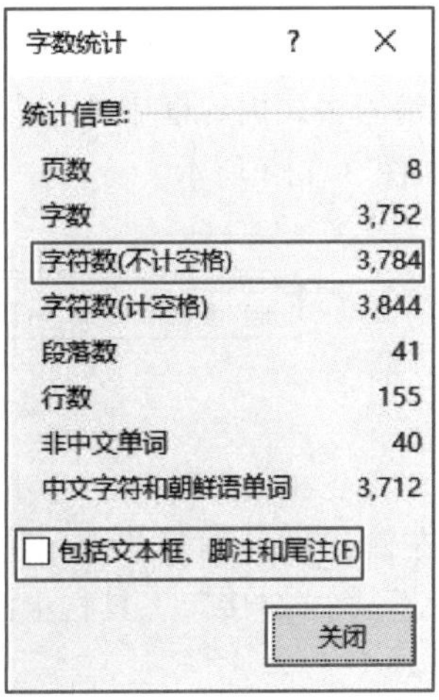

图 3-106 "字数统计"对话框

图 3-107　"批注"效果

5. 插入脚注和尾注

操作步骤如下：

① 选中"视图"→"显示"工具栏中"导航窗格"，从左侧的导航窗格中快速定位到"2.1 实习单位简介"，选中"实习单位简介"。注意：也可以用"开始"→"编辑"工具栏中的"查找"功能找到"实习单位简介"。

② 单击"引用"→"脚注"工具栏右下角的 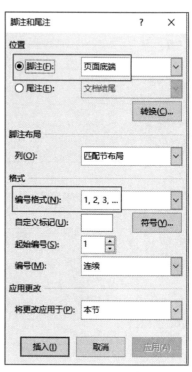 按钮，弹出"脚注和尾注"对话框，如图 3-108 所示。单击"插入"后光标定位到页面底端，在光标处输入"全称：携众技术（广东）有限公司 性质：私企 规模：1 000-4 999 人 专业服务（咨询、人力资源、财会）"。插入脚注后效果，如图 3-109 所示。

6. 插入项目符号和编号

• 插入项目符号。从左侧"导航"窗格快速定位到"1.1 实习目的"，在右侧选中"1.1 实习目的"下的内容，单击"开始"→"段落"工具栏上 按钮右侧的下拉按钮，从弹出的下拉列表中选择"定义新项目符号"，出现如图 3-110 所示的对话框。单击对话框中的"符号"按钮，在"符号"窗口中设置字体和字符代码，如图 3-111 所示。

• 插入编号。从左侧"导航"窗格快速定位到"1.2 实习任务要求"，在右侧选中"1.2 实习任务要求"下的内容，单击"开始"→"段落"工具栏上 按钮右侧的下拉按钮，从弹出的下拉列表中选择"定义新编号格式"。在"定义新编号格式"对话框中进行设置，如图 3-112 所示。注意：编号格式内容框中的"顿号"是中文全角的。"编号"效果如图 3-113 所示。

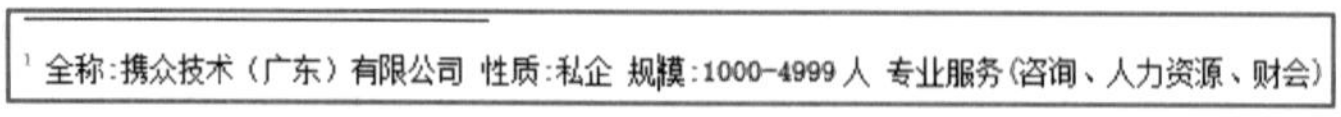

图 3-108　"脚注和尾注"对话框

¹ 全称：携众技术（广东）有限公司 性质：私企 规模：1000-4999 人 专业服务（咨询、人力资源、财会）

图 3-109　"脚注和尾注"效果

7. 插入书签和超链接

① 从左侧"导航"窗格快速定位到"1.2 实习任务要求"，在右侧选中"1.2 实习任务要求"，单击"插入"→"链接"工具栏上的"书签"按钮，按照如图 3-114 进行设置，单击"添加"按钮即可。

② 从左侧"导航"窗格快速定位到"一、实习目的及任务"，在右侧选中"任务"，单击"插入"→"链接"工具栏上"链接"按钮，弹出"编辑超链接"对话框，按照如图 3-115 所示

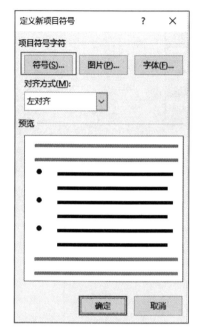

图 3-110 "定义新项目符号"
         对话框

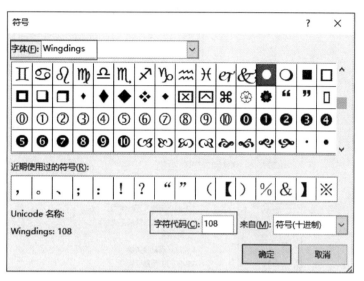

图 3-111 "符号"对话框

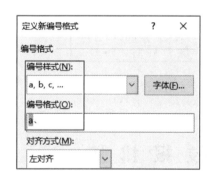

图 3-112 "定义新编号格式"对话框

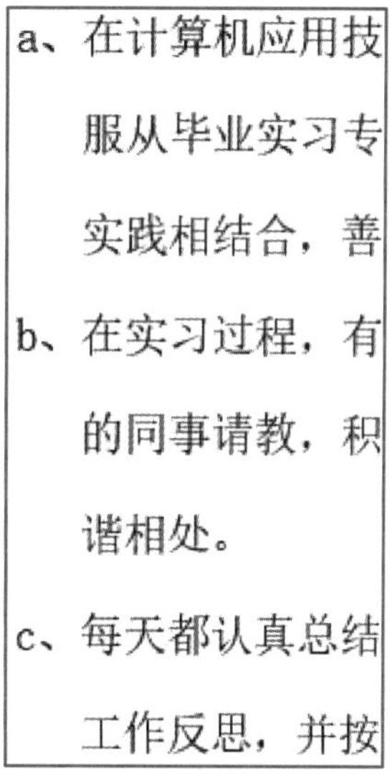

图 3-113 "编号"效果
         （部分）

进行选定，按"确定"按钮即可。

8. 修订

单击"审阅"→"修订"工具栏上"修订"按钮，选中文档最后的"结束话"改为"结束语"，再次单击"修订"按钮关闭修订。最后效果如图 3-116。

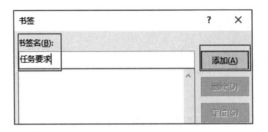

图 3-114　"书签"对话框

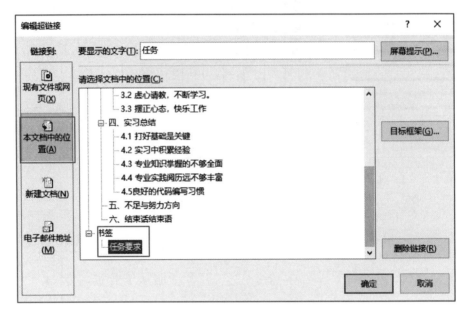

图 3-115　"编辑超链接"对话框

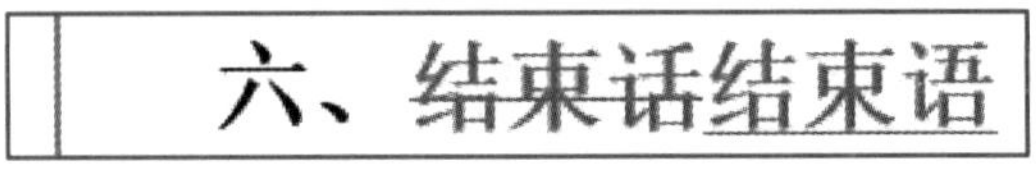

六、结束<u>话</u>结束语

图 3-116　"修订"效果

任务 3.5　校 报 排 版

任务描述

学院团委准备制作最新一期的校报，请利用所给素材文件，制作一个含图、文和表格等多种元素的 Word 文档。

具体要求如下：

● 利用所学的知识，通过对 Word 软件的综合应用，根据指定素材文件，对校报其中的一版进行设计。

- 整个版面要求纸张大小为 A3，纵向，页边距各为 2 厘米。效果如图 3-117。

图 3-117　校报排版效果

任务目标

此任务是针对本章所学知识的一个综合训练，涉及的知识目标包括：

- 熟练掌握 Word 2016 的基本操作方法。
- 字体格式和段落格式的设置。
- 表格。
- 图片的插入和格式设置及图文混排。
- 自选图形。
- 页面设置。

任务实施

1. 新建文件，进行页面设置

新建文件保存为"校报 .docx"。单击"布局"→"页面设置"工具栏右下角的 按钮打开"页面设置"对话框，设置纸张大小为 A3，纵向，页边距各为 2 厘米。

2. 字体格式的设置

在第一行输入 4，并设置字体和字号分别为 Arial Black 30 ，字体颜色为"深红色"，接下来绘制 4 右侧的竖线，单击"插入"→"插图"工具栏上的"形

任务素材与
效果文件

微课 3.5
校报排版

状"按钮，从弹出的下拉列表中选择"线条"中的"直线"，绘制直线。单击"绘图工具 格式"→"形状样式"工具栏上的"形状轮廓"按钮，设置竖线的颜色为标准色的紫色和粗细为 1.5 磅。输入"文艺"，设置字体和字号分别为 华文隶书 · 25 ，字体颜色为"橙色"。输入"副刊"，设置字体和字号分别为 幼圆 · 小三 ，字体颜色为"紫色"。接下来输入其他内容，设置字体格式为"黑体"和"五号"。

3. 插入自选图形

单击"插入"→"插图"工具栏上"形状"按钮，从弹出的下拉列表中选择"线条"中的"曲线"，绘制曲线，单击"绘图工具 格式"→"形状样式"工具栏上"形状轮廓"按钮，设置曲线的颜色为绿色、粗细 1.5 磅和虚线为圆点。插入效果如图 3-118 所示。

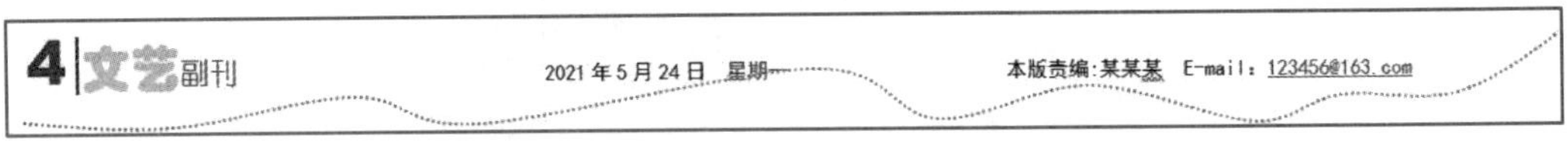

图 3-118　校报顶部效果

4. 插入文件和分栏

按回车让光标定位到下一行。通过单击"插入"→"文本"工具栏上"对象"按钮，从弹出的下拉列表中选择"文件中的文字"，从弹出的对话框中找到"从服饰之窗看中国文化 .docx"进行插入。将标题删除，设置字体为"宋体"和字号为"五号"。选中插入全部内容，单击"布局"→"页面设置"工具栏上"栏"按钮，从弹出的下拉列表中选择"更多栏"，弹出"栏"对话框，将栏数设为"4"和"栏宽相等"。

5. 插入图片

将光标定位到第 2 栏开始处。单击"插入"→"插图"工具栏上"图片"按钮，插入"素材 1.doc"。右击图片，从弹出的快捷菜单中选择"大小和位置"，弹出"布局"对话框，将"大小"的"缩放"高度和宽度设为 55%，并将"文字环绕"设为四周型。

6. 插入自选图形

使用前面的方法插入自选图形"直线"（绘制直线时按住 Shift 键，绘制的直线是水平直线），并设置直线的颜色为浅绿色、粗细 1 磅和虚线短画线。

7. 插入文件、分栏、插入图片

使用前面的方法插入"悠悠古道 .docx"文件中的文字，将标题删除，设置字体与字号为"宋体""五号"，接下来设置分栏为等宽的 3 栏。将光标定位到第 2 栏的开始处，插入图片"素材 2.jpg"，将"大小"的"缩放"高度和宽度设为 59%，并将"文字环绕"设为四周型。

8. 插入表格

单击"插入"→"表格"工具栏上"表格"按钮，从弹出的下拉列表中单击"插入表格"中 1×1 表格。输入内容，设置字体和字号分别为 华文隶书 · 五号 ，颜色为主题颜色中的"白色，背景 1"。单击"表格工具 设计"→"表格样式"工具栏上的"底纹"按钮，设置底纹为浅绿色。选中表格，单击"表格工具 设计"→"边框"工具栏上"边框"按钮，从弹出的下拉列表中选择"无框线"。插入表格效果如图 3-119 所示。

地址：韶关曲江广东松山职业技术学院　　邮编：512126　　电话：0751-6501165　　网址：http://www.gdssqt.net/ssmb

图 3-119　表格效果

本 章 小 结

本章要求熟练掌握 Word 文档的创建、保存、打开、制作和排版。重点要求掌握 Word 文档格式设置（字体和段落）、表格插入和格式设置；图片、形状、艺术字、文本框及 SmartArt 图形的插入及编辑；文件打印、邮件合并、样式和目录、项目符号及编号相应内容。

课 后 练 习

一、选择题

1. 在 Word 中，如果要插入页眉和页脚，首先要切换到（　　）视图方式下。

A. 大纲

B. 普通

C. 页面

D. 全屏显示

2. 在 Word 文档中输入复杂的数学公式，执行（　　）命令。

A. "插入"功能区 | "文本"工具栏中"对象"

B. "插入"功能区中的"公式"

C. "表格工具 布局"功能区 | "数据"工具栏中的"公式"

D. "插入"功能区 | "表格"工具栏中"表格"

3. 在 Word 中，关于打印预览，下列说法正确的是（　　）。

A. 在页面视图下，可以调整视图的显示比例，这样可以很清楚地看到该页中的文本排列情况

B. 单击工具栏上的"打印预览"按钮，进入预览状态

C. 选择"文件"功能区中的"打印预览"命令，可以进入打印预览状态

D. 选择"文件" | "打印"命令，可以进入打印预览状态

4. 在 Word 中，关于邮件合并的叙述不正确的有（　　）。

A. 数据源文档可以是一个扩展名为 .doc 的 Word 文档

B. 数据源在数据源文档中以表格形式保存，该表格不能直接用 Word 修改

C. 主文档与数据源合并后可直接输出到打印机，不保存到文件

D. 数据源中的域名可由用户定义

5. 在 Word 的表格中，光标落在某单元格里，回车后不会出现（　　）。

A. 换行

B. 列宽加宽

C. 行高加大

　　　D. 添加一个段落标记

6. 在 Word 中，关于字体的说法正确的选项是（　　　）。

　　　A. 只能在输入文本之前定义字体

　　　B. 可以在已经输入的文本中改变字体

　　　C. 可以使用"格式"功能区中的"字体"命令进行定义

　　　D. 一段文本只能有一种字体

7. 在 Word 中，（　　　）的作用是能在屏幕上显示所有文本内容。

　　　A. 最大化按钮

　　　B. 控制框

　　　C. 滚动条

　　　D. 标尺

8. 在 Word 文档中，"插入"功能区 | "链接"工具栏中的"书签"命令可以用来（　　　）。

　　　A. 快速移动文本

　　　B. 快速定位文档

　　　C. 快速浏览文档

　　　D. 快速复制文档

9. 用户在编辑 Word 文档时，选择某一段文字后，按（　　　）键能将这段文字删除。

　　　A. Backspace

　　　B. Ctrl

　　　C. Alt

　　　D. Delete

10. 在 Word 编辑状态下，要给当前打开的文档加上页码，应进入（　　　）功能区。

　　　A. 插入

　　　B. 编辑

　　　C. 格式

　　　D. 工具

11. 在 Word 编辑时，文字下面有红色波浪下画线表示（　　　）。

　　　A. 对输入的确认

　　　B. 已修改过的文档

　　　C. 可能是内容错误

　　　D. 可能是语法错误

12. Word 中要将一个已保存过的文档保存到当前目录外的一个指定目录中，正确操作方法是（　　　）。

　　　A. 选择"文件"→"退出"，让系统自动保存

　　　B. 选择"文件"→"关闭"，让系统自动保存

　　　C. 选择"文件"→"另存为"，再在"另存为"文件对话框中选择目录保存

　　　D. 选择"文件"→"保存"，让系统自动保存

13. Word 文档中，要将其中一部分内容移动到文中的另一位置，下列操作中的（　　　）操作是不必要的？

  A. 剪切

  B. 选择文本块

  C. 复制

  D. 粘贴

14. 下列关于 Word 的叙述中，正确的一条是（　　　）。

  A. 剪贴板中保留的是最后一次剪切或复制的内容

  B. 工具栏中的"撤销"按钮可以撤销上一次的操作

  C. 在普通视图下可以显示用绘图工具绘制的图形

  D. 最小化的文档窗口被放置在工作区的底部

15. 在 Word 中，关于分节符的理解，下面选项中正确的是（　　　）。

  A. 分节符由一条横贯屏幕的虚双线表示

  B. 在 Word 中，要实现多种分栏并存，一般要用到分节符

  C. Word 中提供的分节符就是通常所说的强制分页符

  D. 在同一个 Word 文档中，要实现不同页面可以设置使用分节符

16. 在 Word 中，要一步实现"替换"字符串的功能，可以选择（　　　）命令操作。

  A. "文件"—"替换"

  B. Ctrl+H 组合键

  C. Ctrl+F 组合键

  D. "编辑"—"查找"

17. Word 中一个列宽小于页面宽的表格，可以将表格居于页的左端、右端或居中。其正确的操作是（　　　）。

  A. 选择"表格"—"单元格高度和宽度"，在其对话框中选择"行"；在"对齐方式"组框中选择"左""右"或"居中"，再单击"确定"

  B. 光标置于该表格中；选择"格式"→"正文排列"；选择对齐方式

  C. 光标置于该表格中；选择"表格"→"单元格高度和宽度"，在其对话框中选择"行"；在"对齐方式"组框中选择"左""右"或"居中"，再单击"确定"

  D. 选择整个表格，然后单击"开始"功能区的"段落"工具栏上的"文本左对齐""文本右对齐"和"居中"

18. 下列各种功能中，说法错误的是（　　　）。

  A. 单元格在水平方向上及垂直方向上都可以合并

  B. 可以在 Word 文档中插入 Excel 电子表格

  C. 可以将一个表格拆分成两个或多个表格

  D. 不可以在单元格中插入图形

19. 关闭当前的 Word 文档，下列方法错误的是（　　　）。

  A. 鼠标单击当前窗口右上角的"X"按钮

  B. 鼠标双击当前窗口左上角的 Word 图标

  C. 鼠标单击"文件"→"关闭"

  D. 按 Ctrl+S 组合键

20. 在 Word 中查找和替换正文时，若操作错误则（　　　）。

A. 可用"撤销"来恢复

B. 必须手工恢复

C. 有时可恢复,有时就无可挽回

D. 无可挽回

二、操作题

1. 请打开 331.docx 文档,完成以下操作(没有要求操作的项目请不要更改):

① 将文档中文字"公园"替换为"学校",且字体颜色设置为"红色",字号为"四号";(提示:使用查找和替换功能快速格式化所有对象)

② 将含有文字"荔枝树"的段落分为等宽的三栏。

2. 请打开 332.docx,完成以下操作(文本中每一回车符作为一段落,没有要求操作的项目请不要更改):

在第四段任意处插入一幅画布(即绘制新图形),画布高 5 厘米、宽 5 厘米,环绕方式为四周形,水平对齐方式为居中。

第 **4** 章

电子表格软件 Excel 2016

Excel 2016 是微软公司推出的 Office 办公自动化软件的重要组件之一，是一个功能非常强大的电子表格处理软件。使用 Excel 2016 可以快速制作报表、管理财务，可以进行复杂的数据组织、计算、分析和统计，还可以快速生成图表及数据透视表，广泛应用于财务、统计、金融、学生管理、人事管理、行政管理、工程统计分析及医药分类等领域。

电子表格
软件 Excel
2016

🖥 **教学设计**

电子表格
软件 Excel
2016

📄 **教学课件**

学习目标

- 了解 Excel 2016 的基本功能、应用场景，熟悉相关工具的功能和操作界面。
- 熟练掌握新建、保存、打开和关闭工作簿，熟悉工作簿的保护、撤销保护和共享；工作表的切换、插入、删除、重命名、移动或复制、冻结、显示或隐藏等操作，工作表的保护、撤销保护，工作表的背景、样式和主题设定。
- 熟练掌握单元格或区域（包括行或列）的选定、插入和删除，行高与列宽的调整，行或列的隐藏、取消隐藏，清除（包括删除全部、部分内容、格式和批注）。
- 熟练掌握各种类型数据（序列）的输入技巧，包括快速填充、序列填充，导入数据，数据验证设置；数据的修改、移动、复制、选择性（转置）粘贴、查找和替换，数据的分列，删除重复值，插入、修改和删除批注。
- 熟练掌握单元格样式的套用、新建、修改、合并、删除（清除格式）和应用，单元格或区域格式化（数字、对齐、字体、边框、填充背景图案以及设置行高 / 列宽）、自动套用表格格式以及条件格式的设置。
- 理解单元格绝对地址与相对地址的概念和区别，掌握相对引用、绝对引用、混合引用以及工作表外单元格的引用方法。
- 熟悉公式和函数的使用，熟练掌握最大值函数 MAX、最小值函数 MIN，求和函数 SUM，平均值函数 AVERAGE，统计函数 COUNT，逻辑条件函数 IF，日期时间函数 YEAR、

NOW 等常见函数的应用。

* 了解常见的图表类型以及电子表格处理工具提供的图表类型，掌握如何利用表格数据制作合适的图表直观的展示数据，熟练掌握图表的新建、图表的编辑和图表的格式化技术。
* 熟练掌握自动筛选、自定义筛选、高级筛选、排序和分类汇总等操作。
* 理解数据透视表的概念，掌握数据透视表的新建、更新数据、添加和删除字段以及查看明细数据等操作，能利用数据透视表新建数据透视图。
* 掌握页面设置（纸张大小、纸张方向和页边距），页眉与页脚的插入、删除和修改；打印区域、打印标题、打印预览和打印工作表的相关设置。

任务 4.1　制作学生成绩表——新建文件并输入数据

任务描述

第 2 学期开学后，班主任让班长使用 Excel 2016 制作本班同学第 1 学期期末考试的成绩表存放在工作表"第 1 学期考试成绩表"中，要求输入的成绩是 0 至 100 分之间的整数，如超出范围则打开"出错警告"对话框，在输入成绩时提供成绩提示信息，最后以"期末考试成绩汇总表"为文件名进行保存，效果如图 4-1 所示。

	A	B	C	D	E	F	G	H
1				成绩表				
2	学号	姓名	班级	信息技术	英语	高数	静态网页设计	Java开发基础
3	2018051101	郑佳佳	2018级计算机应用技术1班	93	88	90	90	60
4	2018051102	方文英	2018级计算机应用技术1班	83	75	85	85	85
5	2018051103	钟玲玲	2018级计算机应用技术1班	86	100	85	88	95
6	2018051104	刘玉华	2018级计算机应用技术1班	82	82	60	88	70
7	2018051105	谢丽娟	2018级计算机应用技术1班	84	80	90	85	74
8	2018051106	黄珠珠	2018级计算机应用技术1班	83	70	80	85	92
9	2018051107	张珊珊	2018级计算机应用技术1班	63	50	90	45	66
10	2018051108	李露露	2018级计算机应用技术1班	84	80	75	85	88
11	2018051109	李诗琪	2018级计算机应用技术1班	85	82	80	82	47
12	2018051110	罗美文	2018级计算机应用技术1班	92	90	90	95	86
13	2018051111	廖少强	2018级计算机应用技术1班	80	80	98	82	69
14	2018051112	谢爱武	2018级计算机应用技术1班	86	80	80	85	81
15	2018051113	张少柱	2018级计算机应用技术1班	88	80	85	90	90
16	2018051114	李铭	2018级计算机应用技术1班	81	60	90	88	64
17	2018051115	潘少彬	2018级计算机应用技术1班	77	59	90	75	72
18	2018051116	张少青	2018级计算机应用技术1班	90	91	95	85	91
19	2018051117	华俊辉	2018级计算机应用技术1班	75	82	80	78	85
20	2018051118	吕少贤	2018级计算机应用技术1班	70	79	80	80	44
21	2018051119	林海涛	2018级计算机应用技术1班	40	67	65	65	80
22	2018051120	黄河	2018级计算机应用技术1班	85	81	80	80	75
23	2018051121	隆少华	2018级计算机应用技术1班	80	81	88	78	90
24	2018051122	刘文杰	2018级计算机应用技术1班	82	89	90	80	84

图 4-1　学生成绩表样图

任务目标

* 了解 Excel 2016 的基本功能，熟悉相关工具的功能和操作界面。
* 熟练掌握新建、打开、关闭和保存工作簿。
* 熟练掌握工作表的选择和重命名等基本操作。
* 熟练掌握添加、修改和删除批注。

- 熟练掌握各种类型数据（序列）的输入技巧，序列填充。
- 熟练掌握数据的移动、复制、删除和清除。

知识准备

1. Excel 的基本功能

Excel 表处理软件是微软公司研制的办公自动化软件 Office 中的重要成员，经过多次改进和升级，能够方便地制作出各种电子表格，运用公式和函数对数据进行复杂的运算，用户可以用 Excel 提供的强大的网络功能新建超级链接获取互联网上的共享数据，也可将工作簿设置成共享文件，给世界上任何一个互联网用户分享。在 Excel 中不必进行编程就能对工作表中的数据进行查找和替换、排序、分类汇总和筛选等操作，利用提供的函数完成各种数据的统计与分析。

微课4.1-1
Excel 概述

Excel 2016 提供了 15 类 100 多种基本的图表，包括柱形图、折线图、饼图、条形图、面积图、X Y（散点图）、股价图、曲面图、雷达图、树状图、旭日图、直方科、箱形图、瀑布图和组合图等直观显示数据及数据间的复杂关系，还提供了数据透视图和透视表来分析和统计更复杂的表格数据。

2. Excel 2016 的启动

- 单击任务栏最左侧的"开始"菜单按钮，选择"Excel 2016"选项则启动 Excel 2016，并显示后台视图，如图 4-2 所示。

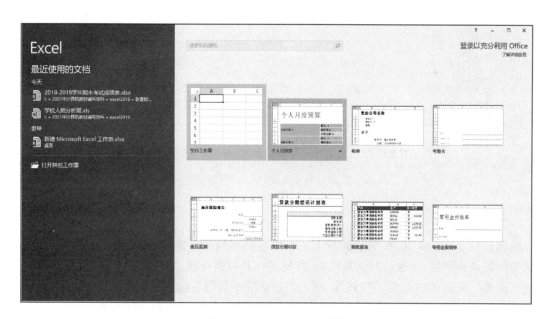

图 4-2　Excel 2016 后台视图

- 双击一个已经存在的 Excel 文件（扩展名为".xlsx"）。
- 双击桌面的 Excel 2016 快捷图标。

3. Excel 2016 的退出

单击 Excel 2016 窗口右上角的"关闭"按钮可退出 Excel 2016。

4. Excel 2016 的工作界面

Excel 2016 的功能区主要包含文件按钮和开始、插入、页面布局、公式、数据、审阅和视图 7 个选项卡，Excel 2016 工作界面如图 4-3 所示。另外用户也可以通过"文件"→"选项"→"自定义功能区"进行添加和删除。

图 4-3 Excel 2016 工作界面

（1）标题栏

标题栏位于 Excel 2016 窗口的最上方，用于显示当前工作簿和窗口的名称，从左到右依次为控制菜单图标、快速访问工具栏、工作簿名称和控制按钮。快速访问工具栏包含"保存"按钮、"撤销"按钮 和"恢复"按钮等，单击快速访问工具栏右侧的"自定义快速访问工具栏"按钮 ▼，可自定义快速访问工具，也可将快速访问工具栏显示在功能区下方。

默认状态下，标题栏左侧显示"快速访问工具栏"，标题栏中间显示当前编辑的表格文件名。启动 Excel 2016 的文件名是"工作簿 1"。

（2）"文件"选项卡

"文件"选项卡包含"信息""新建""打开""保存""另存为""打印""导出""发布"和"关闭"等功能。单击最上方的"返回"按钮则返回 Excel 2016 工作界面。单击"关闭"可关闭当前 Excel 2016 工作簿文件但不退出 Excel 2016 应用程序。

（3）功能区

Excel 2016 功能区由各种选项卡和包含在选项中的各种命令按钮组成。除"文件"选项卡外，标准的选项卡分为"开始""插入""页面布局""公式""数据""审阅"和"视图"等，如图 4-2"功能区"所示。每个选项卡中，以"组"的方式将功能相近的命令组织在一起，如"开始"选项卡包括"剪贴板""字体""对齐方式""单元格"和"编辑"选项组。每个选项组又包含若干个相关的命令按钮，如"剪贴板"选项组中包含剪切、复制、格式刷和粘贴等命令按钮。

1）使用功能区

通过单击来选择所需的选项卡，再单击需要的按钮即可。将鼠标指针指向按钮，停留片刻，即可显示该按钮的功能说明。单击按钮旁边下拉按钮 ▼ ，则打开下拉列表。单击选项组右下角的对话框启动器按钮 可以打开对应的对话框。

2）显示 / 隐藏功能区

单击功能区右侧上方的"功能区显示选项"按钮，在打开的下拉列表中选择相应的命令进行设置，如图 4-4 所示。

3）自定义功能区

在功能区的空白处右击，在打开的下拉列表可选择"自定义功能区命令"，如图 4-5 所示，在打开的对话框中可以实现功能区的自定义。

图 4-4　显示 / 隐藏功能区

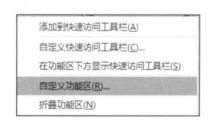

图 4-5　自定义功能区

（4）名称框和编辑栏

名称框和编辑栏位于功能区下方，如图 4-6 所示，名称框用于显示当前活动单元格的地址，编辑栏用于编辑当前活动单元格的数据和公式。

图 4-6　Excel 2016 名称框和编辑栏

（5）工作表区域

工作表区域是数据编辑区和状态栏之间的区域，是 Excel 2016 用来输入和显示数据的区域。工作区下方"Sheet1"代表工作表标签，用于显示工作表名称。

（6）滚动条

滚动条位于工作表区域右下方和右侧，拖动滚动条可以改变工作表的可见区域，从而能查看工作表中的所有数据。

（7）状态栏

状态栏位于窗口最后一行，用于显示当前数据的编辑状态、页面视图显示方式以及调整页面显示比例等。

如需更改状态栏显示内容，可将光标放在状态栏，单击鼠标右键，在弹出的快捷菜单中可通过单击实现选择或取消选择实现自定义状态栏操作。

5. 工作簿的基本操作

微课 4.1-2
工作簿、工作表的基本操作

工作簿是 Excel 用来保存并处理数据的文件，Excel 2016 工作簿文件的扩展名是".xlsx"。每个工作簿可包含多张工作表，因此可在一个工作簿中管理多张相关联的工作表。

（1）新建工作簿

启动 Excel 2016，单击后台视图右侧列表中的"空白工作簿"建立一个名为"工作簿1"的工作簿，或在 Excel 2016 工作界面中单击"文件"→"新建"→"空白工作簿"命令建立一个名为"工作簿1"的工作簿。

（2）保存工作簿

对于新建的工作簿，单击"文件"→"保存"→"浏览"命令打开"另存为"对话框，用户可指定工作簿文件名、文件类型和保存位置。

对于已保存过工作簿文件，如果要改变文件名或保存位置，可以单击"文件"→"另存为"命令，然后指定工作簿文件名和保存位置；如果要按原文件名保存文件有以下几种方法：

① 单击"文件"→"保存"命令。

② 单击快速访问工具栏上的"保存"按钮。

③ 按 Ctrl+S 组合键。

（3）打开工作簿

打开现有工作簿有以下几种方法：

① 双击现有的工作簿文件。

② 启动 Excel 2016，单击"文件"→"打开"（或单击快速访问工具栏上的"打开"按钮，或按 Ctrl+O 组合键）→"浏览"按钮，然后在"打开"对话框中选择要打开的文件，再单击"打开"按钮。

（4）关闭工作簿

单击"文件"→"关闭"即可关闭工作簿。在关闭 Excel 2016 工作簿文件时，如果编辑的文件没有保存，会打开如图 4-7 所示的保存提示对话框。

单击"保存"按钮，将保存对此文件所做的修改并关闭 Excel 2016 文件；单击"不保存"按钮则不保存对此文件所做的修改并关闭 Excel 2016 文件；单击"取消"按钮则不关闭 Excel 2016 文件，返回 Excel 2016 界面中继续编辑。

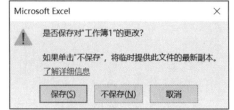

图 4-7　保存提示对话框

6. 工作表的基本操作

Excel 工作表是显示在工作簿窗口中的表格。一个工作表可以由 1048576 行和 16348 列构成。行的编号依次用从 1 到 1048576 的数字表示，列的编号依次用字母 A、B、……XFD 表示。行号显示在工作表窗口的左边，列号显示在工作表窗口的上边。

一个 Excel 2016 工作簿文件默认有一个工作表，并且至少要有一个工作表。此工作表标签名默认为 Sheet1，用户可以通过单击工作表标签来选择该工作表作为活动工作表。活动工作表标签显示为白色，其他标签显示为灰色。

工作表的基本操作包含插入工作表、删除工作表、重命名工作表、移动工作表、复制工作表、隐藏工作表和保护工作表等。

（1）插入工作表

在 Excel 2016 文件中插入新的工作表有以下几种方法：

方法 1：通过单击工作表标签右侧的"插入工作表"按钮 ⊕ 即可在活动工作表之后插入一个新的工作表。

方法 2：单击"开始"→"单元格"选项组中"插入"按钮下方的下拉按钮 ▾ ，在打开的下拉列表中选择"插入工作表"命令即可在活动工作表之前插入一个新工作表。

（2）删除工作表

方法 1：右击需删除的工作表标签，在弹出的快捷菜单中选择"删除"命令。

方法 2：单击需删除的工作表的标签，单击"开始"→"单元格"选项组中"删除"按钮下方的下拉按钮 ▾ ，在打开的下拉列表中选择"删除工作表"命令。

（3）重新命名工作表

默认工作表的名称为 Sheet1，Sheet2，…为方便用户更好地管理工作表，需对每个工作表起个有意义的名字，起名原则是"见名知义"。重命名工作表的有以下几种方法：

方法 1：双击需重命名的工作表标签，输入新的标签名按 Enter 键确认即可。

方法 2：右击需重命名的工作表标签，在弹出的快捷菜单中选择"重命名"命令，使工作表标签呈反白显示状态，然后输入新的名称。

（4）工作表的查看与选定

1）查看工作表

当 Excel 2016 工作簿文件中的工作表太多时，如未看到所需选定工作表标签时，可使用以下几种方法查看所有工作表。

方法 1：通过单击工作表标签名左侧的左箭头 ◂ 或右箭头 ▸ 滚动工作表；

方法 2：通过单击工作表标签名左侧的展开键 ⋯ 往左滚动工作表，单击工作表标签名右侧的展开键 ⋯ 往右滚动工作表；

方法 3：通过按 Ctrl+ 单击向左箭头 ◂ 滚动到第一个工作表；按 Ctrl+ 单击向右箭头 ▸ 滚动到最后一个工作表。

2）选定工作表

● 选择一个工作表：用鼠标直接单击该工作表标签。

● 选择连续的多个工作表：先单击第 1 个要选择的工作表的标签，再按住 Shift 键的同时单击要选择的最后一个工作表标签。

● 选择不连续的多个工作表：按住 Ctrl 键的同时单击要选择的工作表标签。

● 选定全部的工作表：右击工作表标签，选择"选定全部工作表"命令。

（5）工作表的复制和移动

工作表的复制和移动操作最简单的方法是使用鼠标操作。可以在同一个工作簿中移动和复制工作表，也可以在不同的工作簿中移动和复制工作表；如需将工作复制或移动到不同的工作簿，需要同时打开目标工作簿。

移动工作表：选中或指向要移动的工作表标签，按住鼠标左键拖动，同时会看到目标位置箭头 ▼ 会随着鼠标移动，此时如果释放鼠标，则工作表即被移动到刚才 ▼ 所在的位置。

复制工作表：按住 Ctrl 键的同时拖动鼠标左键到目标位置后释放即可。

右击要复制或移动的工作表标签，在弹出的快捷菜单中选择"移动或复制工作表"命令，则打开"移动或复制工作表"对话框，在"将选择工作表移至"中选择要移动的工作簿文件，在"下列选择工作表之前"中选择要移动的位置，单击"确定"按钮即可，如图 4-8 所示。如需复制工作表，则勾选"建立副本"复选框。

图 4-8　移动工作表设置

（6）隐藏工作表

右击需隐藏的工作表标签，在弹出的快捷菜单中选择"隐藏"命令即可。如需取消隐藏，右击任意工作表标签，在弹出的快捷菜单中选择"取消隐藏"命令，在弹出的"取消隐藏"对话框中选择需取消隐藏的工作表，然后单击"确定"按钮完成。

7. 单元格的基本操作

微课 4.1-3
单元格的基本操作和编辑

单元格是组成 Excel 工作簿的最小单位，是工作表中行、列交汇处的区域。数据的输入和修改都是在单元格中进行的。每个单元格按其所在的行列位置来命名，称为单元格地址，例如单元格地址"A1"是指 A 列与第 1 行交叉位置上的单元格。

单元格的基本操作主要包括选定单元格、合并与拆分单元格、单元格的插入与删除、单元格的复制和移动以及插入复制或剪切的单元格等。

（1）选定单元格

1）选定一个单元格

当一个单元格处于选定状态时，此单元格即成为活动单元格，它的边框线会变成绿色粗线，其行号和列标会突出显示，它的地址显示在名称框中，内容显示在当前单元格和编辑栏中，用于数据的输入与编辑。启动 Excel 时，单元格 A1 处于选定状态。

选定一个单元格的方法：单击需选定的单元格，或在"名字框"中输入单元格地址后按 Enter 键，或移动方向键到相应的单元格。

2）选择连续的单元格区域

方法 1：将鼠标指针指向欲选取区域的第 1 个单元格，按住鼠标左键不放拖动到欲选区域的右下角，释放鼠标。

方法 2：单击第 1 个单元格，然后按住 Shift 键的同时单击欲选区域的最后一个单元格，最后松开 Shift 键并释放鼠标。

3）选择不连续的区域

选择第 1 个单元格区域，按住 Ctrl 键不放，选择第 2 个单元格区域，选择第 3 个单元格区域，以此类推，最后松开 Ctrl 键。

（2）合并单元格

合并单元格是指将两个或多个相邻的单元格合并成一个单元格。

方法：先选定需合并的单元格区域，单击"开始"→"对齐方式"选项组中的"合并后居中"按钮 ⊞ 即可。或者单击其右侧的下拉按钮 ▼，在打开的下拉列表中选择"合并后居中"命令，如图 4-9 所示。单击第 2 次则可取消单元格的合并。

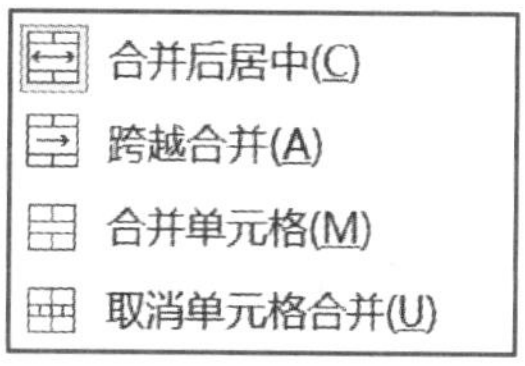

（3）选择行或列

单击行号或列标可以选择单行或单列，在行号栏或列标栏上拖动鼠标则可选择多个连续的行或列。

图 4-9 "合并后居中"
下拉列表选项

（4）选择所有单元格

选择所有单元格即选择整个工作表。方法：单击行号和列标交叉处，或按 Ctrl+A 组合键。

（5）取消选定

单击任一单元格，或按键盘任一个箭头键即可取消选定。

8. 编辑单元格

（1）插入空白单元格

方法 1：选定单元格，单击"开始"→"单元格"选项组中的"插入"按钮即可在已选择的单元格位置上插入空白单元格，此时活动单元格往右移。或单击"开始"→"单元格"选项组中的"插入"按钮右侧下拉按钮 ▼，在打开的下拉列表中选择"插入单元格"命令，如图 4-10 所示。打开"插入"对话框，如图 4-11 所示。在"插入"对话框中，选择所需选项，最后单击"确定"按钮。

图 4-10 "插入"下拉菜单

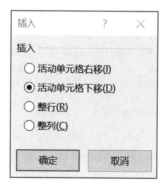

图 4-11 "插入"对话框

- "活动单元格右移"表示将空白单元格插入到活动单元格的左边。
- "活动单元格下移"表示将空白单元格插入到活动单元格的上边。
- "整行"表示在活动单元格上边插入行。
- "整列"表示在活动单元格左边插入列。

方法 2：右击选定的单元格，在弹出的快捷菜单中单击"插入"命令，再打开"插入"对话框，选择所需选项，单击"确定"按钮。

如果要同时插入多个连续的空白单元格，可先选择相同个数的单元格，再执行插入单元格操作；

如果要同时插入数行（列），可以先选择与要插入的行数（或列数）相同的行（或列），再进行插入行（列）操作。

（2）删除单元格

删除单元格是指将单元格内所有的内容完全删除，包括其所在的位置。被删除的单元格会被其相邻单元格所取代。

方法：选定单元格或区域，单击"开始"→"单元格"选项组中的"删除"按钮（或右击选定的单元格或区域），打开"删除"对话框，如图 4-12，在"删除"对话框中，按要求选一项，如图 4-13，最后单击"确定"按钮。

图 4-12　"删除"下拉菜单

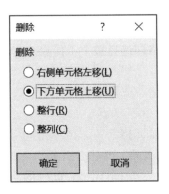

图 4-13　"删除"对话框

- "右侧单元格左移"表示被删除单元格右侧所有的单元格往左移；
- "下方单元格上移"表示被删除单元格下侧所有的单元格往上移；
- "整行"表示删除选中单元格所在位置的整行；
- "整列"表示删除选中单元格所在位置的整列。

如果选择的是整（多）行或整（多）列删除，则删除整（多）行或整（多）列，不会出现"删除"对话框。

（3）调整行高、列宽

适当调整行高和列宽，可以使数据更完整更美观地显示，从而增加数据的可读性。

① 设置行高：选定需设置行高的行，单击"开始"→"单元格"选项组中的"格式"按钮，在打开的下拉列中选择"行高"选项，打开"行高"对话框，在"行高"框中输入所需的数值，如图 4-14 所示，单击"确定"即可。设置列宽同理。

还可将鼠标指针移动到两个行号之间，当鼠标指针变成上下双向箭头 ✛ 形状时，按住鼠标左键向下拖动使行高变大，向上拖动使行高变小。

② 自动调整行高：选定需设置的行，单击"开始"→"单元

图 4-14　"行高"对话框设置

格"选项组中"格式"按钮，在打开的下拉列表中选择"自动调整行高"。

"自动调整行高"命令可将行高调整为合适的行高。将鼠标指针移动到已选定行的两个行号之间，当鼠标指针变成上下双向箭头 ✛ 形状时，双击鼠标左键则可自动调整行高。自动调整列宽同理。

（4）隐藏行或列

方法 1：选定要隐藏的行，在选定的区域上右击，在弹出的下拉菜单中单击"隐藏"命令即可隐藏所要的行。

方法 2：选定要隐藏的行，单击"开始"→"单元格"选项组中"格式"按钮 格式▾，在弹出的下拉菜单中单击"隐藏或取消隐藏"→"隐藏行"命令。隐藏列的方法同理。

（5）显示隐藏的行或列

方法 1：连续选中被隐藏行的上一行和下一行，在选定的区域上右击，在弹出的下拉菜单中单击"取消隐藏"命令即可显示所隐藏的行。

方法 2：连续选中被隐藏行的上一行和下一行，单击"开始"→"单元格"选项组中"格式"按钮，在打开的下拉列表中选择"隐藏或取消隐藏"的子列表"取消隐藏行"即可。取消所隐藏列的方法同理。

9. 插入复制或剪切的单元格区域

本操作主要用在不覆盖工作表中原有内容的基础上添加内容。

（1）插入剪切的单元格区域

方法：选定需插入复制的单元格区域，按 Ctrl+X 组合键进行剪切，然后单击目标区域左上角的单元格，右击（或单击"开始"→"单元格"选项组中"插入"按钮），在弹出的快捷菜单中选择"插入剪切的单元格"命令。

（2）插入复制的单元格区域

方法：选定需插入复制的单元格区域，并按 Ctrl+C 组合键进行复制，然后单击目标区域左上角的单元格，右击（或单击"开始"→"单元格"选项组中"插入"按钮），在弹出的快捷菜单中选择"插入复制的单元格"命令。

10. 插入和编辑批注

批注附加在单元格中，是为查看表格的人所提供的一种说明性的文字。当鼠标指向含有批注的单元格中时，批注内容会马上显示在该单元格的右上侧。

（1）插入批注

方法 1：单击"审阅"→"批注"选项组中的"新建批注"按钮 🗒，出现批注内容框；然后删除框中原有的文本，再输入批注内容。

方法 2：右击需插入批注的单元格，在弹出的快捷菜单中单击"插入批注"命令，出现批注内容框；然后删除框中原有的文本，再输入批注内容。

已插入批注的单元格右上角有个红色的三角形。

（2）编辑批注

选定需编辑批注的单元格，单击"审阅"→"批注"选项组中的"编辑批注"按钮 🖉，在出现的批注框中进行相应修改。

右击需编辑批注的单元格，在弹出的快捷菜单中选择"编辑批注"命令，进行相应修改。

（3）删除批注

单击选中需删除编辑批注的单元格，单击"审阅"→"批注"选项组中"删除批注"按钮 。

右击包含需删除批注的单元格，在弹出的快捷菜单中选择"删除批注"命令即可。

11. 数据输入

Excel 工作表只能在活动单元中输入数据。单击选定目标单元格后即可开始输入数据。可直接输入数据，也可以在编辑栏内容框中输入数据。当在单元格内输入数据时，输入的内容会同时出现在单元格和编辑栏内容框中。

编辑栏处有三个按钮，✔ 为确定按钮，单击该按钮表示确定输入；✖ 为取消按钮，单击该按钮表示取消输入。当一个单元格的内容输入完毕后，按 Enter 键或键盘上的移动键或单击编辑栏的 ✔ 按钮可以确定输入；按 Esc 键或单击编辑栏的 ✖ 按钮可以取消输入。

（1）输入文本

字符型数据是指任意英文字符、汉字、数字及其他符号的组合，又称为文本型。Excel 2016 中，每个单元格最多包括 32767 个字符。输入的文字长度超过单元格宽度，如果相邻单元格为空，超出的部分将覆盖相邻的单元格（该部分仍属于原单元格）显示，如果相邻单元格不为空，则超出的部分不显示（但内容仍存在）。

输入方法：先单击需输入文本的单元格，输入文本后按 Enter 键确认可激活下方相邻单元格。按 Tab 键可激活右侧相邻单元格，按 Ctrl+Enter 组合键确认并使刚输入数据的单元格成为活动单元格。Excel 可自动识别文本类型，并将文本对齐方式默认设置为"左对齐"。

在 Excel 2016 中，经常需要输入身份证号码、学号、邮政编码、手机号码、账号以及以"0"开头的序号等以文本格式存放的特殊数字，这种数据最大的特点是不参与运算，输入时主要采用下列方法：

方法 1：先输入英文单引号（'）作为前导符，接着输入所需数字，按 Enter 键确认即可。例如要输入手机号 18812345678，则应输入"'18812345678"。

方法 2：选定需输入文本的单元格区域，单击"开始"→"数字"选项组中"数字格式"下拉列表右侧的下拉按钮，在打开下拉列表中选择"文本"将单元格或区域的数字格式设置为"文本"类型，然后再输入数据。

（2）输入数值

数值型数据可以是整数、小数或科学记数，是 Excel 中使用最多的数据类型。在数值型数据中可以出现的数字符号包括数字、小数点、正负号、百分号、逗号和"$"等。

输入方法：单击需输入数值的单元格，输入数值后按 Enter 键确认。Excel 自动将数值型数据，并将数值对齐方式默认设置为"右对齐"。

（3）输入日期或时间

日期 / 时间型数据用于表示一个日期和时间。默认日期格式是 YYYY/MM/DD，其中 YYYY、MM、DD 分别代表年、月和日，例如：2003/3/18，此外日期还可以用 YYYY-MM-DD、YY/MM/DD 等格式。默认时间格式是 HH：MM，如 20：30，此外时间还可以用 HH：MM：SS、HH：MM：SS PM 等格式，其中 HH、MM 和 SS 分别代表时、分和秒；PM 代表下午，AM 代表上午，如 1：30：30 PM 代表下午 1：30：30。

输入方法：单击需输入日期或时间的单元格，输入日期或时间后按 Enter 键确认。Excel

自动将日期 / 时间型数据对齐方式设置为"右对齐"。

快速输入当前系统日期可使用 Ctrl+；组合键，快速输入当前系统时间可使用 Ctrl+Shift+；组合键即可。

12. 快速输入工作表数据

采用 Excel 2016 的自动填充数据功能可以快速地输入大量的相同数据和有规律的序列数据，如序号、学号、星期、月份、季度、等比数据及等差数据。

（1）自动填充数据

方法 1：使用鼠标填充数据。

① 使用鼠标填充数据序号：在第一个单元格中输入第 1 个数据，将鼠标移到当前单元格的右下角绿色的小点（即填充句柄）上，待鼠标指针形状变成实心十字光标"**+**"时，按住鼠标左键不放往下拉至需要填充的最后一个单元格，释放鼠标完成数据的填充。如果原单元格中的数据是数值，则鼠标经过的区域中 Excel 默认会用相同的数据复制填充；如果原数据是文本，Excel 默认会进行递增填充。

在按住 Ctrl 键的同时拖动填充句柄进行数据填充时，如果原数据是数值，则会以递增的方式进行填充；如果原数据是文本，则以相同的数据复制填充。

改变填充方式：例如，在单元格 A1 中输入"1"，拖动该单元格右下角的填充句柄向下进行数据填充，Excel 默认用"1"进行复制填充，单击填充区域的右下角的"自动填充选项按钮"，在打开下拉开列表中选择所需的填充选项，如图 4-15 所示，选择所需的"填充序列"，可将复制填充变为序列填充，效果如图 4-16 所示

图 4-15　自动填充选项　　　　图 4-16　填充序列效果

② 使用鼠标填充等差数列。在第 1、2 两个单元格中输入数据序列的前两项，然后选定这两个单元格，并往下拖动填充句柄进行数据填充，即可在日标单元格区域填充等差数列。

方法 2：使用菜单命令填充数据。

① 在第 1 个单元格输入，选择需填充的单元格区域（包括第 1 个单元格）。

② 单击"开始"→"编辑"选项组中的"填充"按钮，在弹出的下拉列表中选择"向下（或上、右、左）填充"命令来实现重复数据的复制填充如图 4-17 所示。可选择"序列"命令，

在打开的"序列"对话框中输入所需的步长值（默认步长为 1），选择相应类型进行填充数据如图 4-18 所示。

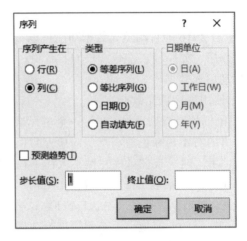

图 4-17　"填充"下拉菜单命令　　　　　图 4-18　"序列"对话框中的设置

（2）在多个单元格中输入相同的数据

选中需输入数据的单元格区域，然后在第一个单元格内输入数据，再按 Ctrl+Enter 组合键即可。

（3）使用自定义序列填充单元格

例如采用自定义序列快速输入职称列数据"教授、副教授、讲师、助教"数据的方法为：单击"文件"→"选项"命令，打开"Excel 选项"对话框；单击"Excel 选项"对话框中的"高级"→"选项"→"编辑自定义列表"按钮，打开"自定义序列"对话框；在"自定义序列"对话框"输入序列"文本框中按所需的顺序输入每项后按 Enter 键分隔序列项（例如输入"教授"，按 Enter 键，再输入"副教授"，按 Enter 键，用同样的方法输入"讲师"和"助教"），单击"添加"按钮完成自定义序列，如图 4-19 所示；单击"确定"按钮返回"Excel 选项"对话框，然后单击"确定"按钮。在 A2 单元格中输入"教授"，选定 A2 单元格，拖动填充句柄填充到目标位置后释放鼠标按键即可完成自定义序列填充。

13. 设置数据验证

微课 4.1-5
数据验证

利用 Excel 2016 数据验证功能，对单元格中输入数据预先设置验证条件和输入提示信息，控制输入数据的类型、范围，提高数据输入速度和准确性，保证输入信息的正确性，自动判断、即时分析并弹出警告。

（1）制作下拉列表

预先制作下拉列表，可以通过选择下拉列表中的相应选项来输入对应数据，从而提高数据的输入速度和准确性。

方法：选择需输入列表数据的单元格区域，单击"数据"→"数据工具"选项组中的"数据验证"按钮，打开"数据验证"对话框；单击"设置"标签，在"允许"下拉列表中选择"序列"选项，在"来源"方框中输入序列，各数据项间使用英文逗号隔开；单击"确定"按钮。

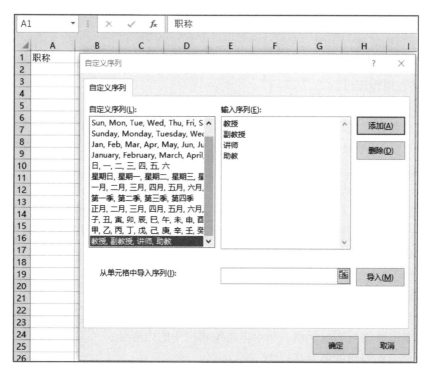

图 4-19　自定义序列

制定完下拉列表后，把光标放在需要输入数据的单元格内，此时便会有一个下拉按钮，单击此箭头，在弹出的下拉列表中选择所需选项，按 Enter 键完成数据输入。

（2）设置提示信息

预先设置好提示信息，当选择某个单元格时，系统就会弹出提示信息提醒用户进行数据的输入。

方法：选择单元格区域，单击"数据"→"数据工具"选项组中的"数据验证"按钮，打开"数据验证"对话框；单击"输入信息"标签，在"标题"框中输入提示信息的标题，在"输入信息"框中输入提示信息的内容，单击"确定"按钮。

当选择设置输入信息提示的单元格后，其右侧下方会出现相应的提示，只起提示作用。当单击其他没有设置的单格时提示会自动隐藏。

（3）设置验证条件

设置验证条件，可以控制输入数据的类型、范围，保证输入信息的正确性，自动判断、即时分析并弹出警告。

方法：选择单元格区域，单击"数据"→"数据工具"选项组中的"数据验证"按钮，打开"数据验证"对话框；单击"设置"标签，在"验证条件"进行相应设置，单击"确定"按钮。

（4）设置出错警告对话框

当单元格中输入的数据不在预先设置的验证条件范围内，Execl 2016 会打开预置的警告对话框，用户可以自定义警告的样式、警告信息的标题和信息内容。

方法：选择单元格区域，单击"数据"→"数据工具"选项组中的"数据验证"按钮，打开"数据验证"对话框；单击此对话框中"出错警告"标签，选择适当的警告样式，在"标题"框中输入警告信息标题，在"输入信息"框中输入警告信息内容，单击"确定"按钮即可。

（5）复制数据验证

方法：选择已设置数据验证的单元格，先进行"复制"操作，然后选择粘贴的单元格区域进行"粘贴"操作即可。

（6）删除数据验证

方法：选择需删除数据验证的单元格区域，单击"数据"→"数据工具"选项组中的"数据验证"按钮，打开"数据验证"对话框；单击"设置"选项卡下的"全部清除"按钮。

14. 设置数据格式

选择要设置数据格式的单元格区域，单击"开始"→"数字"选项组中"数字格式"下拉列表右侧的箭头按钮，在弹出下拉列表中选择所需的格式，或者单击"开始"→"数字"选项组右侧对话框启动按钮，在打开的"设置单元格格式"对话框中选择"数据"选项卡，在"分类"下拉列表中选择对应的选项进行所需设置。

15. 数据编辑

（1）修改数据

如果需修改单元格内的部分数据，可以采用以下方法进入编辑状态：

方法 1：单击要编辑的单元格，然后单击编辑栏中的内容框；

方法 2：双击要编辑的单元格；

方法 3：单击要编辑的单元格，再按 F2 键。

进入编辑状态后，可以利用→、←、Delete 键或 Backspace 键进行数据的修改；修改完毕后按 Enter 键结束并确定修改操作。

（2）移动数据

方法 1：选择需移动的单元格区域；单击"开始"→"剪贴板"选项组中的"剪切"按钮或右击已选定的单元格区域，在弹出的快捷菜单中单击"移动"命令，或按 Ctrl+X 组合键。此时选择的单元格区域的周围会显示闪烁虚线；右击目标区域左上角的单元格，在弹出的快捷菜单中单击"粘贴"，或按 Ctrl+V 组合键。

方法 2：选择要移动的单元格区域；将鼠标指针移到单元格边框，此时鼠标光标会变成箭头形状；拖动到目标区域左上角的单元格处后释放鼠标。

（3）复制数据

方法 1：选定需复制的单元格区域；单击"开始"→"剪贴板"选项组中的"复制"或右击已选定的单元格区域，在弹出的快捷菜单中单击"复制"命令，或按 Ctrl+C 组合键，此时已选择的单元格区域的周围会显示闪烁虚线；右击目标区域左上角的单元格，在弹出的快捷菜单中选择"粘贴"命令，或按 Ctrl+V 组合键。当执行复制完成时，原单元格边框仍显示闪烁虚线，不会消失，意即表示剪贴板仍保留复制数据，还可以继续在其他单元格或其他文件中执行"粘贴"命令，可按键盘上的 Esc 键取消。

方法 2：选定需复制的单元格区域；将鼠标移到单元格边框，此时鼠标指针会变成箭头形状；按住 Ctrl 键不放同时按下鼠标左键不放，当鼠标指针右上角出现实心十字形"+"时拖动到目标区域左上角的单元格处；先释放鼠标，再松开 Ctrl 键。

（4）清除操作

如果想保留原有的单元格，只删除单元格中的内容、公式及格式或批注等，则使用清除操作。

① 只清除数据内容和超链接：选定要删除数据的单元格，按 Delete 键或 Backspace 键或右击已选定的单元格，在弹出的快捷菜单中选择"清除内容"命令。

② 清除其他：选定需清除的单元格区域，单击"开始"→"编辑"选项组中的"清除"按钮，在弹出的下拉菜单中选择所需的命令，如图 4-20 所示。

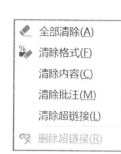

图 4-20 "清除"下拉列表

- "全部清除"：将选定的单元格变成空白，其中的数据、格式和批注等全部删除；
- "清除格式"：只清除格式，其他仍然保留；
- "清除内容"：删除数据和超链接其他仍然保留，与按 Delete 键作用相同；
- "清除批注"：只删除批注，其他仍然保留；
- "清除超链接"：只清除超链接，其他仍然保留；
- "删除超链接"：删除单元格中的超链接和格式，内容和批注不变。

任务要求

分析任务可知，要制作"期末考试成绩汇总表"期末考试成绩表，需要完成以下操作：

- 收集每门课程的成绩。
- 新建、保存工作簿文件。
- 输入基本数据。
- 使用序列填充命令快速输入数据。
- 设置数据验证。
- 设置数据格式。
- 合并单元格。
- 插入批注。
- 重命令工作表。

任务实施

微课 4.1-6
制作学生成
绩表

1. 新建并保存工作簿

① 启动 Excel 2016：单击任务栏最左侧的"开始"菜单按钮，选择"Excel 2016"选项则启动 Excel 2016。

② 新建工作簿：单击"新建"命令，在打开的"新建"后台视图右侧列表中的"空白工作簿"建立一个名为"工作簿 1"的工作簿。

③ 保存工作簿：单击"文件"菜单或按 Ctrl+S 组合键启动 Excel 2016 后台视图，单击"保存"命令，再单击后台视图中间"另存为"→"浏览"命令，在打开"另存为"对话框中选择适当的保存位置，以"期末考试成绩汇总表"为文件名保存工作簿。

2. 输入表格标题和列标题，并设置表格标题合并居中

① 单击单元格 A1，输入标题"成绩表"，然后按 Enter 键结束输入，并将光标移至 A2 单元格。

② 在 A2 单元格输入列标题"学号"，然后按 Tab 键，使 B2 单元格成为活动单元格，并在此单元格中输入"姓名"。使用同样的方法在单元格区域 C2：H2 中依次输入列标题"班

级""信息技术""英语""高数""静态网页设计"和"Java 开发基础"。

③ 选择单元格区域 A1：H1，单击"开始"→"对齐方式"选项组中的"合并后居中"按钮 ▤ 即可。或者单击其右侧的按钮 ▾ ，在弹出的下拉菜单中选择"合并后居中"命令。

3. 在 A2 单元格插入批注

① 单击单元格 A2 单元格。

② 单击"审阅"→"批注"选项组中"新建批注"按钮，删除默认的批注内容，输入新的批注内容"学号是文本型数据"。

4. 输入"学号"列数据

学生的学号作为区分不同学生的标记，虽然学号由数字构成，但是不需要参与数值运算，因此将学号输入为文本型数据即可。由于本班的学号特殊，所以可采用快速填充命令来实现。

① 在单元格 A3 中输入"20180501101"，然后按 Enter 键结束输入。选择单元格 A3，将鼠标移到当前单元格的右下角绿色的小点（即填充句柄）上，待鼠标指针形状变成实心十字光标"➕"时，按住 Ctrl 不放的同时拖动鼠标左键至 A24 单元格，释放鼠标后单元格区域 A4：A24 自动生成其他学号。此时的学号是数值型数据，默认右对齐。

② 选择已输入学号的单元格区域 A3：A24，单击"开始"→"数字"选项组中"数字格式"右侧的下拉列表箭头按钮，在打开的下拉列表中选择"文本"，将单元格区域 A3：A24 的数字格式设置为"文本"类型。

5. 输入"班级"列、姓名列数据

① 在 C3 单元格输入"2018 级计算机应用技术 1 班"，按 Enter 键结束输入。

② 选择单元格区域 C3：C24，选择"开始"→"编辑"选项组的"填充"按钮，在打开的下拉列表中选择"向下"命令填充数据即可。

③ 在单元格区域 B3：B24 中依次输入每个学生的姓名。

6. 设置数据验证

① 设置验证条件：选择单元格或区域 D3：H24，单击"数据"→"数据工具"选项组中的"数据验证"按钮，打开"数据验证"对话框；单击"设置"标签，在"验证条件"进行相应如图 4-21 所示设置。

② 设置提示信息：单击"数据验证"对话框中的"输入信息"标签，在"标题"框中输入标题"请输入正确的成绩"，在"输入信息"框中输入"成绩必须在 0-100 分之间（包括 0 和 100）"，如图 4-22 所示。

③ 设置出错警告对话框：单击"数据验证"对话框中的"出错警告"标签，"样式"下拉列表中选择"停止"警告样式，在"标题"框中输入"输入错误"，在"输入信息"框中输入"请输入 0-100 分之间（包括 0 和 100）的整数"，单击"确定"按钮完成数据验证的设置。

7. 输入课程成绩

① 输入"信息技术"课程成绩：单击 D3 单元格，输入"93"，按 Enter 键结束输入。使用同样的方法在单元格区域 D4：D24 中输入其他人此课程成绩。

② 使用同样的方法在 E3：H24 中依次输入所有人的其他课程成绩。

8. 重命名工作表并保存操作

① 双击工作表标签名"Sheet1"，输入新的标签名"第 1 学期考试成绩表"按 Enter 键确认。

② 单击"文件"→"保存"或按 Ctrl+S 组合键。

图 4-21　验证条件设置

图 4-22　验证信息设置

任务 4.2　美化学生成绩表——设置格式、套用表格样式

任务描述

班长在完成 Excel 工作簿文件"期末考试成绩汇总表"数据录入后，为了使工作表的界面更加美观、数据表达更为突出，以便于班主任老师高效地查看数据，对工作表进行相应的格式设置处理，效果如图 4-23 所示。

任务效果
文件

	成绩表						
学号	姓名	班级	信息技术	英语	高数	静态网页设计	Jave开发基础
2018051101	郑佳佳	2018级计算机应用技术1班	93	88	90	90	60
2018051102	方文英	2018级计算机应用技术1班	83	75	85	85	85
2018051103	钟玲玲	2018级计算机应用技术1班	86	100	85	88	95
2018051104	刘玉华	2018级计算机应用技术1班	82	82	60	85	70
2018051105	谢丽娟	2018级计算机应用技术1班	84	80	90	85	74
2018051106	黄珠珠	2018级计算机应用技术1班	83	70	80	85	92
2018051107	张珊珊	2018级计算机应用技术1班	63	50	90	45	66
2018051108	李露露	2018级计算机应用技术1班	84	80	75	85	88
2018051109	李诗琪	2018级计算机应用技术1班	85	80	80	82	47
2018051110	罗美文	2018级计算机应用技术1班	92	90	90	95	86
2018051111	廖少强	2018级计算机应用技术1班	88	80	98	82	69
2018051112	谢爱武	2018级计算机应用技术1班	86	80	80	85	81
2018051113	张少柱	2018级计算机应用技术1班	88	80	85	90	90
2018051114	李铭	2018级计算机应用技术1班	81	60	90	88	64
2018051115	潘少彬	2018级计算机应用技术1班	77	59	90	75	72
2018051116	张少青	2018级计算机应用技术1班	90	91	95	85	91
2018051117	华俊辉	2018级计算机应用技术1班	75	82	80	78	85
2018051118	吕少贤	2018级计算机应用技术1班	70	79	80	82	44
2018051119	林海涛	2018级计算机应用技术1班	40	67	65	65	80
2018051120	黄河	2018级计算机应用技术1班	85	81	80	80	75
2018051121	隆少华	2018级计算机应用技术1班	80	81	88	78	90
2018051122	刘文杰	2018级计算机应用技术1班	82	89	90	80	84

图 4-23　美化成绩表样图

任务目标

- 熟练掌握工作表的打开、保存、工作表的选定和切换等基本操作。
- 熟练掌握单元格或区域字体格式、文本对齐方式设置。
- 熟练掌握边框线设置、填充背景图案以及设置行高 / 列宽。
- 熟练掌握条件格式的设置。

知识准备

1. 设置字体格式

微课 4.2-1
单元格格式
概述

在 Excel 中设置字体格式的方法与 Word 类似，主要包含字体、字号、字形、下画线、特殊效果及颜色等。

方法 1：单击"开始"→"字体"选项组中的相应按钮来设置。

方法 2：单击"开始"→"字体"选项组中右侧的启动器对话框按钮，在打开的"设置单元格格式"对话框，进行相应字体格式设置，单击"确定"按钮。

2. 设置对齐方式

对齐方式是指单元格中的数据在单元格中的相对位置，主要有水平对齐、垂直对齐、合并居中等。Excel 2016 默认靠左对齐文本、靠右对齐数字，逻辑值和错误值居中对齐。

方法 1：单击"开始"→"对齐方式"选项组中的相应按钮来设置。

- ≣ 顶端对齐：单击该按钮，可使选择的单元格区域中的内容沿单元格的顶端对齐。
- ≣ 垂直居中：单击该按钮，可使选择的单元格区域中的内容在单元格内垂直居中对齐。
- ≣ 底端对齐：单击该按钮，可使选择的单元格区域中的内容沿单元格内底端对齐。
- ≫· 文字方向：单击该按钮，弹出快捷菜单，单击菜单项对选择的单元格内容进行相应的设置。
- ≣ 左对齐：单击该按钮，可使选择的单元格区域中的内容在单元格内左对齐。
- ≣ 居中对齐：单击该按钮，可使选择的单元格区域中的内容在单元格内水平居中显示。
- ≣ 右对齐：单击该按钮，可使选择的单元格区域中的内容在单元格内右对齐。
- ≣ 减少缩进量：单击该按钮，可以减少选择单元格区域中单元格边框与内容之间的距离
- ≣ 增加缩进量：单击该按钮，可以增加选择单元格区域中单元格边框与内容之间的距离
- 自动换行 自动换行：如单元格的内容超过所设定的列宽时，单击该按钮，可使单元格中所有内容将以多行的形式全部显示出来（行高自动增加）。
- 合并后居中 · 合并后居中：单击该按钮，可使选择的单元格区域合并为一个较大的单元格，并将合并后的单元格内容水平居中显示。

方法 2：单击"开始"→"对齐方式"选项组中右下方的对话框启动器按钮 ，在打开的"设置单元格格式"对话框中的"对齐"标签中进行设置，完成后单击"确定"按钮。

3. 设置填充背景色或图案

为使单元格的颜色更加鲜艳和突出，可以设置单元格的背景颜色或图案。

方法 1：单击"开始"→"字体"选项组右侧的对话框启动器按钮，在打开的"设置单元格格式"对话框中单击"填充"标签进行相应设置，可以设置纯色的背景颜色，也可单击"图案颜色"和"图案样式"下拉列表设置图案效果，完成后单击"确定"按钮。

方法 2：单击"开始"→"字体"选项组中的"填充颜色"按钮 ♢ 右侧下拉按钮，在打开的下拉列表中选择相应的填充背景色。

4. 设置工作表的背景图片

为美化工作表，Excel 2016 支持多种格式的图片文件作为工作表的背景图片，如 JPG、GIF、BMP 格式图片。为了不遮挡工作表中的文字，背景图片一般为颜色较淡的图片。

设置方法：单击"页面布局"→"页面设置"选项组中的"背景"按钮，在打开的"工作表背景"对话框中选择准备好的背景图片文件，单击"插入"按钮。

删除工作表背景图片的方法：单击"页面布局"→"页面设置"选项组中的"删除背景"按钮即可。

5. 设置边框线

边框线可以明确区分工作表上的各个范围，突出显示含有重要数据的单元格。设置边框线的方法如下：

方法 1：选定需设置边框线的单元格区域，单击"开始"→"字体"选项组中的"下框线" ⊞ 按钮右侧的下拉按钮，在弹出的下拉列表中选择所需要的预置边框线样式。此操作的缺点就是不能改变边框线的颜色。

方法 2：选定需设置边框线的单元格区域，单击"开始"→"字体"选项组右侧的对话框启动器按钮，打开"设置单元格格式"对话框，单击"边框"标签；在"线条"组合中的"样式"框中选择线条样式，在"颜色"下位列表框中选择需要的颜色，在"预置"中单击"内部"或"外边框"进行内部线或外边框的设置，也可在"边框"下的"预览草图"或对应的按钮（如外框、内部、左边、右边、中间、上方、下方及交叉斜线等）上单击实现自定义边框；最后单击"确定"按钮。

6. 条件格式设置

Excel 中使用条件格式可以突出显示某些满足一定条件的单元格，或者突出显示公式的结果。条件格式是基于条件来更改单元格区域的显示格式。

（1）添加条件格式

方法：选择需要设置条件格式的单元格区域，单击"开始"→"样式"选项组中"条件格式"按钮 ▦，打开如图 4-24 所示下拉列表，单击相应的列表项及子列表项来设置所需的条件格式。

微课 4.2-2
条件格式概述

① 单击"突出显示单元格规则"选项，在打开的子列表项中可以设置"大于""小于""介于""等于"和"文本包含"等条件规则，如图 4-25 所示。

② 单击"项目选择规则"选项，可以设置"前 10 项""前 10%""最后 10 项""最后 10%"和"高于平均值"等条件规则，如图 4-26 所示。

③ 单击"数据条"选项，可以设置不同的颜色条即用数据条注释数值，数据条的长度表示单元格中数值的大小，数据条越长，表示值越大。对观察大量数据中的较小值或较大值很有用，如图 4-27 所示。

④ 单击"色阶"选项，可以设置双色渐变或三色渐变颜色来注释数值。双色渐变用两

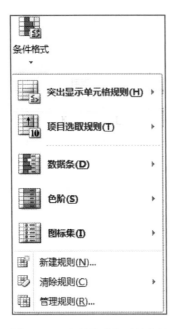

图 4-24　"条件格式"下拉菜单

图 4-25　"突出显示单格规则"的级联菜单

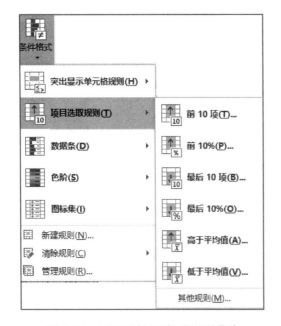

图 4-26　"项目选择规则"的级联菜单

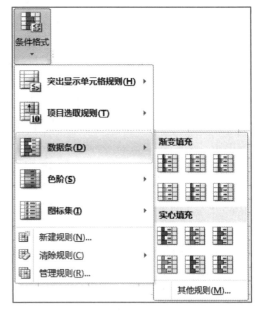

图 4-27　"数据条"的级联菜单

种颜色的深浅程度显示数据，颜色的深浅表示值的大小。三色渐变用三种颜色的深浅程度显示数据，颜色的深浅表示值的大、中和小。例如在绿－白－红三色渐变 ▦ 中，绿色表示较大值，白色表示中间值，红色表示较小值，如图 4-28 所示。

⑤ 单击"图标"选项，可以设置不同类型的图标来注释数值。每个图标表示一个数值范围。例如在三向箭头（彩色）⬆⇨⬇图标集中，⬆绿色表示较大值，黄色 ⇨ 表示中间值，红色 ⬇ 表示较小值，如图 4-29 所示。

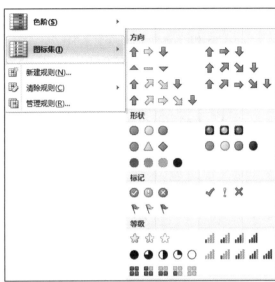

图 4-28 "色阶"的级联菜单   图 4-29 "图标集"的级联菜单

⑥ 单击"新建规则"选项，打开"新建格式规则"对话框，在该对话框中可以根据需要设置条件规则和相应的格式，如图 4-30 所示。

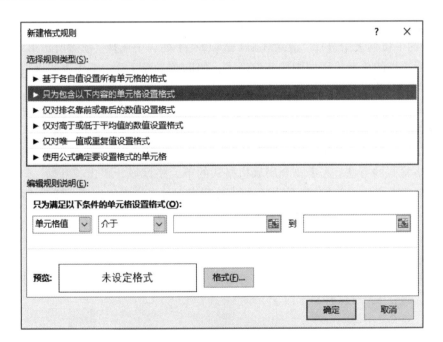

图 4-30 "新建格式规则"对话框

（2）管理条件格式

方法：选择需管理条件格式的单元格区域，单击"开始"→"样式"选项组中的"条件格式"按钮 ，在打开的下拉列表中选择"管理规则"选项，在打开的"条件格式规则管理器"对话框设置管理条件格式，如图 4-31 所示，单击"确定"按钮。

图 4-31　"条件格式规则管理器"对话框

① 添加新的条件格式：单击"新建规则"按钮添加新的条件规则。

② 编辑条件格式：先选择要编辑的条件规则，单击"编辑规则"按钮，打开"编辑格式规则"对话框，在此对话框中进行所需的编辑，单击"确定"按钮。

③ 清除条件格式：选择要清除的条件规则，单击"删除规则"按钮。

（3）清除条件格式

方法：选择需清除条件规则的单元格区域，单击"开始"→"样式"选项组中的"条件格式"按钮，在打开的下拉列表中选择"清除规则"选项，在子列表中选择"清除所选单元格的规则"选项可清除所选择的单元格区域中的条件格式，如选择"清除整个工作表的规则"菜单项可清除当前工作表中所有已设置的条件格式。

7. 套用表格格式

Excel 2010 套用表格格式功能可以根据预设的 60 种常用的内置样式来快速设置表格格式，将我们制作的表格格式化，产生美观的表格，从而提高工作效率。

套用表格格式的方法：选定要套用表格格式的单元格区域，单击"开始"→"样式"选项组中的"套用表格格式"按钮，在打开的下拉列表中选择所需的选项，打开"套用表格式"对话框，在"套用表格式"对话框中勾选所需选项，单击"确定"按钮。

任务要求

分析任务可知，要将学生成绩表美化成图 4-23 所示的效果，需要进行如下操作。

- 打开、保存 Excel 文件。
- 复制、重命工作表。
- 设置字体格式。
- 设置填充背景色。
- 设置填充图案。
- 设置行高和列宽。
- 设置文本对齐方式。
- 设置边框线。

微课 4.2-3
美化学生成绩表

任务实施

1. 打开 Excel 文件，复制工作表

① 双击"期末考试成绩汇总表 .xlsx"，打开 Excel 文件。

② 按住 Ctrl 键的同时往右拖动工作表标签"第 1 学期考试成绩表"，当向下的黑三角形出现时，释放鼠标，再松开 Ctrl 键，则在当前位置建立该工作表的副本"第 1 学期考试成绩表（2）"。

③ 双击工作表标签"第 1 学期考试成绩表（2）"，将其重命名为"美化学生成绩表"。

2. 设置表格标题字体格式

选择单元格 A1，单击"开始"→"字体"选项组中的"字体"右侧下拉按钮，在打开的下拉列表框中选择"仿宋"，在"字号"组合框中输入"25"磅，按 Ctrl+Enter 组合键确认，单击文本加粗按钮"B"将标题加粗。

3. 设置列标题字体格式和填充背景色

选择单元格区域 A2：H2，进行相应格式设置。

① 设置字体格式：采用上述设置字体格式的方法将"字体"设置为"等线"，"字号"设置为"14"磅、加粗。

② 设置填充背景色：单击"开始"→"字体"选项组中的"填充颜色"按钮 🖫 · 右侧下拉按钮，在打开的下拉列表框中"主题颜色"中选择"蓝色，个性色 1，淡色 80%"即可，如图 4-32 所示。

③ 强制换行：双击单元格 G2，将光标移至文字"设计"之前，按组合键 Alt+Enter 将"设计"强制换行，此时行高增加一倍；使用同样的方法将 H2 中的"基础"、D2 中的"术"强制换行。

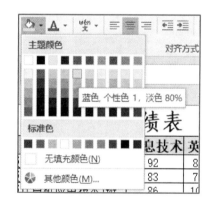

图 4-32 填充背景色

4. 设置填充图案

选择单元格区域 A3：H24，单击"开始"→"字体"选项组中右侧的对话框启动按钮，打开的"设置单元格格式"对话框，单击"填充"选项卡，在"图案颜色"下拉列表中选择标准色"橙色"选项，在"图案样式"下拉列表中选择"6.25% 灰色"选项，如图 4-33 所示，单击"确定"按钮。

5. 设置行高和列宽、文本对齐方式及边框线

选择单元格区域 A3：H24，进行相应格式设置。

设置行高：单击"开始"→"单元格"选项组中"格式"按钮，在打开下拉列表中选择"行高"，打开"行高"对话框中，在"行高"后的文本框输入行高值"16"，如图 4-34 所示，单击"确定"按钮。

选择单元格区域 A2：H24，进行相应格式设置。

① 设置列宽：单击"开始"→"单元格"选项组中"格式"按钮，在打开下拉列表中选择"自动调整列宽"选项，如图 4-35 所示。

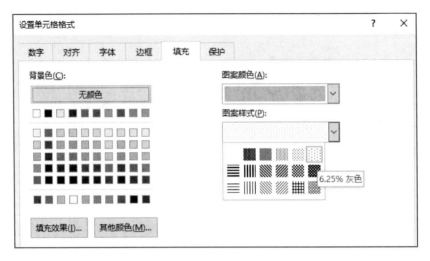

图 4-33　填充图案

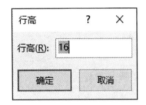

图 4-34　设置行高　　　　　图 4-35　设置列宽　　　　　图 4-36　设置文本对齐方式

② 设置文本对齐方式：单击"开始"→"对齐方式"选项组中右侧对话框启动按钮，打开"设置单元格格式"对话框，并切换到"对齐"标签，在"水平对齐"下拉列表中选择"居中"，在"垂直对齐"下拉列表中选择"居中"，如图 4-36 所示，单击"确定"按钮。

③ 设置边框线：单击"开始"→"字体"选项组右侧启动对话框按钮，打开"设置单元格格式"对话框，单击"边框"标签，在"线条"组合中的"样式"列表中选择右侧第 7 个线条样式（"双实线"），在"线条颜色"下拉列表中选择标准色"红色"；然后单击"预置"中的"外边框"，此时在"边框"中可预览刚才的设置，如图 4-37 所示，单击"确定"按钮完成框线设置。

6. 条件格式设置

使用"条件格式"功能完成以下设置。

① 将所有课程 60 分以下的成绩设置显示格式为"浅红填充色深红色文本"。选择单元格区域 D3：H24，单击"开始"→"样式"选项组中"条件格式"按钮，在打开的下拉列表中选择"突出显示单元格规则"选项，在子列表中选择"小于"选项，如图 4-38 所示，打开"小于"对话框；在此对话框左侧文本框中输入"60"，单击"设置为"右侧的下拉列表按钮，在打开的下拉列表中选择"浅红填充色深红色文本"，如图 4-39 所示，单击"确定"按钮完成设置。

② 将每门课程成绩最高的 5 项设置显示格式为"加粗、标准绿色字"。

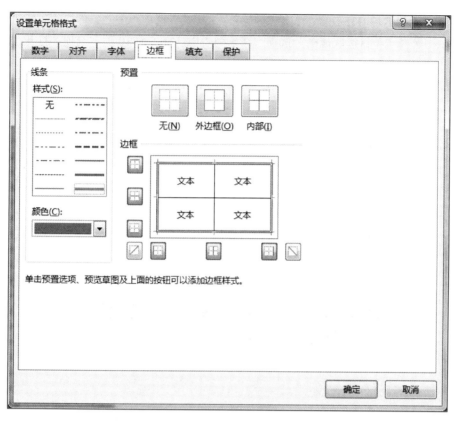

图 4-37　边框线设置

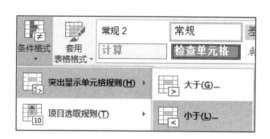

图 4-38　条件格式下拉列表

图 4-39　"小于"对话框设置

a. 选择单元格区域 D3：D24，单击"开始"→"样式"选项组中"条件格式"按钮，在打开的下拉列表中选择"项目选取规则"选项，在子列表中选择"前 10 项"选项，打开"前 10 项"对话框。

b. 将此对话框左侧文本框中数据改为"5"，单击"设置为"右侧的下拉列表按钮，在打开的下拉列表中选择"自定义格式"打开"设置单元格格式"对话框，如图 4-40 所示。

c. 将"字体"设置为"加粗"，将"颜色"设置为标准色"绿色"，单击"确定"按钮返回到"前 10 项"对话框。

d. 单击"确定"按钮完成"信息技术"课程条件格式设置。使用同样的方法完成其他课程条件格式的设置，或采用格式刷命令复制格式。

7. 保存操作

单击"文件"→"保存"或按 Ctrl+S 组合键。

图 4-40　"前 10 项"对话框设置

任务 4.3　编辑并美化员工基本信息表——单元格样式

任务描述

某公司最近有一位员工离职，又招进几个新员工，要求对原有的"员工基本信息"工作表进行更新，删除已离职员工信息，增加新员工信息；为每位员工进行编号，并对"员工基本信息表"工作表进行格式美化处理，以便更美观、直接地显示和管理数据，效果如图 4-41 所示。

任务素材与
效果文件

员工编号	姓名	性别	出生日期	年龄	身份证号	学历	进入本企业的时间	所属部门	担任职务
					员工基本信息				
1001	姚湘湘	男	1982/11/11	38	44****1982111111402	本科	2005年5月5日	行政部	员工
1002	丘勇	男	1979/12/17	41	44****197912171203	本科	2003年3月6日	市场部	部门主管
1003	李少枫	男	1980/8/10	40	43****1980008101210	本科	2006年8月8日	行政部	部门经理
1004	李莹莹	女	1982/3/21	39	41****1982203218762	本科	2005年6月9日	市场部	员工
1005	朱巧巧	女	1979/11/13	41	34****197911135689	本科	2000年5月23日	研发部	员工
1006	彭丽珍	女	1981/1/8	40	22****1981101081583	大专	2001年3月11日	研发部	员工
1007	陈晓红	女	1983/5/20	38	44****1983305201588	本科	2010年7月3日	研发部	部门主管
1008	陈丽	女	1986/7/19	34	52****1986071191875	本科	2015年7月12日	市场部	员工
1009	许多多	女	1985/9/15	35	44****1985091151683	大专	2013年8月5日	市场部	员工
1010	陈建兴	男	1975/10/16	45	37****1975510162254	本科	2000年4月5日	账务部	部门经理
1011	梁真真	女	1985/9/17	35	35****1985091171783	研究生	2014年8月5日	研发部	部门经理
1012	陈中华	男	1981/9/18	39	37****1981109182254	本科	2005年4月5日	研发部	员工
1013	李清凤	男	1982/10/11	38	42****1982210111878	大专	2000年5月23日	市场部	员工
1014	郑智化	女	1972/12/3	48	45****1972212031783	中专	2001年3月4日	市场部	员工
1015	朱少华	男	1978/6/13	42	42****1978060132258	大专	2000年5月23日	账务部	员工
1016	邓鑫茂	女	1980/8/10	40	55****1988008101589	大专	2005年5月5日	市场部	员工
1017	徐志浩	男	1982/3/21	39	45****1982203212254	研究生	2005年5月5日	市场部	部门经理
1018	邱少成	女	1979/11/13	41	54****1979911131875	本科	2018年6月6日	账务部	员工
1019	张涛涛	男	1971/1/8	50	44****1971101081786	中专	2000年3月6日	账务部	员工
1020	黄少华	男	1981/5/20	40	42****1983310162257	本科	2005年5月5日	市场部	员工
1021	林少彬	男	1988/7/19	32	44****1988807191686	大专	2005年5月5日	市场部	员工
1022	张小丹	女	1993/3/14	28	43****1993300314132	本科	2021年5月20日	市场部	员工
1023	黄丽丽	女	1995/10/15	25	44****1995510151651	本科	2021年5月20日	市场部	员工
1024	刘诗琪	女	1995/6/15	25	56****1995506151651	本科	2021年5月20日	账务部	员工
1025	张海军	男	1982/11/20	38	44****1982211208666	本科	2021年5月20日	研发部	员工

图 4-41　编辑并美化员工基本信息表

任务目标

- 熟练掌握工作簿的打开、关闭、保存。
- 熟练掌握工作表的选定、切换。
- 熟练掌握单元格样式的套用、新建、修改、删除（清除格式）和应用。

知识准备

1. 单元格样式

单元格样式是一组已定义的单元格格式的组合。使用单元格样式可以快速对单元格区域进行格式化，从而提高工作效率并使工作表格式规范统一。Excel 2016 预置了一些典型的样式，用户可以直接套用这些样式来快速设置单元格格式。

微课 4.3-1
单元格样式
概述

（1）套用单元格样式

选择要套用单元格样式的单元格区域，然后单击"开始"→"样式"选项组中"单元格样式"按钮 ，在打开的"单元格样式"下拉列表中单击所需的样式即可自动套用此单元格样式，如图 4-42 所示。

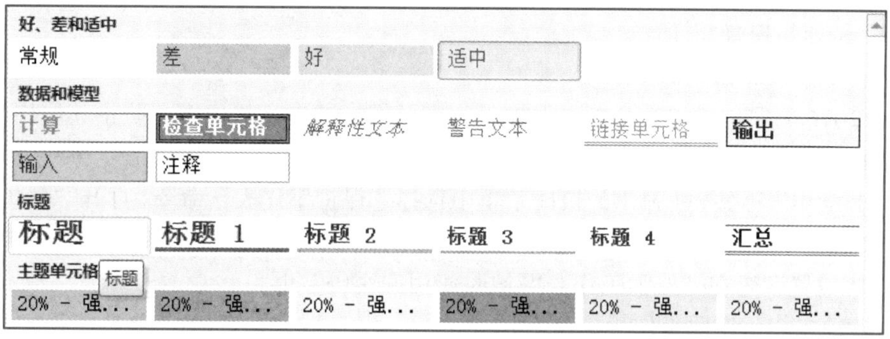

好、差和适中					
常规	差	好	适中		
数据和模型					
计算	检查单元格	*解释性文本*	警告文本	链接单元格	输出
输入	注释				
标题					
标题	标题 1	标题 2	标题 3	标题 4	汇总
主题单元格 标题					
20% - 强...	20% - 强...	20% - 强...	20% - 强...	20% - 强...	20% - 强...

图 4-42　"单元格样式"下拉列表

（2）新建单元格样式

新建单元格样式又称为新建自定义单元格样式。

单击"开始"→"样式"选项组中的"单元格样式"按钮 ，在打开的"单元格样式"下拉列表中选择"新建单元格样式"命令，打开"样式"对话框；在"样式"对话框中的"样式名"框中输入样式的名称，单击"格式"按钮，弹出"设置单元格格式"对话框；按要求进行单元格格式设置，单击"确定"按钮返回"样式"对话框；单击"确定"按钮即可新建新单元格样式。

自定义单元格样式后，该样式会出现在样式下拉列表上方"自定义"样式区。

（3）应用单元格样式

选择需应用单元格样式的单元格区域；然后单击"开始"→"样式"选项组中的"单元格样式"按钮 ，在打开的"单元格样式"下拉列表中单击需应用的单元格样式即可（或右击要应用的单元格样式，在弹出的快捷菜单中单击"应用"命令）。

（4）修改单元格样式

单击"开始"→"样式"选项组中的"单元格样式"按钮 ，在打开的"单元格样式"下拉列表中右击要修改的单元格样式，在弹出的快捷菜单中单击"修改"选项，打开"样式"对话框；在"样式"对话框中单击"格式"按钮，打开"设置单元格格式"对话框，在此对话框中进行相应修改；修改完后单击"确定"按钮返回"样式"对话框；在"样式"对话框中单击"确定"按钮实现单元格样式的修改。

（5）删除单元格样式

单击"开始"→"样式"选项组中的"单元格样式"按钮 ，在打开的"单元格样式"下拉列表中右击要删除的单元格样式，在弹出的快捷菜单中选择"删除"命令即可。

（6）合并单元格样式

在工作簿中新建新单元格样式后，只会保存在当前工作簿中，不会出现在其他工作簿的单元格样式中；如果需要在其他工作簿中使用这些样式，可以将这些单元格样式从当前工作簿复制到另一工作簿，即用合并样式来实现。具体操作步骤见例题中的介绍。

方法：打开源工作簿（即包含已新建新单元格样式的工作簿）；打开目标工作簿（即需要复制单元格样式的工作簿），在目标工作簿中：单击"开始"→"样式"选项组中的"单元格样式"的下拉按钮，在打开的"单元格样式"下拉列表中选择"合并样式"选项。打开"合并样式"对话框，在"合并样式"对话框中"合并样式来源"列表中单击源工作簿文件，单击"确定"按钮实现合并样式。

2. 保护工作表和撤销保护

Excel 2016 的保护工作表功能可保护工作表及锁定的单元格内容，防止其他用户修改工作表。操作步骤如下。

① 右击工作表标签，在弹出的快捷菜单中选择"保护工作表"命令，打开"保护工作表"对话框。

② 如要设置密码在"取消工作表保护时使用的密码"框中输入密码，在"允许此工作表的所有用户进行"复选框中选择允许的选项，单击"确认"按钮，如图 4-43 所示。

③ 打开"确认"密码对话框，在重新输入密码框中重新输入密码，单击"确认"按钮完成保护工作表的设置。此时在工作表中输入数据时会弹出对话框，禁止用户任何修改操作。

撤销工作表保护：右击当前工作表标签，在弹出的快捷菜单中选择"撤销工作表保护"或单击"审阅"→"更改"选项组中的"撤销工作表保护"，在打开的"撤销工作表保护"对话框中删除已设置的密码撤销对工作表的保护。

3. 保护工作簿和撤销保护

（1）保护工作簿结构

为防止其他用户移动、复制、删除、添加工作表等操作，可以设置工作簿保护密码对工作簿的结构进行保护，操作步骤如下。

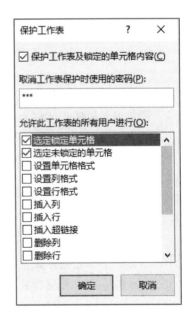

图 4-43　保护工作表

① 单击"审阅"→"更改"→"保护工作簿"，打开"保护结构和窗口"对话框中，勾选"结构"和"窗口"复选框，在"密码"框中输入密码，如图 4-44 所示，单击"确认"按钮。

② 在打开"确认密码"对话框中重新输入密码，单击"确认"按钮对当前工作簿的进行保护。

撤销工作簿保护方法：单击"审阅"→"更改"→"保护工作簿"，在打开"撤销工作簿保护"对话框中输入已设置的保护密码来撤销保护。

（2）为工作簿加密

为防止其他用户打开工作簿，Excel 2016 中可为工作簿加密码。对于加密的工作簿，只有输入密码才能打开工作簿。方法：单击"文件"→"信息"命令，然后单击中间窗格中的"保护工作簿"按钮，在打开的下拉列表中选择"用密码进行加密码"，在打开的"加密文档"对话框中密码框中输入密码，如图 4-45 所示，单击"确定"按钮。

图 4-44　保护工作簿结构

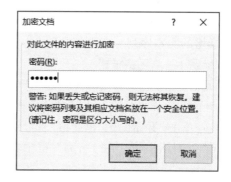

图 4-45　为工作簿加密

撤销工作簿"打开文件"权限和"编辑文件"权限保护的方法：单击"文件"→"另存为"，在打开的"另存为"对话框中选择"工具"→"常规选项"，在打开的"常规选项"对话框中删除的已经设置打开权限密码和修改权限密码来撤销保护。

任务要求

分析任务可知，编辑并美化员工信息表，需要完成以下操作：

- 打开、保存 Excel 文件。
- 删除单元格区域。
- 插入列。
- 文本的输入和自动填充。
- 不同类型数据的输入。
- 单元格样式的套用、新建和应用。

任务实施

1. 打开 Excel 2016 文件

双击"员工信息表 .xlsx"打开工作簿。

微课4.3-2
编辑并美化
员工基本信
息表

2. 删除离职员工信息

选择单元格区域 A5:I5，单击"开始"→"单元格"选项组中的"删除"按钮，在打开的"删除"对话框中选择"下方单元格上移"单选项，单击"确定"按钮。

3. 添加新员工信息

在原有职工信息后面输入新员工"张小丹"的信息："张小丹""女""1993/3/14""28""43****199300314132""本科""2021 年 5 月 20 日""市场部"和"员工"。然后用同样的方法再添加 3 位员工的信息。

4. 添加员工编号

① 插入列：通过单击列标"A"选择 A 列，单击"开始"→"单元格"选项组中的"插入"下方的箭头按钮，在"打开"下拉列表中选择"插入工作列"，则在"A"列左侧插入一空白列。

② 输入数据列标题并设置对齐方式：选择单元格 A2，单击"开始"→"对齐方式"选项组中的"居中"按钮设置文本居中对齐，然后输入"员工编号"，按 Enter 确认。

③ 输入并填充各位员工编号：在单元格 A3 中输入编号"'1001"，按 Enter 键确认，选定单元格 A3，向下拖动该单元格右下角的填充句柄至 A27 单元格进行数据填充，则在 A4:A27 自动填充递增的文本序列。

5. 套用"标题 1"单元格样式

① 套用单元格样式：选择单元格 A1，单击"开始"→"样式"选项组中的"单元格样式"按钮，在打开的"单元格样式"下拉列表中单击"标题"样式组中"标题 1"样式即可。

② 设置行高：单击"开始"→"单元格"选项组中"格式"按钮，在打开下拉列表中选择"行高"，打开"行高"对话框中，在"行高"框中输入"25"，单击"确定"。

6. 套用主题单元格样式

选择单元格区域 A2:J2，单击"开始"→"样式"选项组中的"单元格样式"按钮，在打开的"单元格样式"下拉列表中选择"主题单元格样式"样式组中的"着色 5"样式即可。

7. 新建并应用单元格样式

（1）新建"填充图案"单元格样式

① 单击"开始"→"样式"选项组中的"单元格样式"按钮，在打开的"单元格样式"下拉列表中单击"新建单元格样式"命令，打开"样式"对话框。

② 在"样式名"框中输入"填充图案"，取消"样式包括"复选框中其他选项，只勾选"填充"，单击"格式"按钮打开"设置单元格格式"对话框。

③ 在"填充"选项卡的"图案颜色"下拉列表中选择主题颜色"蓝‐灰，文字 2，淡色 80%"，在"图案样式"下拉列表中选择"细 对角线 条纹"，单击"确定"按钮返回"样式对话框"，如图 4-46 所示。

④ 单击"确定"按钮。

（2）应用"填充图案"单元格样式

选择单元格区域 A3:J27，单击"开始"→"样式"选项组中的"单元格样式"按钮，在打开的"单元格样式"

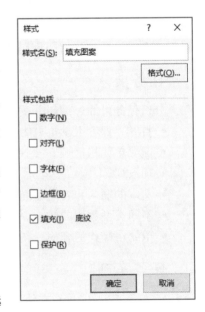

图 4-46　"样式"对话框设置

下拉列表中单击"自定义"样式组中的"填充图案"样式即可。最后单击"开始"→"对齐方式"选项组中的"居中"按钮，将文本对平对齐方式设置为居中对齐。

8. 保存操作

单击"文件"→"保存"或按 Ctrl+S 组合键。

任务 4.4　统计与分析学生成绩——公式与函数

任务描述

　　将每个学生的平均分、总分、统计出来，并对总分进行排名次；还对每门课程的最高分、最低分和不及格人数等分别进行统计，并统计班级总人数，最后根据平均分进行成绩评定，为了便于观察所有人的成绩信息对窗口进冻结操作，效果如图 4-47 所示。

任务效果
文件

	A	B	C	D	E	F	G	H	I	J	K
1						成绩表					
2	学号	姓名	信息技术	英语	高数	静态网页设计	Jave开发基础	平均分	总分	排名	成绩等级
3	2018051101	郑佳佳	93	88	90	90	60	84	421	6	良好
4	2018051102	方文英	83	75	85	85	85	83	413	10	良好
5	2018051103	钟玲玲	86	100	85	88	95	91	454	1	优秀
6	2018051104	刘玉华	82	82	60	88	70	76	382	17	合格
7	2018051105	谢丽娟	84	80	90	85	74	83	413	9	良好
8	2018051106	黄珠珠	83	70	80	85	92	82	410	13	良好
9	2018051107	张珊珊	63	50	90	45	66	63	314	22	合格
10	2018051108	李露露	84	80	75	85	88	82	412	11	良好
11	2018051109	李诗琪	85	82	80	82	47	75	376	18	合格
12	2018051110	罗美文	92	90	90	95	86	91	453	2	优秀
13	2018051111	廖少强	88	80	98	82	69	83	417	7	良好
14	2018051112	谢爱武	86	80	80	85	81	82	412	12	良好
15	2018051113	张少柱	88	80	85	90	90	87	433	4	良好
16	2018051114	李铭	81	60	90	88	64	77	383	16	合格
17	2018051115	潘少彬	77	59	90	75	72	75	373	19	合格
18	2018051116	张少青	90	91	95	85	91	90	452	3	优秀
19	2018051117	华俊辉	75	82	80	78	85	80	400	15	合格
20	2018051118	吕少贤	70	79	80	82	44	71	355	20	合格
21	2018051119	林海涛	40	67	65	65	80	63	317	21	合格
22	2018051120	黄河	85	81	80	80	75	80	401	14	良好
23	2018051121	隆少华	80	81	78	78	90	83	417	7	良好
24	2018051122	刘文杰	82	89	90	80	84	85	425	5	良好
25	计算每门课程最高分:		93	100	98	95	95				
26	计算每门课程最低分:		40	50	60	45	44				
27	计算每门课程不及格人数:		1	2	0	1	2				
28											
29	统计班级人数:		22								

图 4-47　统计与分析学生成绩

任务目标

- 熟练掌握 Excel 2016 工作表的选定、复制和重命名等基本操作。
- 熟练掌握单元格格式的设置、复制和清除。
- 熟练掌握冻结窗格操作。
- 熟练掌握选择性粘贴功能的应用。
- 熟练掌握公式与函数的输入、修改、复制填充，并能够灵活运用。
- 熟练掌握单元格引用的三种方式（相对引用、绝对引用和混合引用）。

知识准备

1. 选择性粘贴

在复制操作中，粘贴的操作会取代原单元格的数据。如果我们仅要复制单元格的内容，却不需要其格式；或仅要复制单元格的格式，却不需要其内容，即有选择性地进行粘贴操作。此时可使用 Excel 2016 的"选择性粘贴"命令粘贴剪贴板中数值、格式、公式及批注等内容，使复制和粘贴操作更灵活。操作步骤如下。

① 选择要复制的单元格区域，并按 Ctrl+C 组合键进行复制。

② 选择需粘贴的目标单元格区域或左上角单元格，单击"开始"→"剪贴板"选项组中的"选择性粘贴"命令，在打开的下拉列表中选择"选择性粘贴"命令，打开"选择性粘贴"对话框，如图 4-48 所示，在不同组框中选择所需的粘贴方式。

③ 单击"确定"按钮。

（1）"粘贴"组

全部：粘贴原单元格的所有信息，等同于"粘贴"命令；

公式：仅粘贴原单元格的公式；

数值：仅粘贴原单元格的数值，或经原单元格公式计算出来的结果；

格式：仅粘贴原单元格的格式；

值和数字格式：仅粘贴原单元格的数值和格式；

（2）"运算"组

主要有无、加、减、乘和除这五个选项，主要用于在粘贴原单元格数值时与被粘贴单元格的数值执行相关运算，可实现目标区域数据整体相加、相减、相乘、相除某个数值。

（3）"转置"复选框

用于实现行、列数据的位置转换。

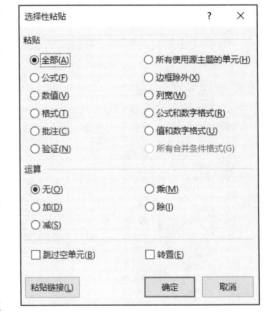

图 4-48　"选择性粘贴"对话框

2. 数据的查找与替换

使用 Excel 2016 查找功能可在工作表中快速定位要查找的信息，使用替换功能可快速地将查找的内容替换为其他的数据或格式。例如使用查找和替换功能将成绩表中所有的"80"改为"87"，操作步骤如下。

① 单击"开始"→"编辑"选项组中的"查找和选择"按钮，在打开的下拉表表中选择"查找和替换"命令（或按 Ctrl+H 组合键），打开"查找和替换"对话框，并已切换到"替换"标签，如图 4-49 所示。

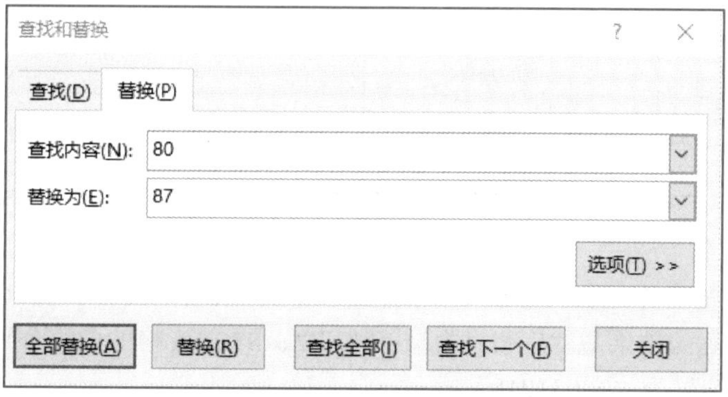

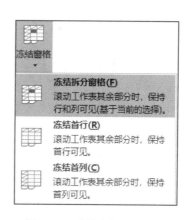

图 4-49　查找替换

② 在"查找内容"框中输入"80"，在"替换为"框中输入"87"，单击"全部替换"按钮，打开替换提示对话框。

③ 单击"确定"按钮，返回"查找和替换"对话框。

④ 单击"关闭"按钮完成数据的查找和替换。

3. 冻结窗格

在制作 Excel 2016 表格时，如果数据行较多时，一旦向下滚屏，上面的标题行会跟着滚动，从而难以分清各列数据对应的标题；如果数据列较多时，一旦向右滚屏，左边标题也会跟着滚动，从而难以分清各行数据所对应的标题，如果采用"冻结窗格"功能就能固定上面的标题及左侧的标题从而达到轻松浏览所有数据的效果。

冻结窗格方法：选择作为冻结窗格分界点的某个单元格，单击"视图"→"窗口"选项组中的"冻结窗格"按钮，在打开的下拉列表中选择所需的选项即可，如图 4-50 所示。

图 4-50　冻结窗格下拉列表

可通过单击"视图"→"窗口"选项组中的"取消冻结窗格"按钮来取消已设置冻结的窗格。

4. Excel 公式

Excel 公式是指在单元格中输入的以等号开头的数据进行处理的等式。用来完成文本链接、算术和比较等运算。Excel 公式最前面是等号，后面是运算数和运算符等。运算数可以是文字、数值、函数、单元格引用地址和名称等。运算符可以是算术运算符、文本运算符和比较运算符等。

微课 4.4-1
Excel 公式
概述

（1）算术运算符（表 4-1）

表 4-1　算术运算符

算术运算符	含义	应用公式示例	运算结果
+	加	=1+2	3
-	减	=3-1	2
*	乘	=2*3	6
^	乘方	=2^4	16
%	百分比	=45%	45%
/	除	=8/2	4

（2）文本运算符

文本运算符只有一个运算符 "&"，用于连接多个文本，已生成一个新的字符串。例如 "广州" & "日报" 得到的结果是 "广州日报"；又如 B2、B3 单元格的内容分别是 2003 和 1218，则公式：=B2&B3 结果为 "20031218"。

（3）比较运算符

比较运算符主要用于比较数值的大小。比较表达式的结果是逻辑值，即 TRUE（真）或 FALSE（假）。常用的比较运算符见表 4-2。

表 4-2　比较运算符

比运算符	含义	应用公式示例	运算结果
=	等于	=1=2	FALSE
>	大于	=3>1	TRUE
<	小于	=2<3	TRUE
>=	大于或等于	=2>=4	FALSE
<=	小于或等于	=45<=45	TRUE
<>	不等于	=8<>2	TRUE

（4）引用运算符

引用运算符包括：区域运算符、联合运算符和交叉运算符，见表 4-3。

表 4-3　引用运算符

引用运算符	运算符含义	示例	说明
：	区域运算符：对两个引用单元格之间的所有单元格的引用	B2：C5	对 B2、C2、B3、C3、B4、C4、B5 和 C5 共 8 个单元格引用
，	联合运算符：将多个引用单元格区域合并为一个引用。	=SUM（B2：B10，D2：D10）	对区域 B2：B10 和区域 D2：D10 进行求和运算
（空格）	交叉运算符：对两个引用单元格区域中共有的单元格（即交集）的引用	=SUM（B3：E10 D3：F10）	对区域 D3：E10 进行求和运算

（5）运算符优先级

常用的运算符的优先级从高到低依次为引用运算符、算术运算符、连接运算符和比较运算符，见表 4-4。

表 4-4　运算符优先级

运算符（优先级从高到低）含义	说明
:	区域运算符
（空格）	交叉运算符
,	联合运算符
—	负号
%	百分比
^	乘方
* 和 /	乘和除
+ 和 –	加和减
&	文本运算符
=、>、<、>=、<=、<>	比较运算符

5. 公式的输入、修改、复制与填充

（1）公式的输入

输入公式时，以"="号开头，紧接着输入公式的表达式，一般采用手动输入。

手动输入公式的操作步骤：单击要输入公式的单元格，首先输入"="号，紧接着输入公式的内容，最后按 Enter 键来确定和结束输入。公式内容显示在编辑框中。

输入公式要特别注意：①公式中的数值、等于号、标点符号、单元格地址、函数名、运算符都必须在英文输入状态下输入；②公式中不能有空格。

（2）修改公式

方法：单击需修改公式所在的单元格，在编辑栏"内容"框中（或者双击该单元格，或按 F2 键）对公式进行修改，修改完后按 Enter 键确定。

（3）公式的复制与填充

方法：先选定公式所在的单元格，将鼠标移到当前单元格的右下角绿色的小点（即填充句柄）上，待鼠标指针形状变成实心十字光标"✚"时，向下（或向上、向左、向右）拖动填充句柄至要复制或填充到的最后一个单元格（或双击鼠标左键），释放鼠标即可。

6. 单元格引用

通过对单元格地址的引用，可以使用同一工作表中不同单元格区域中的数据，还可以使用不同工作表中的单元格或区域中的数据。单元格引用一般分为相对引用、绝对引用和混合引用。

微课 4.4-2

单元格引用

（1）相对引用

相对引用是指当引用单元格的公式被复制到目标单元格时，公式中引用单元格的行号、列标会随着目标单元格所在的行号、列标的变化自动调整。相对引用的引用格式由列标和行号组成，如 A4，B5，D2 等。

（2）绝对引用

绝对引用是指当引用单元格的公式被复制时，不管被复制到什么位置，公式中引用单元格的行号、列标均保持不变。绝对引用的引用格式是在列标和行号前都加上符号"$"，即表示为"$ 列标 $ 行号"的形式，如 A4，B5，D2 等。

（3）混合引用

混合引用是指当引用单元格的公式被复制时，公式中的行号或列标只有一个会自动调整，而另一个保持不变，即相对引用会变、绝对引用不变。混合引用的引用格式是在列标或行号前面加上"$"，即表示为"$ 列行"（绝对列相对行）或"列 $ 行"（相对列绝对行），如 $A4，B$5，D$2 等。

在单元格中输入公式后，将光标要置于公式中的某被引用单元格的行号列标上，可以按 F4 键在三种引用方式之间进行切换。混合坐标是上述两种地址的混合使用方式。

（4）跨工作表引用

上述 3 种引用都是引用同一个工作表中的数据。如果要引用其他工作表中的单元格，需在引用单元格之前加上工作表的名称，工作表名称与单元格地址之间用"！"隔开，其形式为"工作表名称！单元格地址"。例如"Sheet1!A2"表示引用工作表"Sheet1"中的 A2 单元格中的数据。

引用其他工作簿中的单元格被称为链接或外部引用，外部引有两种形式，取决于引用源工作簿是打开的还是关闭的。如果源工作簿已打开，引用格式为"［工作簿名称］工作表名称！单元格地址"；如果源工作簿未打开，外部引用应包括绝对路径，假设工作表或工作簿名称中包含英文字母则文件名和路径必须置于单引号中，引用格式如"'D:\Excel 文件 \［期末考试成绩表］Sheet1'!C3"。

（5）常见出错信息及含意义

当公式或函数表达不正确时，Excel 会显示出错信息。常见出错信息及其含义如表 4-5 所示。

表 4-5 常见出错信息及含义

出错信息	含 义
#DIV/0！	除数为 0
#NAME？	引用了不能识别的文字
###……	数值长度超过了单元格的列宽
#VALUE！	错误的参数或运算对象
#N/A	引用了当前不能使用的数值
#NUM	数字错
#REF!	无效的单元格

微课 4.4-3
函数的使用

7. 函数的使用

Excel 提供大量的函数以帮助我们完成各种各样的计算工作。主要有常用函数、财务函数、日期与时间函数、数学与三角函数、统计函数、查找与引用函数、数据库函数、文字函数、逻辑函数和信息函数等。

（1）函数的组成

函数格式：= 函数名称（函数参数）

函数说明：函数名称是 Excel 提供的函数名字，一般是对应英文单词的缩写；函数参数可以是数字、文本、单元格引用和函数等。当函数有多个参数时，参数之间用英文逗号隔开；如果函数没有参数，其后面一对圆括号不能省略。

（2）函数的输入

① 手动输入函数。手动输入函数与手动输入普通的公式一样，方法见公式的输入方法。

② 使用函数向导插入函数。单击"公式"→"函数库"→"插入函数"按钮 f_x 或单击编辑栏上的"插入函数"按钮 f_x，在弹出的"插入函数"对话框中，按需要完成函数的输入。使用"插入函数"对话框可以保证正确的函数名称拼写和正确的参数顺序及个数。

（3）常用函数

1）求和函数

① SUM 函数。

功能：返回参数表中的所有数值之和。

格式：=SUM（参数 1, 参数 2,……）

其参数可以是数值、单元格地址或函数。

② SUMIF 函数。

功能：根据指定条件对若干单元格的数值求和。

格式：=SUMIF（条件判断区域, 条件式, 实际求和区域）

2）平均值 AVERAG 函数

功能：返回参数表中的所有数值的平均值。

格式：=AVERAGE（参数 1, 参数 2,……）

其参数可以是数值、单元格地址或函数。

3）最大值 MAX 函数

功能：返回参数表中所有数值中的最大值。

格式：=MAX（参数 1, 参数 2,……）

其参数可以是数值、单元格地址或函数。

4）最小值 MIN 函数

功能：返回参数表中所有数值中的最小值。

格式：=MIN（参数 1, 参数 2,……）

其参数可以是数值、单元格地址或函数。

5）计数函数

① COUNT 函数。

功能：统计返回参数表中数据类型为数值的单元格的个数。

格式：=COUNT（参数 1, 参数 2,……）

② COUNTA 函数。

功能：统计参数表中不为空的单元格的个数。

格式：=COUNTA（参数 1, 参数 2,……）

例如 A1、A2、A3、A4 分别为 12、空、"ABC"、0，则函数 COUNT（A1:A4）结果为 2，

而 COUNTA（A1：A4）结果为 3。

③ COUNTIF 函数。

功能：统计单元格区域中满足条件的单元格的个数。

格式：=COUNTIF（单元格区域，条件式）

注意：其中条件式如果包含运算符或者是文本数据，应加上双引号。如果条件式中由单元格引用和运算符组成，则运算符应加上双引号，并用 & 将运算符和单元格引用相连。在条件式中可使用通配符，但不能使用公式。

6）排名次函数 RANK

功能：求某一个数字在某一列数字中的排名。

格式：RANK（需排名的一个数字，一组数据即全部要排名的数字，排名方式）

参数说明：第一个参数是一个数字，在单元格引用时一般是相对引用。第二个参数是一组数字，在单元格引用时一般是绝对引用。第三个参数如果取值 0 或省略，则按降序排名即数值越大排名越靠前，一般排名次使用降序；如果不为零值，则按升序排名即数值越小排名越靠前。

（4）时间和日期函数（见表 4-6）

表 4-6　时间和日期函数

函数	功能	应用举例	显示结果
NOW（）	取系统日期和时间	=NOW（）	当前系统日期和时间
YEAR（日期）	取日期的年份	=YEAR（"2003-9-1"）	2003
TODAY（）	取系统日期	=TODAY（）	当前系统日期
DAY（日期）	取日期的天数	=DAY（"2003-9-1"）	1
MONTH（日期）	取日期的月份	=MONTH（"2003-9-1"）	9
HOUR（时间）	取时间的小时数	=HOUR（1：30：36）	1
MINUTE（时间）	取时间的分钟数	=MINUTE（1：30：36）	30
SECOND（时间）	取时间的秒数	=SECOND E（1：30：36）	36

微课 4.4-4

IF 函数

（5）逻辑函数

① IF 函数。

格式：=IF（条件式，条件成立的取值，不成立时的取值）

功能：对条件式进行判断，如果为真，则返回条件成立的取值，否则返回条件不成立的取值。如果条件式由多个条件构成，需要用 AND 函数或 OR 函数来说明各条件之间的关系。

② AND 函数。

格式：=AND（条件 1，条件 2，……）

功能：对条件式进行判断，如果所有条件都为 TRUE（真），结果为 TRUE（真），否则结果为 FALSE（假）。

③ OR 函数。

格式：=OR（条件 1，条件 2，……）

功能：对条件式进行判断，如果条件中有一个或多个为 TRUE（真），则结果为 TRUE（真），否则结果为 FALSE（假）。

单变量求解

拓展知识

任务要求

分析任务可知，统计与分析学生成绩表，主要完成以下操作：

- 打开、保存 Excel 文件。
- 工作表的选定、复制、重命名。
- 清除条件格式、填充底纹。
- 添加、删除数据并设置单元格格式。
- 冻结拆分窗格。
- 选择性粘贴。
- 公式与函数的输入、修改、复制与填充。
- 单元格引用。

模拟运算表

拓展知识

微课 4.4-5
统计与分析
学生成绩 1

任务实施

1. 打开 Excel 文件，复制工作表

① 双击"期末考试成绩汇总表"，打开 Excel 文件。

② 复制工作表：按住 Ctrl 键的同时往右拖动工作表标签"美化学生成绩表"，当向下的黑色三角形出现时，释放鼠标，再松开 Ctrl 键，则在当前位置建立该工作表的副本"美化学生成绩表（2）"。

③ 重命名工作表：双击该工作表标签，输入"统计与分析学生成绩表"将其重命名。

④ 单击工作表标签"统计与分析学生成绩表"将其作为当前工作表，下面所有的操作都是在此工作表中完成。

2. 清除格式

- 清除条件格式：选择单元格区域 D3：H24，单击"开始"→"样式"选项组中的"条件格式"按钮，在打开的下拉列表中选择"清除规则"选项，在打开的子列表中选择"清除所选单元格的规则"选项。

- 清除图案：选择单元格区域 A3：H24，单击"开始"→"字体"选项组中的"填充颜色"按钮，在打开的下拉列表中选择"无填充颜色"选项即可。

3. 冻结拆分窗格

选择单元格 C3，单击"视图"→"窗口"选项组中的"冻结窗格"按钮，在打开的下拉列表中选择"冻结拆分窗格"即可。

4. 修改工作表并添加数据

① 删除"班级"列：单击列标"C"选中"班级"列，单击"开始"→"单元格"选项组中的"删除"按钮，在打开的下拉列表中选择"删除工作表列"即可。

② 在单元格区域 H2：K2 中依次输入新的列标题"平均分""总分""排名"和"成绩等级"。

③ 选择 G4 单元格，按 Ctrl+C 组合键复制，然后选择"H2：K2"，单击"开始"→"剪贴板"选项组中的"粘贴"按钮下方的下拉按钮，在打开的下拉列表中选择"选择性粘贴"命令，在打开的"选择性粘贴"对话框中选择"粘贴"组中的"格式"选项，单击"确定"按钮。

或使用格式刷复制格式。

④ 选择单元格区域 A2：K24，单击"开始"→"字体"选项组中的"下框线"按钮右侧下拉按钮，在打开的下拉列表中选择"所有框线"选项将内外框设置为黑色。

⑤ 在单元格区域 A25：A27 中依次输入"计算每门课程最高分："计算每门课程最低分："和"计算每门课程不及格人数："；然后将单元格区域 A25：B25 合并，将单元格区域 A26：B26 合并，将单元格区 A27：B27 合并，并设置水平对齐方式为"左对齐"、填充颜色设置为"蓝色，个性色 1，淡色 80%"；再将单元格区域 C25：G27 填充颜色设置为"金色，个性色 4，淡色 80%"；最后为单元格区域 A25：G27 添加黑色的内外框线，效果如图 4-51 所示。

⑥ 在单元格区域 A29 中输入"统计班级人数："，然后使用同样的方法为单元格区域 A29：C29 设置相应的格式，或使用格式刷复制格式，效果如图 4-51 所示。

微课4.4-6
统计与分析
学生成绩2

25	计算每门课程最高分：					
26	计算每门课程最低分：					
27	计算每门课程不及格人数：					
28						
29	统计班级人数：					

图 4-51　统计表图

图 4-52　粘贴公式

5. 计算每门课程的最高分、最低分和不及格人数

① 单击单元格 C25，按 Ctrl+Space 组合键，将输入法切换到英文输入状态，输入公式"=MAX（C3：C24）"，然后按 Ctrl+Enter 组合键，此时单元格 C25 仍处于活动状态并显示计算结果"93"，将鼠标移到当前单元格的右下角绿色的小点（即填充句柄）上，待鼠标指针形状变成实心十字光标"+"时，按住鼠标左键不放往右拖曳至 G25 单元格，释放鼠标，即可将公式复制到单元格区域 D5：G25 中计算出每门课程的最高分。

② 在单元格 C26，输入公式"=MIN（C3：C24）"，然后按 Ctrl+Enter 组合键，此单时单元格 C26 处于活动状态并显示计算结果"40"；按 Ctrl+C 组合键进行"复制"当前单元格，选择单元格区 D26：G26，单击"开始"→"剪贴板"选项组中的"粘贴"命令，在打开的下拉列表中选择粘贴"公式"项（如图 4-52 所示），即可将公式复制到单元格区域 D26：G26 中。

③ 单击单元格 C27，输入"=COUNTIF（C3：C24，"<60"）"，再将该公式复制到单元格区域 D27：G27 中计算出其他课程不及格人数。

6. 计算每个学生成绩平均分、总分

① 在单元格 H3 中输入公式"=AVERAGE（C3：G3）"，然后按 Ctrl+Enter 组合键，此时单元格 H3 显示计算结果"84"，使用向下拖动填充句柄的方法将该公式复制到同列的单元格区域 H4：H24 中计算出其他学生的平均分。将平均分设置为整数。

② 在单元格 I3 中输入公式"=SUM（C3：G3）"，然后按 Ctrl+Enter 组合键，此时单元格 I3 显示计算结果"421"；再将该公式复制到单元格区域 I4：I24 中计算出其他学生的总分。

将总分设置为整数。

7. 统计班级人数

统计班级人数：在单元格 C29 中输入公式 "=COUNT（C3∶C24）"，然后按 Enter 键结束。此时单元格 C29 显示计算结果 "22"。

8. 计算每个学生总分的排名及成绩等级

① 在单元格 J3 中输入公式 "=RANK（I3，I3∶I24）"，然后按 Enter 键结束，此时单元格 J3 显示计算结果 "6"；再将该公式复制到单元格区域 J4∶J24 中计算出其他学生总分的排名。

② 已知成绩等级的评定规则是：平均分在 90 分及以上，成绩等级为 "优秀"；平均分大于等于 80 分且小于 90 分，成绩等级为 "良好"；平均分大于等于 70 分且小于 80 分，成绩等为 "中等"；平均分大于等于 60 分且小于 70 分，成绩等为 "合格"，否则成绩等级为 "不合格"。

在单元格 K3 中输入公式 "=IF（H3>=90，"优秀"，IF（H3>=80，"良好"，IF（H3>=70，"中等"，IF（H3>=60，"合格"，"不合格"))))"，然后按 Ctrl+Enter 组合键，此时单元格 K3 显示计算结果 "优秀"，将该公式复制到单元格区域 K4∶K24 中计算出其他学生成绩等级。

9. 保存操作

选择单元格区域 A1∶K1，单击 "开始" → "对齐方式" → "合并后居中" 按钮取消合并，再单击一次重新合并。

单击 "文件" → "保存" 或按 Ctrl+S 组合键。

任务 4.5　制作各学院人数所占比例饼图——图表、页面设置

任务描述

学校新建一个校区，准备搬迁一部分学生进入新校区，正在衡量搬迁哪个学院学生最合适。请使用 Excel 2016 根据学校各学院近 3 年人数新建合适图表，直观显示出各分院人数在学校总人数中所占的比例，效果如图 4-53 所示。

任务素材与
效果文件

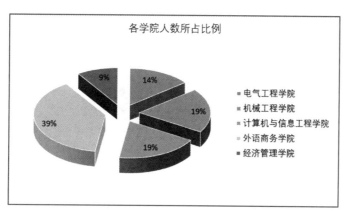

图 4-53　各学院人数所占比例饼图

任务目标

- 了解 Excel 2016 中图表类型、应用与分析。
- 熟练掌握使用 Excel 2016 实现新建简单图表。
- 熟练掌握使用 Excel 2016 设计、编辑、删除与修改图表（包括图表布局、图表类型、图表标题、图表数据及图例格式）等。
- 掌握页面设置（纸张大小、纸张方向、页边距），页眉与页脚的插入、删除、修改；打印区域、打印标题、打印预览和打印工作表的等相关设置。

知识准备

1. 图表

微课 4.5-1
图表概述

　　在 Excel 2016 图表中可以非常直观地反映工作表中数据之间的关系，如数据的大小、数据增减变化的关系，可以很方便地对比与分析数据，使读者易于理解、印象深刻、且更容易发现数据变化的趋势和规律，为使用和分析数据提供了便利。当工作表中数据发生变化时，图表中对应项的数据也自动变化。Excel 2016 在这方面提供了强大的功能以满足用户制作图表的需要。

2. 图表的类型及应用

　　Excel 2016 图表主要有：柱形图、折线图、饼图、条形图、面积图、X Y（散点图）、股价图、曲面图、雷达图、树状图、旭日图、直方图、箱形图、瀑布图以及组合图 15 种类型。每种图表类型又分别包含不同的子类型，不同类型的图表显示不同的数据比较方式。主要介绍以下几种图表类型及相关的应用。

　　（1）柱形图

　　柱形图是最常见的图表类型之一，主要用来显示不同数据值之间的差距。在柱形图中，通常沿横坐标轴显示类别，沿纵坐标轴显示数值。它把每个数据系列显示为一个垂直柱体，高度与数值相对应，每个数据系列用不同的颜色显示。柱形图分为二维柱形图（簇状柱形图、堆积柱形图及百分比堆积柱形图）和三维柱形图（三维簇状柱形图、三维堆积柱形图、三维百分比堆积柱形图及三维柱形图）两类共 7 种图形。常用的柱形图见图 4-54 所示的簇状柱形图。

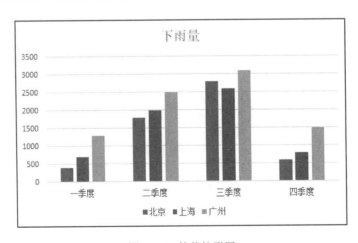

图 4-54　簇状柱形图

（2）折线图

折线图适用于显示相等时间间隔下数据的趋势，可以显示随时间而变化的连续数据。在折线图中，类别数据沿水平轴均匀分布，所有的值数据沿垂直轴均匀分布。折线图分为二维折线图（折线图、带数据标记的折线图、堆积折线图及百分比堆积折线图）和三维折线图两类共 5 种图形。一般用来描述销售或开支的波动情况。常用的折线图见图 4-55 所示的带数据标记的折线图。

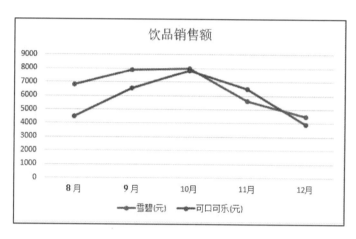

图 4-55　带数据标记的折线图

（3）饼图

饼图是把一个圆面划成若干个扇形面，每个扇形面代表一项数据值。饼图用来排列工作表一列或一行中的数据，显示据系列中各项的大小与各项所占的百分比。饼图分为二维饼图（饼图、复合饼图及复合条饼图）、三维饼图和圆环图三类。常用的饼图见图 4-56 所示的三维饼图。

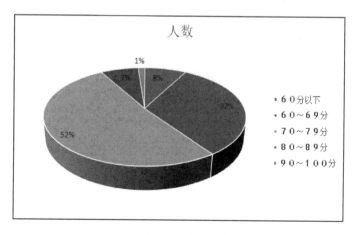

图 4-56　三维饼图

（4）条形图

条形图类似于柱形图，实际上就是顺时针旋转90°的柱形图。主要强调各个数据项之间的差别情况。条形图分为二维条形图、三维条形图、圆柱图、圆锥图及棱锥图5种类型，每类又可以分为簇状条形图、堆积条形图及百分比堆积条形图。常用的条形图见图4-57所示簇状条形图。

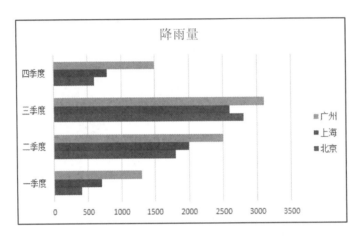

图 4-57   簇状条形图

3. 新建图表

为方便用户的操作，Excel使用了图表向导来指引用户一步一步地实现制作图表。新建图表时首先要有数据来源。这些数据要求以行或列的方式存放在工作表的一个区域中。

新建方法：选择图表所需的数据源区域，单击"插入"→"图表"选项组中对应图表类型按钮，在弹出的下拉菜单中单击所需的图表即可在当前工作表插入图表。此时图表处于选中状态，功能区会显示"图表工具"选项卡，在其下会增加"设计"和"格式"选项组，可通过这两个选项组中的命令按钮对图表进行修改、编辑以达到满意的效果。

4. 图表的组成

图表主要由图表区、绘图区、图表标题、坐标轴、数据系列及图例等组成，如图4-58所示。

（1）图表区

整个图表以及图表中全部元素称为图表区。选择图表后，窗中的标题栏中会显示"图表工具"，在其下包括"设计"和"格式"选项卡。

（2）绘图区

绘图区是图表区中的大部分。主要显示数据表中的数据。在二维图表中，绘图区是通过轴来界定的区域，包括所有的数据系列；在三维图表中，绘图区同样是通过轴来界定，包括所有的数据系列、分类名、刻度线标志和坐标轴标题。

（3）图表标题

图表标题是说明性的文本，可自动与坐标轴对齐或在图表顶端居中对齐。

（4）坐标轴

坐标轴位于图形区边缘的直线，为图表提供计量和比较的参照框架。对于大多数图表，

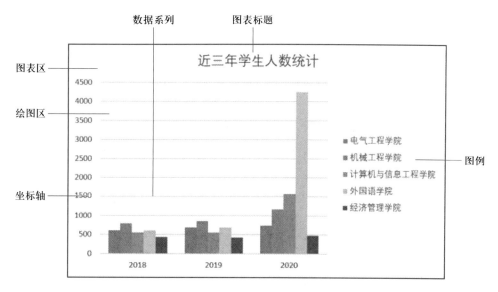

图 4-58　图表的组成

主要有数值轴和分类轴。

（5）数据系列

数据系列由一组数据生成的一个系列，可选择按行生成系列或按列生成系列。如果按行生成一个系列，每一行就是一个系列。如果按列生成一个系列，每一列就是一个系列。可以为图表中的数据添加数据标签，表示组成系列的数据点的值。

（6）图例

图例用方框表示。用于标识图表中的数据系列及其对应的图案和颜色，默认靠下显示。

5. 图表设计与编辑

如对新建的图表不能达到理想的效果，在 Excel 2016 中可以对图表进行相应的修改。要对图表进行修改，必须要先新建图表。

（1）选定图表项

在对图表进行修饰之前，需单击图表项将其选定。有些成组显示的图表项可以细分为单独的元素。想要在数据系列中选定一个单独的数据标记，可以先单击数据系列，再单击想选中的数据标记即可选定这一个数据标记。

也可先单击图表将其激活，接着单击"图表工具"→"格式"→"当前所选内容"组中"图表元素"下拉列表按钮"ˇ"，在弹出的下拉列表中选择想选的图表元素。

（2）修改图表标题

方法：单击图表标题，再单击一次则可修改图表标题，此时输入新的图表标题即可。

（3）添加或删除图表元素

方法 1：选择图表，再单击图表右侧添加图表元素按钮"＋"，在弹出的"图表元素"下拉列表中单击图表元素前的复选框，如果勾选则在图表中添加对应的元素，如图 4-59 所示，反之则删除对应的图表元素。

方法 2：选择图表，单击"图表工具"→"设计"→"图表布局"选项组中"添加图表元素"按钮，在打开的下拉列表中选择相应的选项即可添加或删除图表元素，如图 4-59 所示。

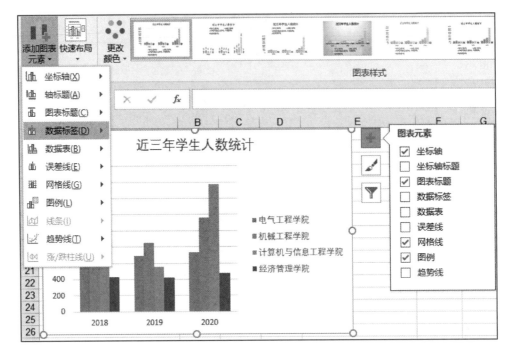

图 4-59 添加或删除图表元素

（4）更改图表布局

方法：选择图表，单击"图表工具"→"设计"→"图表布局"选项组中的"快速布局"按钮，在弹出的下拉列表中选择所需的布局即可。

（5）更改图表类型

设置方法：选择图表，单击"图表工具"→"设计"→"类型"选项组中的"更改图表类型"按钮（或在图表区的空白处右击），在打开的"更改图表类型"对话框左侧选择所需的图表类型，如图 4-60 所示，然后在上方选择子图表类型，单击"确定"按钮即可。

（6）添加或删除数据系列

图表新建完成后，可根据需要在图表中添加数据，或者删除数据。

1）添加数据系列。例如在图 4-61 所示的柱形图中添加"外国语学院"数据，已知数据放置在单元格区域"A6：D6"中，操作步骤如下。

① 选择图表，单击"图表工具"→"设计"→"数据"选项组中的"选择数据"按钮（或右击图表，在弹出的下拉菜单中选择"选择数据"命令），打开"选择数据源"对话框，如图 4-60所示。

② 单击此对话框"图例项（系列）"中的"添加"按钮，打开"编辑数据系列"对话框。

③ 在"编辑数据系列"对话框中单击"系列名称"文本框右侧折叠按钮，选择需添加数据系列的字段名所在的单元格"A6"，先删除"系列值"文本框中的数据"={1}"，接着单击"系列值"文本框右侧折叠按钮，选择需添加数据系列的数值所在区域"B6：D6"，如图 4-62所示。

④ 单击"确定"按钮返回到"选择数据源"对话框，此时在"图例项"中可以看到刚添加"外国语学院"数据系列，如图 4-63 所示。

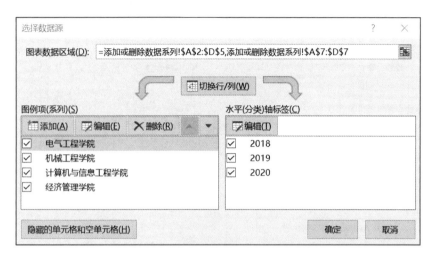

图 4-60 "选择数据源"对话框

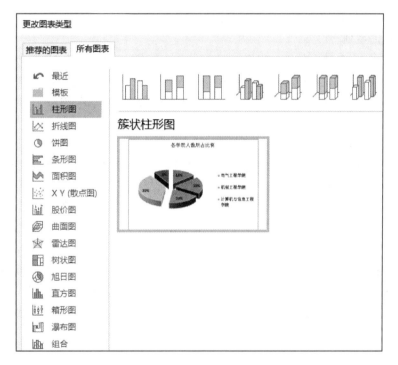

图 4-61 更改图表类型

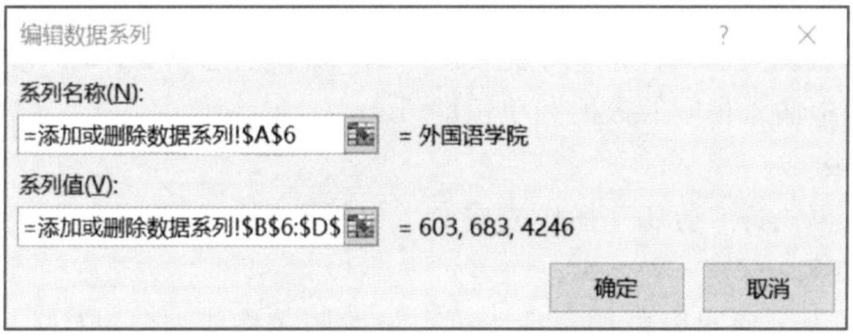

图 4-62 添加"外国语学院"数据系列

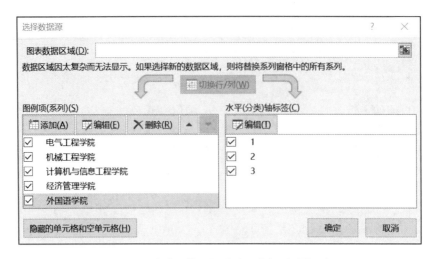

图 4-63   完成"外国语学院"数据系列的添加

⑤ 单击"确定"按钮完成"外国语学院"数据系列的添加。

2）删除数据系列

方法：右击图表，在弹出的下拉菜单中选择"选择数据"命令，打开"选择数据源"对话框，单击此对话框"图例项（系列）"中列表框中选择要删除的数据系列，再单击"删除"按钮，最后单击"确定"按钮。也可直接在图表上单击所要删除的数据系列，再按 Delete 键将其删除。

当工作表中的某些数据被删除后，图表内相应的数据系列也会自动消失。

（7）交换图表的行与列

如果发现图表中的图例项与分类轴的位置颠倒了，可以迅速对其进行调整。调整方法：选择图表，单击"图表工具"→"设计"→"数据"选项组中的"切换行 / 列"按钮即可。

或者打开"选择数据源"对话框，单击该对话框中的"切换行 / 列"按钮，然后单击"确定"按钮。

（8）移动图表

1）在原工作表上移动图表：选择图表，按住鼠标左键拖动到合适的位置后释放即可。

2）将图表移动到其他工作表中：选择图表，单击"图表工具"→"设计"→"位置"组中的"移动图表"按钮，在弹出的"移动图表"对话框中进行相应的设置，然后单击"确定"按钮即可。

（9）调整图表大小

选择图表，将鼠标移到图表边框或四个角任一角，当指针变成双箭头时按住左键拖动即可调整图表大小。

精确的调整图表区大小：单击"图表工具"→"设计"选项卡，在"大小"组中"高度"和"宽度"微调框中输入相应的数值和单位即可。

（10）删除图表

先选择图表，再执行"剪切"操作或按 Delete 键即可。

6. 图表格式设置

建立图表后，为了使图表更加直观，可以设置图表格式。Excel 2016 提供了多种图表样式，直接套用即可美化图表。要设置图表的格式，必须要先建立图表。

（1）套用图表样式

选择图表，单击"图表工具"→"格式"→"图表样式"列表中选择所需的样式即可。

（2）套用图表艺术字样式美化文字

选择图表，单击"图表工具"→"格式"→"艺术字样式"选项组中右下侧的下拉列表按钮，在弹出的下拉列表中选择所需要的样式。

（3）设置图表元素格式

通常先选定需修改的图表元素，然后再进行格式设置。

方法 1：双击图表中需设置格式的元素（或右击），在打开的设置格式对话框中进行所需的设置即可。

方法 2：选择图表，单击"图表工具"→"格式"→"当前所选内容"选项组中"图表元素"下拉按钮"﹀"，在打开的下拉列表中选择所需添设置格式的元素，再单击"设置所选内容格式"在打开的设置格式对话框中进行所需设置。

（4）格式化图表区

可通过设置"设置图表区格式"对话框来实现设置图表区填充颜色、图案和边框等格式。

方法 1：右击图表区空白处，在弹出的快捷菜单中选择"设置图表区格式…"命令，在打开的"设置图表区格式"窗格中自定义设置所需的格式。

方法 2：选择图表，单击"图表工具"→"格式"→"大小"选项组中右下侧的对话框启动按钮，在打开的"设置图表区格式"对话框中自定义设置所需的格式。

（5）格式化绘图区

可通过"设置绘图区格式"对话框来实现设置绘图区填充颜色、图案和边框等格式。

设置方法：右击绘图区使绘图区四周出现八个圆控点，在弹出的快捷菜单中选择"设置绘图区格式"命令，在打开的"设置绘图区格式"窗格中自定义设置所需的格式。

（6）格式化坐标轴。

双击图表中要修改的坐标轴上的任意一个刻度值，在打开的"设置坐标轴格式"窗格中进行相应设置。

也可以右击或在弹出的快捷菜单中选"设置坐标轴格式"命令，在打开的"设置坐标轴格式"窗格中进行相应设置。

（7）格式化图例

新建图表后，图例以默认的颜色来显示数据系列，也可以按需要来设置图例格式。方法：双击图表区的图例，在打开的"设置图例格式"窗格中进行所需设置。或右击图例，在弹出的快捷菜单中选择"设置图例格式"命令，在打开的"设置图例格式"窗格中进行所需设置。

7. 迷你图

迷你图是单元格中的一个微型图表，通常在数据旁边的单元格中显示。利用迷你图可以直观清晰地表示数据的变化趋势，而且占用空间小。

（1）创建迷你图

选择放置迷你图的单元格，单击"插入"→"迷你图"选项组中"拆线图"按钮，在打开"创建迷你图"对话框中输入或选择迷你图数据源区域，单击"确定"按钮。

（2）编辑迷你图

使用"迷你图工具"→"设计"选项卡中的相应的命令可修改迷你图的类型、设置迷你图的格式等。

8. 页面设置

如果要将工作表打印，一般在打印之前需对页面进行一些设置，如纸张大小和方向、页边距、页眉和页脚及打印区域等设置。可通过单击"页面布局"→"页面设置"选项组中的按钮对要打印的工作表进行相应设置，也可以通过单击"页面布局"→"页面设置"选项组右下角"页面设置"对话框启动按钮，在打开的"页面设置"对话框中进行相应设置。

（1）设置纸张大小

单击"页面布局"→"页面设置"选项组中"纸张大小"的按钮，在打开的下拉列表中选择所需的纸张选项。

（2）设置纸张方向

单击"页面布局"→"页面设置"选项组中"纸张方向"的按钮，在打开的下拉列表中选择"横向"或"纵向"。

（3）设置页边距

① 使用预定义页边距：单击"页面布局"→"页面设置"选项组中"页边距"的按钮，在打开的下拉列表中选择一种预定义页边距方案。

② 自定义页边距：单击"页面布局"选项卡中"页面设置"选项组右下角"页面设置"对话框启动按钮，打开"页面设置"对话框；单击"页边距"标签，在"左""上""右"和"下"微调框中输入数据或调整数据设置打印数据与页边缘之间的距离，在"页眉"和"页脚"微调框中输入数据或调整数据设置页眉离纸张的上边缘、页脚离纸张的下边缘之间的距离，可在"居中方式"组中选中"水平"复选框，将打印数据在左、右页边距之间水平居中显示，可在"居中方式"组中选中"垂直"复选框，将打印数据在上、下页边距之间垂直居中显示；单击"确定"按钮完成页面设置。

（4）设置打印区域

Excel 默认情况下，将整个工作表全部打印输出。如只需打印部分区域，则首先要选定要打印的区域，然后单击"页面布局"→"页面设置"选项组中"打印区域"按钮，在打开的下拉列表中选择"设置打印区域"选项即可将选定的区域作为打印区域。

（5）设置打印标题

在打印 Excel 工作表时，当需要在每一页都打印相同的标题，可通过设置打印标题来实现。方法：单击"页面布局"→"页面设置"选项组中"打印标题"的按钮，打开"页面设置"对话框，并已切换到"工作表"标签；如果将第 1 行作为打印标题，则在"顶端标题行"框中输入或选择"$1:$1"（可根据需要输入其他行），如果将第 1 列作为打印标题，则在"左端标题列"框中输入或选择"$A:$A"（可根据需要输入其他列）；可单击"打印预览"预览打印效果，最后单击"确定"按钮完成设置。

（6）设置页眉和页脚

页眉位于每页的顶部，通常用来设置工作表的提示说明信息；页脚位于每页的底部，通常用来设置工作表的页码。用户可以根据需要来设置页眉和页脚。

方法 1：① 单击"插入"→"文本"选项组中"页眉和页脚"按钮，并自动切换到新出现的"页眉和页脚工具"中的"设计"选项卡，可进行以下设置。

• 此时光标在页眉的中间框内闪动，可根据需要选择在"左""中"和"右"框中输入页眉内容。

● 可通过单击"页眉和页脚"选项组中"页眉"或"页脚"按钮，在打开的下拉列表中选择所需的预定义样式来插入页眉或页脚，如图 4-64 所示。

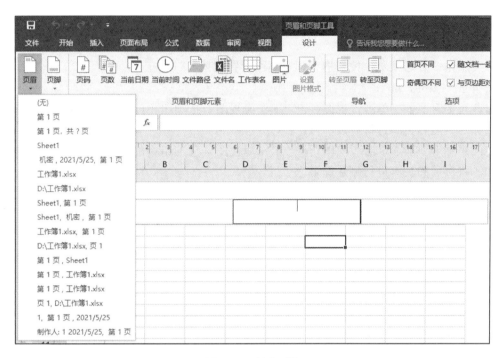

图 4-64　插入页脚

● 可通过单击"页眉和页脚元素"选项组中对应的按钮，可在页眉中插入页码、页数、当前日期、当前时间、文件名及工作表名等。

● 可通过单击"导航"选项组中"转至页脚"（如果当前是页脚,则显示的是"转至页眉"）按钮来设置页脚。

● 可通过单击"首页不同"复选框将第一页的页眉和页脚与其他页的设置为不同，可单击"奇偶页不同"复选框将奇数页的页眉和页脚与偶数页的设置为不同。

② 设置完成后，单击工作表的任意单元格退出页眉和页脚的设置状态，然后单击"视图"→"工作簿视图"选项组中的"普通"按钮返回普通视图即可。

方法 2:① 单击"页面布局"→"页面设置"选项组右下角"页面设置"对话框启动按钮，打开"页面设置"对话框，选择"页眉 / 页脚"选项卡。

● 可单击"页眉"下方的下拉按钮，在打开的下拉列表中选择所需的预定义页眉样式来插入页眉。

● 可单击"自定义页眉"按钮,打开的"页眉"对话框,可在对应的"左""中"和"右"框中按要求输入页眉内容，也可通过单击上方对应的按钮，如图 4-65 所示，插入页眉元素，单击"确定"按钮返回"页面设置"对话框。

● 可单击"页眉"下方的箭头按钮，在打开的下拉列表中选择所需的预定义页眉样式来插入页眉。

图 4-65　页眉元素

● 单击"自定义页脚"按钮,打开"页脚"对话框,按同样的方法设置页脚,单击"确定"按钮返回"页面设置"对话框。

● 可单击"打印预览"按钮进行预览页面设置效果。

② 单击"确定"按钮。

修改页眉和页脚:单击"视图"→"工作簿视图"选项组中的"页面布局"按钮进入页面视图,对页眉和页脚进行修改即可。

删除页眉和页脚:单击"视图"→"工作簿视图"选项组中的"页面布局"按钮进入页面视图,将页眉和页脚进行删除即可。

9. 打印预览和打印工作表

打印工作表前,可通过单击"文件"→"打印"命令,在窗口右侧预览打印效果。如果看不清楚预览效果,可单击预览页面最右下角的"缩放到页面"按钮,放大预览效果。

如果对预览效果不满意,可单击预览页面最右下角的"显示边距"按钮,预览效果会显示边距虚线,拖动相应的虚线可以调节对应的页边距、页眉或页脚距边界的距;还可单击"页面设置"按钮,打开"页面设置"对话框进行相应的调整设置。

对预览效果满意后,就可以打印工作表了,在窗口中间的"打印"选项面板中进行所需设置。可在"打印"右侧的"份数"微调框中输入打印份数;可在"设置"下方"打印范围"下拉列表中选择打印范围,还可设置纸张大小、打印页数、打印质量、起始页码、缩放比例和方向等;单击"打印"按钮,开始打印。

任务要求

分析任务可知,要制作学校各分院人数所占比例图表,需要完成以下操作。

● 收集学校各学院人数。

● 新建图表。

● 确定图表类型。

● 设计编辑图表。

● 图表格式化。

● 新建迷你图。

● 设置纸张大小和方向、页边距。

　● 插入页眉和页脚。

　● 打印预览。

任务实施

1. 新建图表

① 新建空白 Excel 工作簿,输入收集的数据并设置所需的格式,存放在工作表"各学院近三年人数分析"中,以"学生人数分析图"为文件名进行保存。

微课 4.5-2
制作各学院
人数所占比
例饼图

② 选择图表数据源区域：先选择数据区域 A2：A7，然后按住 Ctrl 再选择数据区域 E2：E7。

③ 插入饼图：单击"插入"→"图表"选项组中的"饼图"按钮，在打开的下拉列表中选择"三维饼图"插入三维饼图，如图 4-66 所示。

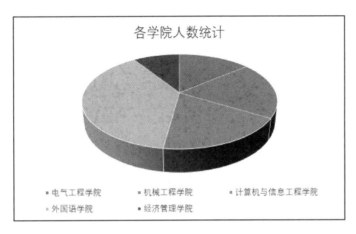

图 4-66   插入三维饼图

2. 图表设计与编辑

① 更改图表布局：单击"图表工具"→"设计"→"图表布局"选项组中的"快速布局"按钮，在弹出的下拉列表中选择"布局 6"。

② 更改图表标题：在已建好的饼图的标题上单击则选定了该图表标题，再单击一次则可修改标题，并将图表标题改为"各学院人数所占比例"。

3. 图表格式化设置

① 为图表框添加标准红色框线：单击图表区空白处则选择图表，单击"图表工具"→"格式"→"形状样式"选项组中的"形状轮廓"按钮，在弹出的下拉列表中选择"标准色"中的"红色"。

② 为图例添加标准黄色框线：单击选择图表中的图例，单击"图表工具"→"格式"→"形状样式"选项组中的"形状轮廓"按钮，在弹出的下拉列表中选择"标准色"中的"黄色"。

③ 为图表套用艺术字样式美化文字：单击图表区空白处则选择图表，单击"图表工具"→"格式"→"艺术字样式"选项组中的艺术字样式按钮"**A**"即可套用"填充 - 黑色 - 文本 1，阴影"艺术字样式。

④ 设置数据系列格式分离饼图：选择图表，单击"图表工具"→"格式"→"当前所选内容"选项组最上方的下拉列表箭头，在打开的下拉列表中选择"系列'各学院人数统计'"；然后单击"设置所选内容格式"按钮，打开"设置数据系列格式"窗格，单击"饼图分离程度"微调框中向上微调箭头按钮将数值调到 20%，即可实现饼图的分离，如图 4-67 所示。或者直接双击图表中对应的数据系列，在打开的"设置数据系列格式"对话框中进行所需设置。

4. 为各学院不同年度招生人数创建迷你图

① 为电气工程学院创建迷你图：选择 F3 单元格，单击"插入"→"迷你图"选项组中"折

图 4-67　图表格式化设置

线图"按钮,打开"创建迷你图"对话,进行如图 4-68 所示设置,单击"确定"按钮,则在 F3 单元格新建并显示电气工程学院的迷你图。

　　② 为其他学院新建学院创建迷你图:选择 F3,并拖动填充柄至 F7 单元格即可,如图 4-69 所示。

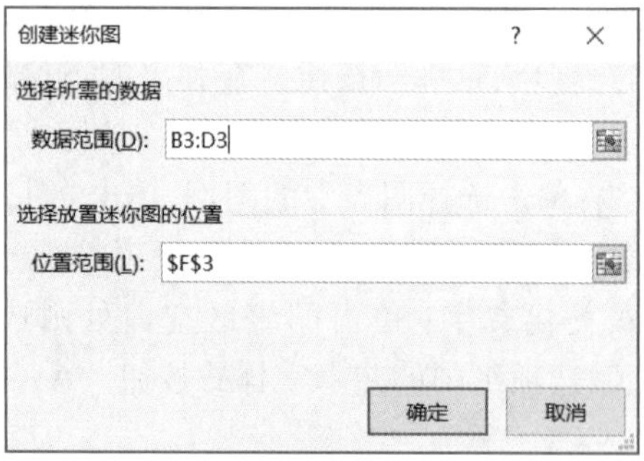

图 4-68　为电气工程学院不同年度招生人数创建迷你图

近三年学生人数				
学院名称	2018	2019	2020	各学院人数统计
电气工程学院	607	690	733	2030
机械工程学院	783	850	1161	2794
计算机与信息工程学院	552	558	1574	2684
外语商务学院	603	683	4246	5532
经济管理学院	432	420	477	1329

图 4-69　为各学院不同年度招生人数创建迷你图

5. 页面设置

① 设置纸张大小和方向、页边距：单击"页面布局"→"页面设置"选项组中"纸张大小"按钮，在打开的下拉列表中选择"A4"纸张选项；单击"纸张方向"的按钮，在打开的下拉列表选择"横向"；单击"页边距"的按钮，在打开的下拉列表选择"普通"；单击"页边距"的按钮，在打开的下拉列表选择"自定义边距"，打开"页面设置"对话框并自动切换"页边距"选项卡，在"居中方式"组中选中"水平"复选框，将打印数据在左、右页边距之间水平居中显示。

② 设置页眉和页脚：单击"插入"→"文本"选项组中"页眉和页脚"按钮，并自动切换到新出现的"页眉和页脚工具"中的"设计"选项卡，此时光标在页眉的中间框内闪动，输入页眉内容"学院近三年招生情况"。单击"导航"选项组中"转至页脚"，此时光标在页脚的中间框内闪动，单击"页眉和页脚"选项组中"页脚"按钮，在打开的下拉列表中选择"第1页，共？页"预定义样式，如图4-70所示。

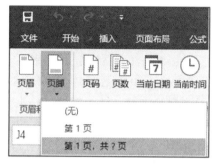

图4-70 插入页脚

6. 打印预览

单击"文件"→"打印"命令，在窗口右侧预览打印效果。如果看不清楚预览效果，可单击预览页面最右下角的"缩放到页面"按钮，放大预览效果。

如果对预览效果不满意，可单击"页面设置"按钮，打开"页面设置"对话框进行相应的调整设置。

7. 保存操作

单击"文件"→"保存"或按 Ctrl+S 组合键。

任务 4.6 制作员工信息表——数据管理与统计

任务描述

公司文秘最近的工作任务如下：

1）将学历为本科的女性职工信息筛选复制出来，便于上司对这些职工进行奖励。

任务效果文件

2）建立各个部门的分类汇总，汇总各个部门不同学历层次人数，便于公司对总人数进行实时了解。

3）新建数据透视表，汇总各个部门、不同学历的人数并可分页显示男、女人数，同时加入簇状柱形数据透视图便于对全公司不同部门、不同学历、不同性别的职工分布情况更方便、更快捷、直观地了解和掌握。

4）筛选显示年龄大于或等于28岁且小于40岁的女职工的信息，以便于公司制订招工、职工岗位调整等计划，及时应对职工因生育而带来的影响，并能给需生育的职工提供更合适的工作条件。

任务目标

- 了解 Excel 2016 数据库基本知识，并能对数据进行快速整理。
- 熟练掌握自动筛选、自定义筛选、高级筛选、排序和分类汇总等操作。
- 理解数据透视表的概念，掌握数据透视表的新建、更新数据、添加和删除字段以及查看明细数据等操作，能利用数据透视表新建数据透视图。

知识准备

1. Excel 数据库相关知识

Excel 2016 数据库是按行和列组织起来的信息的集合，称为数据清单。其中，除了列标题之外，每行都表示一组数据，称为记录。每列称为一个字段，列标题名称称为字段名。数据清单建立后，就可以用 Excel 提供的工具对数据清单中的记录进行排序、筛选等操作。

2. 整理数据

（1）数据分列

将某列拆分为多列进行保存。例如将身份证号分为如图 4-71 所示的 3 列，操作方法：先选定需进行分列操作的列,本例选定 D 列;然后单击"数据"→"数据工具"选项组中的"分列"按钮，在打开的"文本列向导—第一步 共 3 步"对话框，选择"固定列宽"分类类型，单击"下一步"按钮；在打开的"文本列向导—第二步 共 3 步"对话框"数据预览"框中所需添加分列线的位置单击鼠标添加分列线，如图 4-72 所示，单击"下一步"按钮；在打开的"文本列向导—第三步 共 3 步"对话框中输入或选择被分列后的数据存放的开始单元格地址"E1"，单击"完成"按钮即可实现分列，被分列出来的 3 列数据分别存放在 E、F

	A	B	C	D	E	F	G
1	员工编号	姓名	性别	身份证号	身份证	号	
2	1001	姚湘湘	男	44****198211111402	44****	1982	11111402
3	1002	丘勇	男	44****197912171203	44****	1979	12171203
4	1003	李少枫	男	43****197810131526	43****	1978	10131526
5	1004	李莹莹	女	43****198008101210	43****	1980	8101210

图 4-71　分列效果

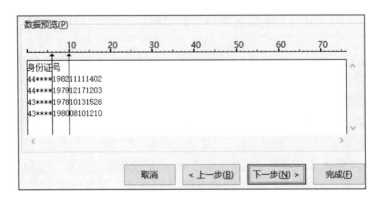

图 4-72　分列向导第二步

和 G 列。

（2）删除重复数据

删除重复数据可自动搜索数据清单中的重复数据并删除。

方法：单击数据区域中的任一单元格，单击"数据"→"数据工具"选项组中"删除重复项"按钮，打开"删除重复项"对话框，按默认选择"全选"按钮，单击"确定"按钮，弹出提示对话框，单击"确定"按钮即可删除重复记录。

选择一个或多个包含重复值的列，则可以删除该列中的重复数据。

3. 数据排序

排序是按指定的排序关键字的值重新调整记录的顺序，通常数字由小到大、文本按照首字拼音字母顺序排序称为升序，反之称为降序。排序的方向有按列排序和按行排序，Excel 默认按列排序。按列排序是指按列值大小从上往下进行升序或降序排序，按行排序是指按行值大小从左往右进行升序或降序排序。本书仅详细讲解常用的按列排序；按行排序很少使用，只需要在"选项"对话框中选择"按行"方向单选按钮即可设置为按行排序。

微课 4.6-1
数据排序与
分类汇总

（1）按单列简单排序

单列排序就是根据某一列数据进行简单排序。

方法 1：选择需排序列中的任一单元格，单击"数据"→"排序和筛选"选项组中的"升序"或"降序"按钮，可以快速地对单列数据按升序或降序进行排序。

方法 2：右击需排序列中的任一单元格，在弹出的快捷菜单中选择"排序"→"升序"或"降序"命令即可。

（2）按多列关键字排序

多列关键字排序就是根据两列或两列以上的数据进行排序。

方法：单击数据清单中的任一单元格；单击"数据"→"排序和筛选"选项组中的"排序"按钮，打开"排序"对话框，在"排序"对话框"主要关键字"下列表中选择相应的主要关键字，在"次序"下拉列表中选择对应的排序次序，单击"添加条件"按钮添加"次要关键字"，并将"次要关键字"设置为相应的次要关键字；单击"确定"按钮即可。

（3）自定义排序

对于 Excel 中的文本型数据当使用 Excel 2016 自动排序中的升序和降序排序达不到所需的效果时，可使用"自定义排序"功能来实现。

方法：单击数据清单中的任一单元格；单击"数据"→"排序和筛选"选项组中的"排序"按钮，打开"排序"对话框，在"排序"对话框中的"主要关键字"下拉列表中选择相应的主要关键字，在"次序"下拉列表中选择"自定义序列"，打开"自定义序列"对话框；在"自定义序列"下拉列表中选择所需的序列。若无则选择"新序列"，在"输入新序列"列表中输入新序列；单击"添加"按钮即可将输入的新序列添加到自定义列下拉列表中；单击"自定义序列"对话框中的"确定"按钮返回"排序"对话框，单击"确定"按钮即可实现按自定义序列排序。

注意：输入新序列时各项之间用英文逗号隔开，或者各项各占一行即每输完一项后按一次 Enter 键换行。

4. 分类汇总

分类汇总是数据清单的数据先按某字段（或称分类关键字）进行分类，在分类的基础上再对按分类字段对所需字段进行汇总。进行分类汇总时，系统自动新建公式，对数据清单中的字段进行求和、求平均值、求最大值以及计数等函数运算。分类汇总的结果将分级显示出来。本书只讲解依据一个分类字段进行汇总。为了得到正确的汇总结果，请将数据清单先按分类字段排序，再按分类字段对所需字段汇总。

（1）新建分类汇总

首先按分类字段进行排序；然后按分类字段进行分类汇总。

汇总的方法：单击"数据"→"分级显示"选项组中"分类汇总"按钮 ，在打开的"分类汇总"对话框中按需进行设置：在"分类字段"下拉列表框中选择相应的分类字段，在"汇总方式"下拉列表框中选择相应的汇总方式，在"选择汇总项（可有多个）"列表框中选择要汇总的选项，注意要取消不需要的选项；单击"确定"按钮。

（2）嵌套分类汇总

在已经设置了分类汇总的基础上，选择数据区域中的任意一单元格，单击"数据"→"分级显示"选项组中"分类汇总"按钮 ，在打开的"分类汇总"对话框中按需进行设置。取消选中"替换当前分类汇总"复选框，单击"确定"按钮即可实现嵌套分类汇总。

（3）删除分类汇总

对已经新建分类汇总的数据区域，可以再次打开"分类汇总"对话框，单击最下方的"全部删除"按钮即可删除当前的所有分类汇总。

5. 数据的筛选

微课 4.6-2
数据筛选

Excel 筛选是指隐藏不想看到的数据，只显示符合条件的数据。使用 Excel 提供的筛选（也称自动筛选）和高级筛选功能。能够快速、方便地从大量的数据中筛选出所需的信息。

（1）自动筛选

自动筛选采用简单条件来快速筛选记录，将不符合条件的记录暂时隐藏起来，只将满足条件的记录显示在工作表中。

方法：选中数据清单中任意单元格；单击"数据"→"排序和筛选"选项组中"筛选"按钮，此时每个列标题右侧出现一个自动筛选下拉按钮；单击需筛选字段名右侧的自动筛选下拉按钮，在打开的下拉列表中选择相应的选项并进行对应的条件设置进行自动筛选。

注意：执行筛选操作后，被指定筛选条件的列标题右侧的下拉按钮上将显示"漏斗"图标 ，将鼠标指针放在"漏斗"图标上即可显示相应的筛选条件。

再次单击"数据"→"排序和筛选"选项组的"筛选"按钮，可恢复数据清单原显示状态（即显示全部记录），退出自动筛选功能。

（2）高级筛选

自动筛选的高级筛选采用复合条件来筛选记录，并允许把满足条件的记录复制到另外的区域，以生成一个新的数据清单。

1）建立条件区域

① 条件区域的第一行为列标题（即字段名），此列标题必须与数据区域中的列标题完全

相同，一般通过复制实现；

② 条件区域的第二行开始便是筛选条件行，对于复合条件，遵循的原则为：同一行的条件表示条件之间是"与"的关系，不同行的条件表示条件之间是"或"的关系。

③ 如果需要筛选出相似的记录，在条件行中可使用通配符"？"（表示单个字符）或"*"（表示连续多个字符）。

④ 条件区域如使用标点符号必须使用英文标点。

2）进行高级筛选

选择数据区域中的第一个字段名，单击"数据"→"排序和筛选"选项组中"高级"按钮，打开"高级筛选"对话框；在"高级筛选"对话框中先选择筛选"方式"，可以选择"在原有区域显示筛选结果"，通常选择"将筛选结果复制到其他位"，然后再设置"列表区域""条件区域"或"复制到"单元格区域，最后单击"确定"按钮将满足条件的记录筛选显示出来或将筛选结果复制到指定位置。

（3）筛选不重复记录

高级筛选功能可以筛选出不重复的记录并隐藏重复记录，也可将不重复的记录筛选到目标区域。

筛选出不重复记录并隐藏重复记录的方法为：单击数据区域中的任一单元格，再选择"数据"→"排序和筛选"选项组中"高级"按钮，打开"高级筛选"对话框中，选择"在原有区域显示筛选结果"，在"列表区域"框中指定需筛选的数据区域，勾选"选择不重复记录"复选框，单击"确定"按钮。

将不重复记录筛选到目标区域的方法：在打开的"高级筛选"对话框中选择"将筛选结果复制到其他位置"，在"列表区域"框中指定数据区域，在"复制到"框中指定目标区域开始单元格地址，勾选"选择不重复记录"复选框，单击"确定"按钮。

6. 数据透视表

数据透视表是一种对大量数据进行快速汇总的交互式表格。用户可以通过转换行、列以不同形式显示数据源中的数据，并可在不同页面显示筛选结果，还能根据需要改变数值的汇总方式。

（1）新建数据透视表

可通过单击"插入"→"表格"选项组中的"数据透视表"按钮新建数据透视表；还可通过单击"插入"→"图表"选项组中的"数据透视图"按钮同时新建数据透视表和数据透视图。

① 单击"插入"→"表格"选项组中的"数据透视表"按钮，打开的"创建数据透视表"对话框。

② 在"请选择要分析的数据"组中选择"选择一个表和区域"中输入或选择数据源单元格区域，在"选择数据透视表位置"据透视表中选择"现有工作表"并输入对应的单元格地址（也可选择"新工作表"）。

③ 单击"确定"按钮，在当前工作表指定单元格开始的区域中新建一个空数据透视表，并在右侧打开"数据透视表字段列表"窗格。此时在标题栏上会出现"数据透视表工具"，并在其下增加了"分析"和"设计"选项卡。

④ 在"数据透视表字段"窗格中选择要添加到的字段，并拖到对应的区域，完成数据

透视表的新建。其中"筛选器"区域字段控制数据透视表数据进行分页显示；"行"区域字段控制数据透视表数据从上往下显示；"列"区域字段控制数据透视表数据从左往右显示；"值"区域字段显示汇总数值数据。

（2）调整数据透视表

在 Excel 2016 中可以对数据透视表进行相应的修改和调整。

首先单击需修改的数据透视表的任意单元格，Excel 2016 打开"数据透视表工具"，同时打开"数据透视表字段列表"对话框，可进行如下修改。

① 添加或删除数据透视表字段。根据需要在"数据透视表字段"对话框中的从"选择要添加到报表的字段"列表框中将字段拖到对应的区域，其中"行标签"表示从上往下显示字段值，"列标签"表示从左至右显示字段值，"筛选器"表示分页显示字段值，"值"表示对字段值进行统计。

② 更改数据透视表数据源。单击"数据透视表工具"→"分析"→"数据"选项组中的"更改数据源"按钮，打开"更改数据透视表数据源"对话框，根据需要可在此对话框中重新选择或输入单元格区域作为新的数据源，单击"确定"按钮完成数据源修改。

③ 设置数据透视表名称。单击"数据透视表工具"→"分析"→"数据透视表"选项组中的"数据透视表名称"框中输入新的数据透视表名称。

④ 更改数值汇总方式、显示方式。单击"数据透视表字段列表"窗格中"值"区域对应汇总字段或下拉按钮，在打开的下拉列表中选择"值字段设置"选项，打开的"值字段设置"对话框，单击"值汇总方式"标签，在"计算类型"列表中选择所需的汇总方式，在"值显示方式"下拉列表中选择所需的显示方式，最后单击"确定"按钮。

或者选择现有的数据透视表中汇总字段所在的单元格，单击"数据透视表工具"→"分析"→"活动字段"选项组中的"字段设置"按钮，在打开的"值字段设置"对话框中进行所需设置，单击"确定"按钮完成设置。

⑤ 启用或禁用数据透视表总计。单击"数据透视表工具"→"设计"→"布局"→"总计"按钮，在弹出的快捷菜单中选择所需的选项即可。

⑥ 行列字段互换。在打开的"数据透视表字段列表"窗格，将"行"（或"列"）区域字段拖动到"列"（或"行"）区域即可。

（3）查看数据透视表明细数据

例如要查看数据透视表中所有员工的姓名，则可以单击数据透视表中的"行政部"，然后单击"数据透视表工具"→"分析"→"活动字段"选项组中的"展开字段"按钮，打开"显示明细数据"对话框，选择"姓名"字段，单击"确定"按钮，如图 4-73 所示，则在数据透视表中"行政部"及每个部门的下方会显示本部门所有员工的姓名。

此时可通过单击"数据透视表工具"→"分析"→"活动字段"选项组中的"折叠字段"按钮，对展开的数据进行折叠。

图 4-73　"显示明细数据"对话框

（4）利用数据透视表插入数据透视图

① 单击现有的数据透视表中的任意单元格，然后单击"数据透视表工具"→"分析"→"工具"选项组中的"数据透视图"按钮，打开"插入图表"对话框。

② 在"插入图表"对话框左侧列表框中选择所需的图表类型，在右侧列表框中选择所需的子图表类型。

③ 单击"确定"按钮即可插入数据透视图。

（5）编辑数据透视图

如果对数据透视图不满意，在 Excel 2016 中可以对数据透视图进行相应的修改和调整，与普通图表的修改方法类似。

首先选定需修改的数据透视图，Excel 2016 打开"数据透视图工具"，

① 单击"数据透视图工具"→"设计"选项卡下对应选项组中的按钮，可以更改图表类型、图表样式、图表数据、图表类型和位置等。

② 单击"数据透视图工具"→"分析"选项卡下对应选项组中的按钮，可以更改图表的名称、位置等。

③ 单击"数据透视图工具"→"格式"选项卡下对应选项组中的按钮，可以更改数据透视图外观设计。

数据合并
计算

拓展知识

任务要求

分析任务可知，要完成任务描述所要求的工作任务，需要完成以下操作：

- 打开 Excel 文件，复制、修改工作表。
- 高级筛选。
- 新建并编辑数据透视表、数据透视图。
- 自动筛选。
- 数据排序。
- 分类汇总。

微课 4.6-3
管理与统计
员工信息表

任务实施

1. 打开 Excel 文件，复制、修改工作表

① 双击"员工信息表 .xlsx"，则打开 Excel 文件。

② 将工作表"员工基本信息"重命名为"原始信息数据"。

③ 将"原始信息数据"工作表进行复制，放在其后，并将副本工作表命名为"员工简要信息"。

④ 删除"员工简要信息"工作表中的"进入本企业的时间"列。

⑤ 将"员工简要信息"工作表进行复制，放在其后，并将副本工作表命名为"分类汇总"。

⑥ 单击"员工简要信息"工作表标签，将其作为当前工作表。下面介绍的高级筛选、新建数据透视表和数据透视图以及自动筛选操作均在本工作表执行。

2. 使用高级筛选功能筛选出学历为本科的女性职工信息

实现高级筛选主要分为两个步骤：首先建立条件区域，然后再高级筛选。

① 建立条件区域：选择单元格 G2 按 Ctrl+C 组合键复制，然后单击单元格 A29 按 Ctrl+V

组合键粘贴，使用同样的方法将 C2 复制粘贴到 B29；在单元格 A30 中并输入"本科"，在单元格 B30 中输入"女"，完成条件区域的设置。

② 高级筛选：选择单元格 A2，单击"数据"→"排序和筛选"选项组"高级"按钮，打开"高级筛选"对话框；在"方式"框中选择"将筛选结果复制到其他位置"，将光标移到"列表区域"框中，再选择单元格区域 A2：K27 或者直接输入"A2：K27"；在"条件区域"框中选择或输入"A29:B30"；在"复制到"框中选择或输入"A32"，如图 4-74 所示；单击"确定"按钮，筛选结果如图 4-75 所示。

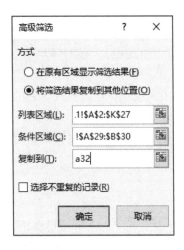

图 4-74 "高级筛选"对话框   图 4-75 高级筛选结果

3. 新建数据透视表和数据透视图，汇总各个部门、不同学历的人数并可分页显示男、女人数

① 选择 A2 单元格，单击"插入"→"图表"→"数据透视图"下拉按钮，在打开的下拉列表中选择"数据透视图和数据透视表"选项，打开"创建数据透视表"对话框。

② 在"请选择要分析的数据"组中选择"选择一个表和区域"，已默认数据源"员工档案信息!A2：I27"，在"选择数据透视表位置"选择"新建工作表"。

③ 单击"确定"按钮，Excel 自动新建一个工作表，并将此工作表设置为当前工作表，在 A1 开始的单元格区域中新建了一个空数据透视表，在空的数据透视表右边新建了一个空的数据透视图，单击右侧的数据透视表，并在右侧打开"数据透视表字段"窗格，将"所属部门"拖到"行"区域，将"性别"拖到"筛选器"区域，将"学历"拖到"列"区域，将"身份证号"拖到"值"区域，如图 4-76 所示。这样同时完成了数据透视表和簇状柱形图数据透视图的制作，效果如图 4-77 所示。

4. 使用自动筛选功能筛选年龄大于等于 28 岁且小于 40 岁的女职工的信息，隐藏其他职工信息

① 选择 A2 单元格，单击"数据"→"排序和筛选"选项组中"筛选"按钮，则每个列标题右侧出现一个自动筛选箭头。

② 单击"性别"右侧的自动筛选下拉按钮，在打开的下拉列表中取消"全选"复选框

图 4-76　"数据透视表字段"窗格

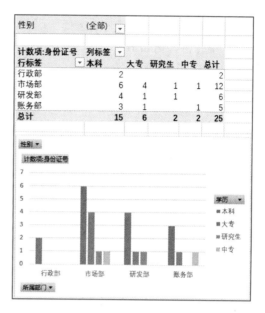

图 4-77　数据透视表和数据透视图效果

的选定，并勾选"女"复选项。

③ 单击"年龄"右侧的自动筛选下拉按钮，在打开的下拉列表中选择"数据筛选"，在打开的子列表中选择"介于"，打开"自定义自动筛选方式"对话框。

④ 在"大于或等于"右侧的框中输入"28"，单击"小于或等于"列表项或右侧的下拉按钮，在打开的下拉列表中选择"小于"，并在其右侧框中输入"40"，如图 4-78 所示。

⑤ 单击"确定"按钮，筛选结果如图 4-79 所示。

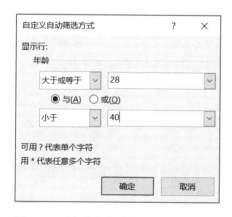

图 4-78　"自定义自动筛选方式"对话框

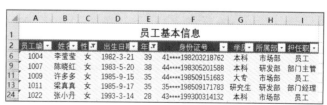

图 4-79　自定义筛选结果

5. 建立各个部门的分类汇总，汇总各个部门人数

实现分类汇总主要分为两个步骤：首先按分类字段排序，然后再按分类字段汇总。单击"分类汇总"工作表标签，将其作为当前工作表。

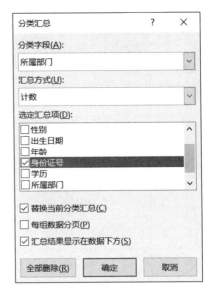

图 4-80　"分类汇总"对话框

　　① 按所属部门字段升序排序：选择"所属部门"列中的任意一个单元格，例如 H2；再单击"数据"→"排序和筛选"选项组中的"升序"按钮即可。

　　② 按分类字段汇总人数：单击"数据"→"分级显示"选项组中"分类汇总"按钮，打开"分类汇总"对话框，如图 4-80 所示。在"分类字段"下拉列表框中选择"所属部门"，在"汇总方式"下拉列表框中选择"计数"，在"选择汇总项"列表框中选择"身份证号"复选项（注意要取消不需要的选项）；单击"确定"按钮完成分类汇总。

　　6. 保存操作

　　单击"文件"→"保存"或按 Ctrl+S 组合键。

任务 4.7　编辑、统计与分析销售业绩表——Excel 综合

任务描述

任务素材与
效果文件

　　轩轩电脑公司在全国设有 6 个销售点，分别是北京、上海、广州、南京、杭州和成都。2010 年年底，公司销售总监需要了解本年度国内各销售点每月及全年的销售情况，于是委托秘书在"销售业绩表"工作表中对公司的销售业绩进行编辑、统计分析。要求如下。

　　① 在首行插入一空行，输入标题"轩轩电脑公司 2010 年销售业绩表"，将标题行水平对齐方式设置为"合并居中"，字体设为宋体，20 磅，加粗，并填充"细 逆对角线 条纹"、浅绿色图案；

　　② 在单元格区域 H3：H14 求出每月公司的总销售额；

　　③ 利用高级筛功能在 A20 开始的区域显示各销售点销售额都在 150 000 元以上的记录，条件区域放在 A17 开始的区域；

　　④ 根据数据区域 A3：A14 和 H3：H14 制作一个带数据标记的折线图显示各月总销售额变化趋势。

任务目标

- 熟练掌握工作簿的打开、保存。
- 熟练掌握工作表的选定、切换等基本操作。
- 熟练掌握数据的输入、字体格式、文本对齐方式以及填充背景图案等格式设置。

- 熟练掌握函数公式的输入、复制和填充。
- 熟练掌握高级筛选功能的使用。
- 熟练掌握图表的制作与编辑。

任务要求

分析任务可知，秘书要完成销售总监给她的任务，需要对"销售业绩表"进行以下操作：

- 打开、保存 Excel 文件。
- 插入行并输入数据。
- 单元格格式：字体格式、文本对齐方式、填充图案。
- 输入并复制函数公式。
- 使用高级筛选功能。
- 新建并编辑图表。

微课 4.7
编辑、统计
与分析公司
的销售业绩
表

任务实施

1. 插入行，输入数据

① 选择第 1 行，右击，在弹出的快捷菜单中选择"插入"命令即可插入一行。

② 选择单元格 A1，输入文本"轩轩电脑公司 2010 年销售业绩表"。

2. 设置单元格格式

① 选择单元格区域"A1：H1"，单击"开始"→"对齐方式"选项组中的"合并后居中"按钮；单击"开始"→"字体"选项组字体组合框中选择或输入"宋体"，在字号组合框选择或输入"20"，完成单元格格式设置。

② 选择单元格区域"A1：H1"，单击"开始"→"字体"或"对齐方式"选项组右下方的对话框启动按钮。在打开的"设置单元格格式"对话框中，单击"填充"标签，在"图案颜色"下拉列表中选择"浅绿色"，在"图案样式"下拉列表中选择"细 逆对角线 条纹"，单击"确定"按钮。

3. 输入并复制函数公式

① 选择单元格区域 B3：G3，单击"公式"→"函数库"选项中的"Σ 自动求和"按钮。

② 选择 H3 单元格，将公式复制到单元格区 H4：H14 单元格区域。

4. 高级筛选

1）在 A17 单元格开始的区域建立如图 4-81 所示条件区域。

2）选择 A2 单元格，单击"数据"→"排序和筛选"选项组中的"高级"按钮，在弹出对话框进行如下设置。

① 在"方式"框中选择"将筛选结果复制到其他位置"；

② 在"数据区域"文本框中键入数据区域范围"A2：H14"；

③ 在"条件区域"文本框中键入条件区域范围"A17：F18"；

④ 在"复制到"文本框中输入"A20"；

⑤ 单击"确定"按钮。

5. 制作折线图

① 选择单元区域 A3：A14，然后按住 Ctrl 键不放再选择单元格区域 H3：H14，松开 Ctrl 键和鼠标。

② 单击"插入"→"图表"选项中的"插入折线图或面积图"按钮，在打开的下拉列表"二维折线图"组中选择"带数据标记的折线图"选项。

③ 单击图表标题，然后将图表标题设置为"销售业绩表"。

6. 保存操作

单击"文件"→"保存"或按 Ctrl+S 组合键。完成效果如图 4-81 所示。

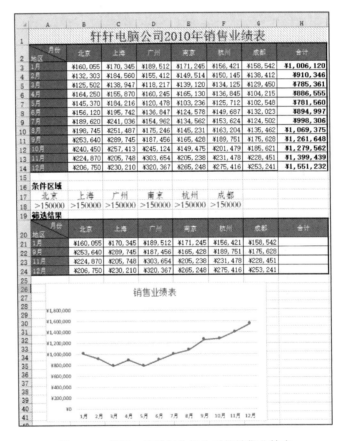

图 4-81　编辑、统计与分析公司的销售业绩表

本 章 小 结

掌握各种类型数据的输入，公式的定义和复制（相对地址、绝对地址及混合地址的使用；表达式中数学运算符、文本运算符、比较运算符和区域运算符的使用）

掌握单元格、工作表与工作簿之间数据的传递；创建、编辑和保存工作簿文件；工作表中单元格数据的修改；常用的编辑与格式化操作。

掌握数据 / 序列数据的录入、移动、复制、选择性（转置）粘贴，单元格 / 行 / 列的插入与删除、清除（对象包括全部、内容、格式和批注），数据的分列、快速填充、删除重复值。工作表的复制、移动、重命名、插入和删除操作。单元格样式的套用、新建、修改、合并、删除（清除格式）和应用。单元格或区域格式化（数字、对齐、字体、边框、填充背景图案、设置行高 / 列宽以及自动套用格式）。条件格式的设置。

掌握页面设置（页面方向、缩放、纸张大小，页边距、页眉 / 页脚），插入 / 删除 / 修改页眉、页脚和批注。

掌握基础函数的使用，包括最大值与最小值函数 MAX 和 MIN、求和函数 SUM、平均值函数 AVERAGE、逻辑条件函数 IF、统计函数 COUNT、日期时间函数 YEAR、NOW。

掌握图表的创建，插入、编辑、删除和修改图表（包括图表布局、图表类型、图表标题、图表数据和图例格式等）；图表格式的设置。掌握数据库应用，包括数据的排序（包括自定义排序）、筛选（包括筛选和高级筛选）、分类汇总、数据验证的应用、数据透视表和数据透视图的应用。

课 后 练 习

一、选择题

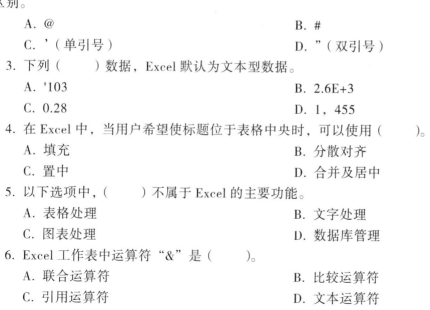

1. 关于 Excel 图表的错误叙述是（   ）。

    A. 选择数据区域时最好选择带表头的一个数据区域

    B. 图表可以放在一个新的工作表中，也可嵌入在一个现有的工作表中

    C. 当工作表区域中的数据发生变化时，由这些数据产生的图表的形状会自动更新

    D. 只能以表格列作为数据系列

2. 为了区别"数字"与"数字字符串"数据，Excel 要求在输入项前添加（   ）符号来区别。

    A. @   B. #

    C. '（单引号）   D. "（双引号）

3. 下列（   ）数据，Excel 默认为文本型数据。

    A. '103   B. 2.6E+3

    C. 0.28   D. 1，455

4. 在 Excel 中，当用户希望使标题位于表格中央时，可以使用（   ）。

    A. 填充   B. 分散对齐

    C. 置中   D. 合并及居中

5. 以下选项中，（   ）不属于 Excel 的主要功能。

    A. 表格处理   B. 文字处理

    C. 图表处理   D. 数据库管理

6. Excel 工作表中运算符"&"是（   ）。

    A. 联合运算符   B. 比较运算符

    C. 引用运算符   D. 文本运算符

7. 在 Excel 中，将下列概念由大到小（即包含关系）的次序排列，以下选项中排列次序

正确的是（　　　）。

  A. 单元格、工作簿、工作表　　　　　　B. 工作簿、单元格、工作表

  C. 工作表、工作簿、单元格　　　　　　D. 工作簿、工作表、单元格

 8. Excel 的高级筛选功能需要建立条件区域，条件区域至少有 2 行组成，其中第 1 行为（　　　），从第 2 行起输入查找条件。

  A. 字段名　　　　　　B. 列标　　　　　　C. 行号　　　　　　D. 逻辑运算符

 9. 在 Excel 单元格中输入字符型数据，当宽度大于单元格宽度时正确的叙述是（　　　）。

  A. 右侧单元格中的数据不会丢失

  B. 右侧单元格中的数据将丢失

  C. 多余部分会丢失

  D. 必须增加单元格宽度后才能录入

 10. Excel 函数中各参数间的分隔符号一般用（　　　）。

  A. 空格　　　　　　B. 句号　　　　　　C. 分号　　　　　　D. 逗号

 11. 饼图常用于表示（　　　）。

  A. 数据大小比较　　　　　　　　　　　B. 数据变化趋势

  C. 数据分布情况　　　　　　　　　　　D. 局部占整体的百分比

 12. 在单元格中输入数值和文字数据，默认的对齐方式是（　　　）。

  A. 全部左对齐

  B. 全部右对齐

  C. 数值为左对齐，文字数值为右对齐

  D. 数值为右对齐，文字数值为左对齐

 13. Excel 工作簿中，逗号（，）又称联合运算符，用于将多个引用合并为一个引用。如 "=SUM（A1，A3，A5）"，表示（　　　）。

  A. 计算 A1、A3、A5 单元格值之差

  B. 计算 A1 到 A5 区域单元格值之和

  C. 计算 A1、A3、A5 单元格值之和

  D. 计算 A1 到 A5 区域单元格值之差

 14. 当向 Excel 工作表单元格输入公式时，使用单元格地址 D$2 引用 D 列 2 行单元格，该单元格的引用称为（　　　）。

  A. 绝对引用　　　　　　　　　　　　　B. 相对引用

  C. 混合引用　　　　　　　　　　　　　D. 交叉引用

 15. 在 Excel 中，下列（　　　）是输入正确的公式形式。

  A. ='c7+c1　　　　　　　　　　　　　B. =9^2

  C. >=b2*d3+1　　　　　　　　　　　　D. ==SUMd1：d2

二、操作题

 1. 打开工作簿文件 4-1.xlsx，在 "半年图表" 工作表指定要求完成有关的操作：选取 A2：A5 以及 H2：H5 的中数据，建立分离型二维饼图，图表标题为 "2020 年上半年销售情况对比图"，在图表右侧显示图例，设置图表样式为 "样式 10"，数据标签显示类别名称和

百分比，将图表移动到当前工作表 B8：H22 单元格区域内。最后保存文件。

2. 请打开工作簿文件 4-2.xlsx，并按指定要求完成有关的操作：

A. 工作表"赛跑成绩表"为某单位的定向越野团队活动的成绩公布表，在 C2：E8 区域统计出各小组的小时数、分钟数和秒数（必须使用时间函数计算）；

B. 在 F2：F8 区域统计出名次（使用 RANK 函数统计，使用的时间数越少名次越前）。

第 **5** 章

演示文稿软件 PowerPoint 2016

演示文稿软件 Power-Point 2016

📋 教学设计

演示文稿软件 Power-Point 2016

📺 教学课件

PowerPoint 是 Office 软件包的一个重要组成部分。它在 Microsoft Windows 环境下运行，使人们利用计算机可以方便地进行学术交流、产品演示、工作汇报和情况介绍，是信息社会中人们进行信息交流的有效工具。

学习目标

- 了解 PowerPoint 2016 的基本知识。
- 掌握演示文稿的基本操作，包括幻灯片的插入、复制、移动、隐藏和删除。
- 熟练掌握幻灯片内容的输入、编辑、查找、替换与排版，掌握幻灯片字体、项目符号和编号的格式设置。
- 熟练掌握幻灯片中图片／音频／视频文件、自选图形、剪贴画、艺术字、SmartArt 图形、屏幕截图、文本框、表格、图表、批注等对象元素的插入、编辑和删除。
- 熟练应用设计主题模板、幻灯片版式、背景格式设置，掌握幻灯片母板、讲义和备注母板的创建。
- 熟练掌握幻灯片中对象动画、幻灯片切换效果、动作按钮及超链接设置。
- 掌握幻灯片放映设置，演示文稿的打包和输出。
- 分析图文素材，并根据需求提取相关信息引用到 PowerPoint 文档中。

任务 5.1 制作"专业简介" 演示文稿——创建 PPT

任务描述

某学校大一新生已经入学了，计算机学院打算举办一场开学前的培训，介绍有关专业的一些基本情况。请尝试用 PowerPoint 制作一个简单的关于学院专业介绍的演示文稿。案例效果如图 5-1 所示。

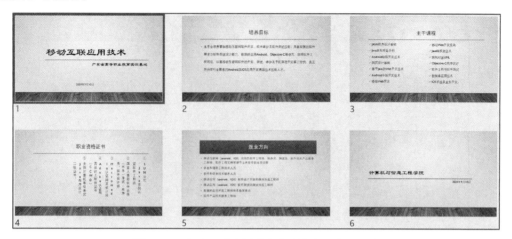

图 5-1　"移动互联应用技术专业简介"演示文稿

任务目标

● 了解 PowerPoint 2016 的基本知识。

● 掌握演示文稿的基本操作，包括幻灯片的插入、复制、移动、隐藏和删除。

● 熟练掌握幻灯片内容的输入、编辑、查找、替换与排版，掌握幻灯片字体、项目符号和编号的格式设置。

知识准备

1. PowerPoint 的功能

PowerPoint 主要用于制作和演示文档，在会议汇报、产品宣传和教育教学等领域中十分常用。演示文稿一般由若干幻灯片组成，幻灯片页面中允许包含文字、表格、图片、图形、动画、声音和影片等多媒体元素，每个元素均可任意进行选择、组合、添加、删除、复制、移动、设置动画效果和动作设置等编辑操作。制作好的演示文稿可以在与计算机相连的大屏幕投影仪上直接演示，甚至可以通过计算机网络进行演示。

微课 5.1-1
PowerPoint
概述

2. PowerPoint 2016 的启动

启动 PowerPoint 的方法与启动 Office 组件类似。下面介绍两种启动 PowerPoint 2016 的常用方法。

① 选择"开始"菜单，再单击"PowerPoint"命令。

② 如果桌面上有 PowerPoint 的快捷方式图标，则双击该快捷方式图标直接进入。

3. PowerPoint 2016 的工作界面

启动 PowerPoint 2016 后，在打开的界面中将显示最近使用的文档信息，并提示用户创建一个新的演示文稿，选择要创建的演示文稿类型后，进入 PowerPoint 2016 的工作界面，如图 5-2 所示为空白演示文稿。关闭演示文稿或退出 PowerPoint 2016 方法同 Word。PowerPoint 的工作界面与其他 Office 组件大致相似，不同之处主要体现在"幻灯片 / 大纲"窗格、状态栏和幻灯片编辑窗格。

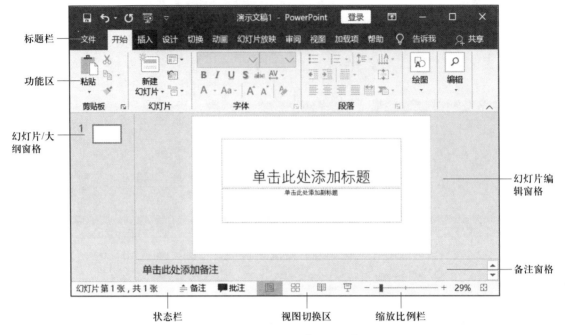

图 5-2　PowerPoint 2016 工作界面（普通视图）

① 幻灯片编辑窗格，位于演示文稿编辑区的中心，用于显示和编辑幻灯片的内容，在默认情况下，标题幻灯片中包含一个正标题占位符，一个副标题占位符，内容幻灯片中包含一个标题占位符和一个内容占位符。

② 幻灯片 / 大纲窗格，幻灯片 / 大纲窗格位于幻灯片编辑窗格的左侧，主要用于显示当前演示文稿中所有幻灯片的缩略图 / 文本，单击某张幻灯片缩略图 / 文本，可跳转到该幻灯片并在右侧的幻灯片编辑区中显示该幻灯片的内容。在幻灯片 / 大纲窗格还可以对多张幻灯片进行复制、移动和删除等操作。

③ 备注窗格，位于幻灯片编辑窗格的下方，主要用于给幻灯片添加备注，为演讲者提供更多的信息。

④ 任务栏，位于操作界面的底端，用于显示当前幻灯片的页面信息，它主要由状态提示栏、"备注"按钮、"批注"按钮、视图切换区、显示比例栏 5 部分组成。其中，单击"备注"按钮和"批注"按钮，可以为幻灯片添加备注和批注内容，单击视图切换区的不同按钮，可以在不同的视图中预览演示文稿。

4. PowerPoint 2016 视图方式

PowerPoint 2016 提供了多种不同的视图。幻灯片的不同视图模式可以单击 PowerPoint 任务栏的视图切换区的按钮进行切换，也可以通过"视图"选项卡中相应的命令进行切换。

● 普通视图：是 PowerPoint 2016 创建演示文稿的默认视图，打开演示文稿即进入普通视图。在普通视图模式下，可以对幻灯片的总体结构进行调整，也可以对单张幻灯片进行编辑，是编辑幻灯片最常用的视图模式。

● 大纲视图：在此视图下，大纲窗格中显示每张幻灯片的标题、副标题和内容占位符中的文字，可以对所选择的幻灯片在大纲窗格中进行文字的添加、更改和删除等编辑操作。

● 幻灯片浏览视图：是以缩略图形式显示幻灯片的视图。幻灯片浏览视图显示演示文稿的整个图片，使重新排列、添加或删除幻灯片以及预览切换和动画效果都变得很容易。

● 阅读视图：用于加强对幻灯片的查看效果，加强幻灯片的阅读体验。

● 幻灯片放映视图：幻灯片放映视图占据整个计算机屏幕。在这种全屏幕视图中，您所看到的演示文稿就是将来观众所看到的。您可以看到图形、时间、影片、动画元素以及将在实际放映中看到的切换效果。

● 备注页视图：是将"备注"窗格以整页格式进行查看和使用，在备注页视图中可以更加方便地编辑备注内容。

5. 演示文稿的基本操作

（1）新建演示文稿

新建演示文稿的方法有很多，如新建空白演示文稿、利用模板新建演示文稿、根据现有内容新建演示文稿等，用户可根据实际需求进行选择。

① 新建空白演示文稿

启动 PowerPoint 2016 后，在打开的界面中选择"空白演示文稿"选项，也可以选择"文件"→"新建"命令，在打开的"新建"列表框中选择"空白演示文稿"选项，如图 5-3 所示，都可新建一个名为"演示文稿 1"的空白演示文稿。

② 利用模板新建演示文稿

PowerPoint 2016 提供了多种模板，用户可在预设模板的基础上快速新建带有内容的演示文稿。方法：选择"文件"选项卡中的"新建"命令，在打开的"新建"列表框中选择所

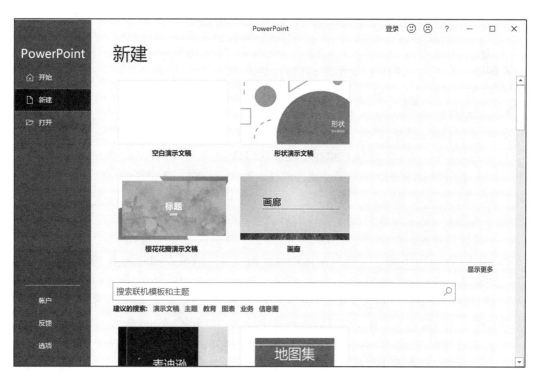

图 5-3 新建演示文稿

需的模板选项，或者选择使用"搜索联机模板和主题"搜索栏搜索出来的模板，然后单击"创建"按钮，便可新建该模板样式的演示文稿。

（2）保存演示文稿

退出 PowerPoint 之前一定要保存该文件，保存演示文稿的方式与其他 Office 组件类似，方法为：选择"文件"选项卡中的"保存"/"另存为"命令，选择保存位置，输入保存名称，在"保存类型"中选择"PowerPoint 演示文稿（*.pptx）"，并单击"保存"按钮，即可保存演示文稿。

（3）打开演示文稿

启动 PowerPoint 2016 后，要想打开已有的演示文稿，有以下两种方法。

① 单击"文件"→"打开"→"浏览"按钮或按 Ctrl+O 组合键，在"打开"的对话框中选择相应的路径，选中所要打开的演示文稿，单击"打开"按钮即可。

微课 5.1-3
幻灯片的基
本操作

② 在所在路径中找到要打开的演示文稿文档，双击该文档，同样可以将演示文稿打开。

（4）关闭演示文稿

当演示文稿文档编辑结束时，需要将其关闭。单击"文件"选项卡中的"关闭"命令，即关闭当前的演示文稿。注意，使用此命令只是关闭当前文档，而 PowerPoint 2016 程序并没有关闭。

6. 幻灯片的基本操作

使用 PowerPoint 制作的演示文稿一般都由多张幻灯片组成，因此对各张幻灯片的管理就显得尤为重要。如在编辑演示文稿时，经常需要进行添加新幻灯片、复制幻灯片、调整幻灯片顺序和删除幻灯片等的操作。完成这些操作最方便的是在幻灯片浏览视图中进行，小范围或少量的幻灯片操作也可以在普通视图中完成。

（1）新建幻灯片

要添加一张新的幻灯片可采用以下几种方法：

① 打开"开始"选项卡，在"幻灯片"组中单击"新建幻灯片"按钮，即可添加一张默认版式的幻灯片。

② 当需要应用其他版式时，单击"新建幻灯片"按钮右下方的下拉按钮，在弹出的下拉菜单中选择需要的版式，即可创建相应版式的幻灯片。

③ 在幻灯片预览窗格中，选择一张幻灯片，按 Enter 键，将在该幻灯片的下方添加一张新的幻灯片。

④ 在大纲 / 幻灯片窗格中右击，在出现的快捷菜单中单击"新建幻灯片"。

（2）选择幻灯片

在 PowerPoint 2016 中，可以一次选中一张幻灯片，也可以同时选中多张幻灯片，然后对选中的幻灯片进行操作。

① 选择单张幻灯片：无论是在普通视图下的"大纲"或"幻灯片"窗格中，还是在幻灯片浏览视图中，只需单击目标幻灯片，即可选中该张幻灯片。

② 选择连续的多张幻灯片：单击起始编号的幻灯片，然后按住 Shift 键，再单击结束编号的幻灯片，此时将有多张幻灯片被同时选中。在幻灯片浏览视图中，还可以直接在幻灯片之间的空隙中按下鼠标左键并拖动，此时鼠标划过的幻灯片都将被选中。

③ 选择不连续的多张幻灯片：在按住 Ctrl 键的同时，依次单击需要选择的每张幻灯片，此时被单击的多张幻灯片同时选中。在按住 Ctrl 键的同时再次单击已被选中的幻灯片，则该幻灯片被取消选择。

（3）更改幻灯片版式

PowerPoint 2016 提供了多个内置的幻灯片版式，用户可以对其进行选择和更改。具体方法为：选择需要更改版式的幻灯片，在"开始"选项卡的"幻灯片"组中单击"版式"按钮，在打开的下拉列表框中选择需要的版式即可，如图 5-4 所示。

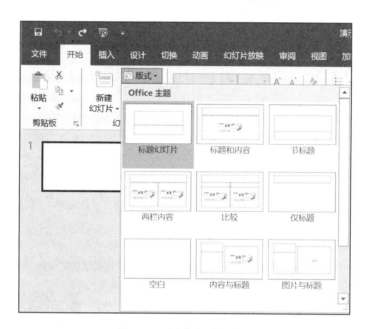

图 5-4 更改幻灯片的版式

（4）移动与复制幻灯片

在制作演示文稿时，当需要调整某张幻灯片的顺序时，就需要对其进行移动操作。当需要使用某张幻灯片中已有的版式或内容时，可直接复制该幻灯片进行更改。移动或复制幻灯片的方法主要有以下 3 种。

● 通过菜单命令：选择需要移动或复制的幻灯片，在"开始"选项卡的"剪贴板"组中单击"剪切"/"复制"按钮或者是直接右击选择"剪切"/"复制"命令。在需要插入幻灯片的位置单击，在"开始"选项卡的"剪贴板"组中单击"粘贴"按钮或者是直接右击选择"粘贴"命令，完成移动或复制操作。

● 通过快捷键：选择需要移动或复制的幻灯片，按 Ctrl+X 组合键进行剪切或 Ctrl+C 组合键进行复制，然后在目标位置按 Ctrl+V 组合键进行粘贴，完成移动或复制操作。

● 通过拖动鼠标：选中要调整的幻灯片，按住鼠标左键不放将其拖放到目标位置再释放鼠标可完成移动操作，若按住 Ctrl 键的同时按住鼠标左键将其拖放到目标位置则完成复制操作。

（5）删除幻灯片

删除幻灯片的方法主要有以下 3 种：

- 选中需要删除的幻灯片，直接按下 Delete 键。
- 右击需要删除的幻灯片，从弹出的快捷菜单中选择"删除幻灯片"命令。
- 选中幻灯片，在"开始"选项卡的"剪贴板"组中单击"剪切"按钮。

（6）隐藏幻灯片

对于一个演示文稿中的多张幻灯片，如果有些幻灯片在放映时不想让它们出现，但是又不希望删除这些幻灯片，那么就可以对其进行隐藏操作。这样编辑时可以看到这些被隐藏的幻灯片，而播放时观众却看不到。方法为：选择要隐藏的幻灯片，单击"幻灯片放映"选项卡中的"隐藏幻灯片"按钮，即完成对所选幻灯片的隐藏。在隐藏的幻灯片旁边显示隐藏幻灯片的图标，图标中的数字为幻灯片编号。

若要重新显示隐藏的幻灯片，可以用以下两个方法：

方法 1：重新设置隐藏的幻灯片可以在幻灯片放映中查看。选择需要显示的已隐藏的幻灯片，切换至"幻灯片放映"选项卡；再次单击"隐藏幻灯片"按钮。

方法 2：在幻灯片放映时查看隐藏幻灯片。在幻灯片放映时右击任意幻灯片，选中"定位到幻灯片"，括号"（）"内数字表示隐藏幻灯片的编号，单击要查看的幻灯片即可。

（7）幻灯片的拆分

选择需拆分的幻灯片，切换至"大纲视图"，在大纲视图中将光标插入需拆分内容的前面，按 Enter 键；然后右击，在弹出的快捷菜单中选择"升级"命令提高列表级别，单击次数由列表级别决定，直到升级为标题级别。

（8）重用幻灯片

单击"新建幻灯片"下拉按钮展开下拉列表，选择"重用幻灯片"选项，在"重用幻灯片"窗格中单击"浏览"按钮，从"浏览幻灯片库"或"浏览文件"中选取另一个演示文稿，单击列表中的幻灯片，就可以将源幻灯片插入当前幻灯片的后面。

（9）节

类似于 Word 2016 中的"节"操作，幻灯片也可以划分成若干个小节来管理。"节"的相关操作方法如下。

1）新增"节"

在幻灯片窗格中，将光标定位在要插入节的幻灯片前，在"开始"选项卡的"幻灯片"组中单击"节"命令中的"新增节"选项，即可新增"无标题节"；或将光标定位在要插入节的幻灯片前，右击，在弹出的快捷菜单中选择"新增节"命令。

2）重命名"节"

在"开始"选项卡的"幻灯片"组中单击"节"命令中的"重命名节"选项，修改节名称；或将鼠标指针指向节，右击，在弹出的快捷菜单中选择"重命名节"命令，修改节名称，如图 5-5 所示。

3）删除"节"

在"开始"选项卡的"幻灯片"组中单击"节"命令中的"删

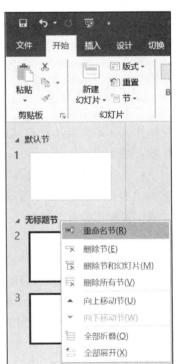

图 5-5　选择"重命名节"命令

除节"选项,即可删除节;或将鼠标指针指向节,右击,在弹出的快捷菜单中选择"删除节""删除节和幻灯片"和"删除所有节"等命令,实现相应删除操作。

4)其他"节"操作

选择节标题,可以给每一节设置不同的设计主题和幻灯片切换方式等。

7. 输入与编辑文本

微课 5.1-4
文本的输入
与编辑

文本是幻灯片的重要组成部分,无论是会议汇报类、产品宣传类还是教育教学类的演示文稿,都离不开文本的输入与编辑。

（1）输入文本

在 PowerPoint 中,不能直接在幻灯片中输入文本,只能通过占位符或文本框来添加。

1)在文本占位符中输入文本

单击文本占位符,原有文本消失,同时在文本框中出现一个闪烁的"I"形插入光标,表示可以直接输入文本内容,当输入完毕后,单击文本占位符以外的地方即可结束输入,占位符的虚线框消失。

注意:输入文本时,PowerPoint 会自动将超出占位符位置的文本切换到下一行,用户也可按 Shift+Enter 组合键进行人工换行。若要另起一个段落可直接按 Enter 键。

2)在文本框中输入文本

如果要在占位符外插入文字,就必须先添加文本框。文本框的操作方法与 Word 类似。

（2）编辑文本

编辑文本常见的操作有移动、复制、删除和粘贴,对于一篇较长的文稿,还会用到快速查找或替换功能。具体操作方法与 Word 类似。为了使演示文稿更加美观、清晰,通常还需要对文字进行字体格式、段落格式等设置。

1)设置字体格式

字体格式的设置包括字体、字形、字号及字体颜色等设置。在 PowerPoint 中,当幻灯片应用了版式后,幻灯片中的文字也具有了预先定义的属性。但在很多情况下,用户仍然需要按照自己的要求对它们重新进行设置。

具体设置方法为:选中要设定的文字或占位符;然后在"开始"选项卡的"字体"组直接单击相应按钮设置文本格式,也可以打开"字体"对话框进行设置,方法与 Word 中的方法基本相同。

2)设置段落格式

段落格式设置包括如缩进值、间距值和对齐方式等设置。

要设置段落格式,可首先选定要设定的段落文本或是占位符,然后在"开始"选项卡的"段落"组直接单击相应按钮进行设置,也可以打开"段落"对话框对段落格式进行更加详细的设置,方法与 Word 中的方法基本相同。

3)设置项目符号和编号

在演示文稿中,为了使某些内容更为醒目,经常要用到项目符号和编号。这些项目符号和编号用于强调一些特别重要的观点或条目,从而使主题更加美观、突出和分明。

方法为:首先选中要添加项目符号或编号的文本或占位符,在"开始"选项卡的"段落"工作组中,单击"项目符号"或"编号"下拉按钮,在弹出的下拉菜单中选择相应的符号或编号;也可以在下拉菜单中选择"项目符号和编号"命令,打开"项目符号和编号"对话框,在"项目符号"选项卡中可设置项目符号的大小、颜色或者是使用"自定义"和"图片"中的符号；在"编号"选项卡中可设置编号的大小、颜色及起始编号，如图 5-6 所示。

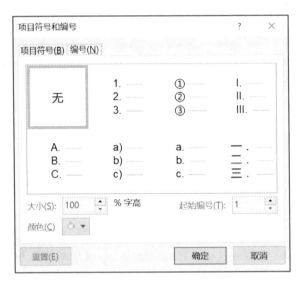

图 5-6 "项目符号和编号"对话框

4）更改文字方向

将光标定位到需要更改文字方向的占位符中，在"开始"选项卡的"段落"工作组中，单击"文字方向"按钮，在弹出的下拉列表中选择文字方向样式即可。

任务要求

分析任务描述可知，要制作专业简介演示文稿，需要完成以下要求：

- 收集所学专业的相关资料（可尝试收集不同专业的信息，加深对所学专业的了解）。
- 确定演示文稿的风格。
- 确定每张幻灯片的内容和版式。
- 设置每张幻灯片内容的格式。

任务实施

微课 5.1-5
创建"专业简介"演示文稿

任务素材与效果文件

1. 创建并保存演示文稿

① 启动 PowerPoint 2016 后，在打开的界面中选择"新建"按钮，根据所选择的演示文稿风格选择一款合适的模板或主题，如图 5-7（a）所示。选择"画廊"模板，然后在如图 5-7（b）所示的弹出的对话框中单击"创建"按钮。

② 选择"文件"选项卡中的"保存"命令，单击"浏览"按钮，在弹出的对话框中选择演示文稿保存的路径并输入文件名"专业简介"，然后单击"保存"按钮保存该文档。

2. 新建幻灯片并修改版式

根据收集到的相关专业素材，确定创建幻灯片的数量及版式，如案例展

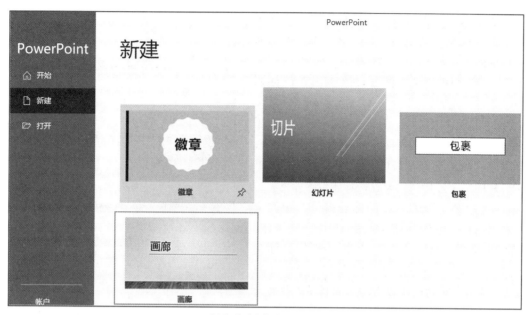

(a) 创建"画廊"主题演示文稿

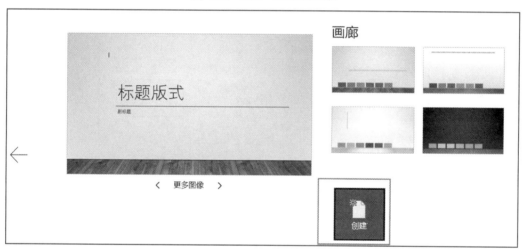

(b) 创建"画廊"主题对话框

图 5-7　创建主题

示总共有 6 张幻灯片，版式分别为标题幻灯片、标题和内容、两栏内容和节标题。在创建完演示文稿后已默认创建了一张标题幻灯片。

① 单击"开始"→"新建幻灯片"按钮创建另外 5 张幻灯片，此种方法创建的幻灯片都是标题和内容版式。

② 根据素材需要修改幻灯片的版式，选中第 3 张幻灯片，在"开始"选项卡的"幻灯片"组中单击"版式"按钮，在下拉框中选择"两栏内容"版式；选中第 6 张幻灯片，用同样的方法选择"节标题"版式，如图 5-8 所示。

3. 输入文字并设置格式

按照素材中的文字内容，在相应的幻灯片中输入对应的标题文字和内容文字，方法为单击对应标题或内容占位符，直接输入文字或复制文字到此处粘贴，其中第一张幻灯片需要再添加一个文本框输入内容，方法为：单击"插入"→"文本框"→"绘制横排文本框"，在幻灯片的副标题下方按下鼠标左键，拖动鼠标绘制文本框后键入文本"2020 年 9 月 10 日"。另外，第一张幻灯片还需添加备注，方法为：单击第一张幻灯片的备注区，输入文字"2020 届开学前培训使用"。然后再为每张幻灯片的文字进行格式设置，具体步骤如下。

① 选中第一张幻灯片的标题占位符中的文字，右击选择"字体"命令，在弹出来的"字体"对话框中设置中文字体为"隶书"；选择副标题占位符中的文字，右击选择"字体"命令，在弹出来的"字体"对话框中设置中文字体为"隶书"，

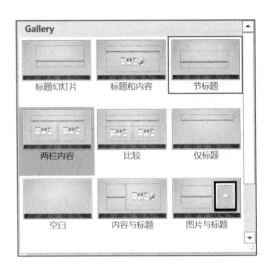

图 5-8   "两栏内容"和"节标题"版式

大小为"28"，如图 5-9 所示；选中副标题占位符，单击"开始"→"段落"→"右对齐"按钮，实现副标题右对齐。

图 5-9   设置文本的字体和大小

② 将第 2 至第 5 张幻灯片的标题占位符中的文字设置为中部对齐，方法为：选中标题占位符或文字，单击"开始"→"段落"组中的"居中"及"对齐文本"按钮下拉列表框中的"中部对齐"命令，如图 5-10 所示。

③ 为第 2 张幻灯片的内容文字设置行距为 2 倍行距，方法为：选中内容占位符中的文字，右击选择"段落"命令，在打开的"段落"对话框中选择行距为 2 倍行距，如图 5-11 所示。

④ 设置第 3 张幻灯片的内容文字的项目符号为"选中标记项目符号"，设置第 4 张幻灯

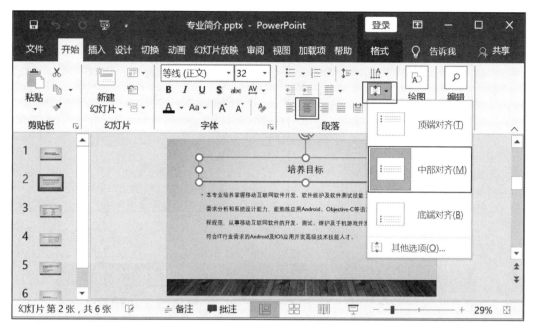

图 5-10 设置文字对齐方式

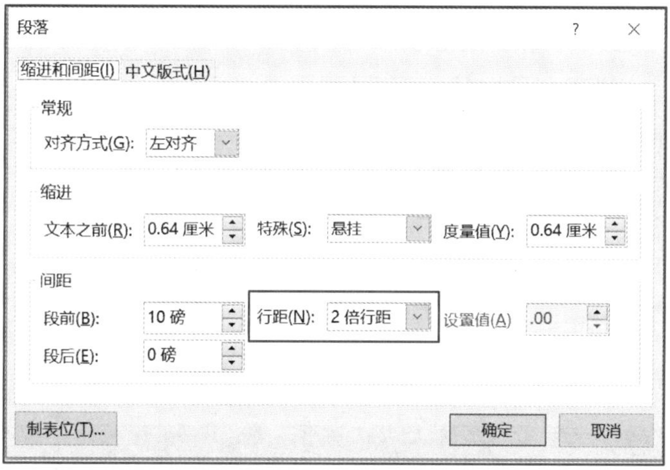

图 5-11 设置文字的行距

片的内容文字的编号为"带圆圈编号",方法为:选中内容占位符或文字,在"开始"→"段落"组中,单击"项目符号"或"编号"下拉按钮,在弹出的下拉菜单中选择相应的符号或编号,如图 5-12 及图 5-13 所示。

⑤ 设置第 4 张幻灯片的内容文字方向为"堆积",方法为:在"开始"→"段落"组中,单击"文字方向"下拉按钮,在弹出来的下拉菜单中选择"堆积"样式,如图 5-14 所示。

⑥ 为第 5 张幻灯片的标题文字应用快速样式"强烈效果 – 红色,强调颜色 1",快速样式将设置占位符的默认文字格式,也会设置占位符文本框的外观样式;设置方法为:在"开始"→"绘图"组中,单击"快速样式"下拉列表,选择主题样式"强烈效果 – 红色,强调颜色 1",如图 5-15 所示。

图 5-12   设置项目符号为"选中标记项目符号"

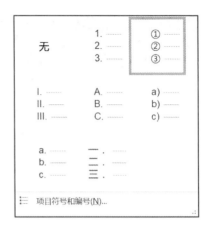

图 5-13   设置编号为"带圆圈编号"

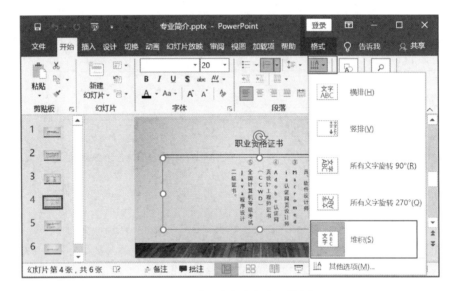

图 5-14   设置文字方向为"堆积"

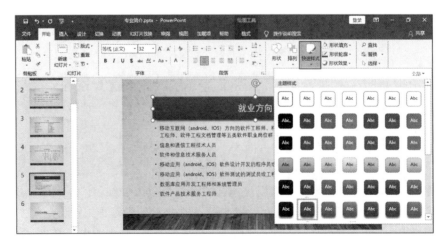

图 5-15   设置快速样式

⑦ 设置第 6 张幻灯片的标题文字为"隶书",副标题文字对齐方式为"右对齐",方法同上。

任务 5.2　制作学校宣传
演示文稿——美化 PPT

任务描述

某学校团委接到通知,要为学校制作一个宣传演示文稿,要求呈现的基本内容包括学校简介、学院结构、招生情况、就业率。请使用较直观的方式呈现。案例展示如图 5–16 所示。

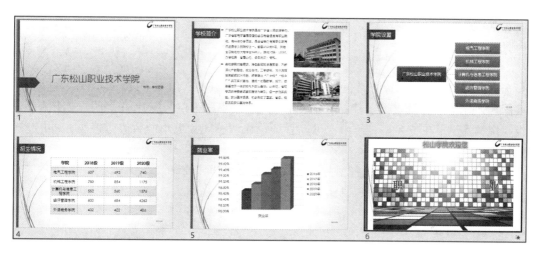

图 5–16　学校宣传演示文稿

任务目标

● 熟练掌握幻灯片中图片 / 音频 / 视频文件、图形、艺术字、SmartArt 图形、文本框、表格及图表等对象元素的插入、编辑和删除。

● 熟练应用设计主题模板、幻灯片版式及背景格式设置,掌握幻灯片母板、讲义及备注母板的创建。

知识准备

一张满页文字的幻灯片的可读性很难与一张仅有一幅图片的幻灯片相比,在幻灯片中加入图片会使幻灯片更加优美生动。有的幻灯片版式的文本框中提供了相应添加对象的按钮,如图 5–17 所示,分别是表格、图表、SmartArt 图形、3D 模型、图片、联机图片、视频文件及图标按钮,用户只需要直接使用该按钮,即可在该张幻灯片的指定位置插入需要的对象。除此之外,用户还可以在"插入"选项卡中添加对应对象。以下介绍常用对象的添加方法。

图 5–17　幻灯片中的按钮

1. 插入图片

（1）插入图片

在"插入"选项卡上的"图像"组中，单击"图片"按钮，或者在幻灯片的内容文本框中单击"图片"按钮，弹出"插入图片"对话框，在打开的对话框中，导航至要插入的图片，单击"插入"按钮即可插入图片。如果想要一次插入多张图片，请在按住 Ctrl 键的同时选择想要插入的所有图片。

另外，还可以用复制、粘贴的办法将剪切板中的图片复制到幻灯片中。

（2）插入来自 Web 的图片

在"插入"选项卡上的"图像"组中，单击"联机图片"按钮，或者在幻灯片的内容文本框中单击"联机图片"按钮；在"必应图像搜索"框中，键入要搜索的内容然后按 Enter 键；单击要插入的图片，然后单击"插入"。

注意：如果要插入剪贴画，可以在搜索内容中输入关键字如"马剪贴画"，即可搜索出相应剪贴画。

（3）编辑图片

选择图片，单击"图片工具—格式"选项卡，在"调整"组中可以设置图片的艺术效果、更换图片、压缩图片及重设图片；在"图片样式"组中，可以为图片加边框、改变图片效果和设置图片版式；在"大小"组中，可以直接输入调整图片大小的数值，再按 Enter 键确认图片按比例缩放。

也可右击图片，选择"设置图片格式"命令，打开"设置图片格式"窗格，对图片进行具体设置，如图 5-18 所示。

2. 插入形状

（1）插入形状

用户可以通过为幻灯片插入形状，使演示文稿更具感染力。绘制形状的方法与 Word 中的操作相同。在"插入"选项卡的"插图"组中单击"形状"按钮，展开"形状下拉列表"，在其中选择某种形状样式后单击，此时鼠标指针呈十字星形状，在幻灯片的对应位置拖动鼠标绘制形状。

（2）编辑形状

在"绘图工具—格式"选项卡中，"插入形状"组可以再插入形状，也可以重新编辑形状，如更改形状或编辑顶点，

图 5-18 "设置图片格式"窗格

若有多个形状还可以进行形状合并；"形状样式"组可以修改形状的填充和线条、改变形状效果；"艺术字样式"组可以修改形状中文本的填充与轮廓、改变文字效果；在"大小"组中，可以修改形状的大小、设置形状的位置及文字文本框格式等。

3. 插入艺术字

使用艺术字可以将形状特异的文本插入到一个演示文稿中，艺术字可以增强文字效果。艺术字提供一个选择库，可以在水平，垂直或者对角方向拉伸文本。

在幻灯片中插入艺术字的方法是：在"插入"选项卡的"文本"组中单击"艺术字"按钮，在"艺术字"下拉列表中选择一种样式，然后在"艺术字"编辑框中输入文字即可。

选中艺术字后，可以在"绘图工具"的"格式"选项卡中设置其对应格式，设置方法与

形状的格式设置一样。

4. 插入 SmartArt 图形

SmartArt 图形是信息和观点的视觉表示形式，可以直观地说明图形内各个部分的关系，包括列表、流程、循环、层次结构以及关系和矩阵等类型，不同的类型分别适用于不同的场合。

（1）插入 SmartArt 图形

① 在"插入"选项卡中的"插图"组中，单击"SmartArt"按钮，或者在幻灯片的内容文本框中单击"SmartArt"按钮，弹出"选择 SmartArt 图形"对话框，对话框中有很多种图形类型，如"流程""层次结构"或"关系"，并且每种类型包含几种不同布局，选择一种布局后即插入一个 SmartArt 图形，最后在 SmartArt 图形的形状中分别输入相应的文本并设置文本格式即可。

② 也可以将文本转换为 SmartArt，方法为：选中要转换的文本，单击"开始"选项卡中的"转换为 SmartArt"按钮，在下拉列表中选择所需要的 SmartArt 图形即可。

（2）编辑 SmartArt 图形

单击"SmartArt 工具—设计"选项卡，按需要对 SmartArt 的样式进行设置。

① "创建图形"组：主要用于编辑 SmartArt 图形中的形状，单击其中的"添加形状"按钮，即可在 SmartArt 图形中增加形状；单击"升级"或"降级"按钮，即可调整形状的等级；单击"上移"或"下移"按钮可调整形状的顺序。

② "版式"组：主要用于更换 SmartArt 图形的布局，在该组列表框中可选择要更换的布局。

③ "SmartArt 样式"组：该组主要用于设置 SmartArt 图形的样式，在列表框中选择所需样式即可。单击"更改颜色"按钮，在下拉列表中还可设置 SmartArt 图形的颜色。

5. 插入表格

在"插入"选项卡的"表格"组中单击"表格"按钮，在下拉列表中选择"插入表格"选项；或者在幻灯片的内容文本框中单击"插入表格"按钮；弹出"插入表格"对话框，选择或输入要插入的表格行数或列数，确定后即可在幻灯片中插入表格，然后在"表格工具"的"设计"和"布局"选项卡中可以对表格格式进行对应的设置，具体设置方法与 Word 类似。

微课 5.2-2

插入与编辑
表格及图表

6. 插入图表

图表比文字更能直观地显示数据，PowerPoint 可以创建具有复杂功能和丰富界面的各种图表，增强演示文稿的演示效果。

（1）创建图表

幻灯片的内容文本框中有"插入图表"按钮时，单击此按钮，或在"插入"选项卡的"插图"组中单击"图表"按钮，在弹出的"插入图表"对话框中选择一种图表类型，然后单击"确定"按钮即可。当单击"确定"按钮时，会自动弹出 Excel 软件的界面，根据提示可以输入所需要显示的数据，输入完毕后关闭 Excel 表格即可完成图表的创建。

（2）编辑图表

● 更改图表类型：右击图表，在弹出的快捷菜单中选择"更改图表类型"命令，或者单击"图表工具—设计"选项卡中的"更改图表类型"按钮；在打开的对话框中选择要更改的目标图表类型。

● 修改图表数据：右击图表，在快捷菜单中选择"编辑数据"，或者单击"图表工具—设计"

选项卡 "数据" 组中的 "编辑数据" 按钮；在打开的窗口中修改单元格中的数据，修改完后关闭窗口即可。

● 设置图表的布局和样式：单击 "图表工具—设计" 选项卡，如图 5-19 所示，在 "图表布局" 和 "图表样式" 组中，可选择预设的图表布局和图表样式。如果要设置图表中的图表标题、坐标轴标题、图例等内容，单击 "图表工具—设计" 选项卡的 "图表布局" 组中的 "添加图表元素" 按钮，在弹出的下拉列表中选择相应的选项进行设置。

图 5-19　"设计" 选项卡

微课 5.2-3
插入声音和视频

7. 插入声音和视频

作为一个优秀的多媒体演示文稿制作程序，PowerPoint 允许用户方便地插入影片和声音等多媒体对象来丰富幻灯片。

（1）插入声音

在 "插入" 选项卡的 "媒体" 组中单击 "音频" 按钮，在弹出的下拉列表中选择 "PC 上的音频" 或 "录制音频" 选项，在弹出的对话框中选择音频文件或直接录制声音。

在幻灯片上插入音频后，将显示一个表示音频文件的图标。选中这个图标，通过 "音频工具—格式" 选项卡可以对该图标进行样式设置；通过 "音频工具—播放" 选项卡可以调整音频文件的音量、开始播放的方式以及循环播放等选项，如图 5-20 所示。

图 5-20　音频播放选项卡

（2）插入视频

在 "插入" 选项卡的 "媒体" 组中单击 "视频" 按钮，选择 "联机视频" 或 "PC 上的视频" 选项，再选择要插入的视频，即插入视频。选择 "视频工具" 的 "格式" 或 "播放" 选项卡也可进一步对视频进行编辑。

注意：如果要删除幻灯片中的声音或视频，只需要对应的音频或视频图标删除即可。

（3）屏幕录制

在 "插入" 选项卡的 "媒体" 组中单击 "屏幕录制" 按钮，弹出如图 5-21 所示对话框，单击 "选择区域" 可以设置录屏区域，单击 "音频" 可以同时录制声音，单击 "录制指针"

图 5-21 屏幕录制工具

可以同时录制鼠标指针，设置完毕，单击"录制"，即可实现屏幕录制功能。

8. 插入页眉和页脚

在制作幻灯片时，使用 PowerPoint 提供的页眉页脚功能，可以为每张幻灯片添加相对固定的信息。

要插入页眉和页脚，只需在"插入"选项卡的"文本"组中单击"页眉和页脚"按钮，打开"页眉和页脚"对话框，如图 5-22 所示，在其中进行如下相关操作即可。

微课 5.2-4
页眉、页脚
及批注的插
入

图 5-22 "页眉和页脚"对话框

- 若要添加自动更新的日期和时间，选中"日期和时间"复选框，此时"自动更新"选项会被选中，添加的是自动更新的日期和时间，然后选择日期和时间格式。或者，若要添加固定日期和时间，请单击"固定"，然后键入日期和时间。
- 若要添加编号，请单击"幻灯片编号"。
- 若要添加页脚文本，请单击"页脚"，再键入文本。
- 如果不想使信息出现在标题幻灯片上，请选中"标题幻灯片中不显示"复选框。
- 若要向当前幻灯片或所选的幻灯片添加信息，请单击"应用"；若要向演示文稿中的每个幻灯片添加信息，请单击"全部应用"。

插入页眉和页脚后，可以在幻灯片母版视图中对其格式进行统一设置。

9. 插入批注

利用批注的形式可以对演示文稿提出修改意见。批注是一条注释，你可以将其关联至幻灯片上的一个字母或单词，或者整张幻灯片。

● 添加批注：单击"审阅"选项卡"批注"组中的"新建批注"/"新建评论"按钮（此名称不同版本会有所差异）。如果"批注"窗格处于打开状态，则选择"新建"。在"批注"窗格的框中键入内容，然后按 Enter 键，如图 5-23 所示。

● 查看和答复批注：选择幻灯片上的批注图标 💬，"批注"窗格随即打开，你可以看到该幻灯片的批注。选择"答复"来回复批注。

图 5-23　"批注"窗格

● 删除批注：在"批注"窗格中，选择要删除的批注，然后选择"X"。或者可以在幻灯片中，右键单击批注图标，然后选择"删除批注"。

10. 插入公式

单击"插入"选项卡的"符号"按钮，在弹出的下拉列表中选择"公式"选项，选择其中的某一公式项，即在幻灯片中插入已有的公式；或者选择"插入新公式"，在"公式工具 | 设计"选项卡中编辑公式。

微课 5.2-5
设置幻灯片
的主题、背
景和大小

11. 演示文稿的外观设置

PowerPoint 为用户提供了大量的预设格式，例如主题样式、主题颜色设置、字体设置以及幻灯片效果设置等，应用这些格式，可以轻松地制作出具有专业水准的演示文稿。此外，还可为演示文稿添加背景和各种填充效果，使演示文稿更加美观。

（1）应用幻灯片主题

PowerPoint 为了方便用户的操作，提供了许多内置的主题样式。用户可以直接选择这些主题来改变自己幻灯片文件中的母版的设定，快速统一演示文稿的外观。另外一个演示文稿还可以应用多种设计主题，使各张幻灯片具有不同的风格。

同一个演示文稿中应用多个主题与应用单个主题的步骤非常相似，打开"设计"选项卡，在"主题"组中单击"其他"按钮，从弹出的下拉列表中选择一种主题，即可将该主题应用于演示文稿的所有幻灯片中，或者从弹出的下拉列表框中右击需要的主题，从弹出的快捷菜单中选择"应用于选定幻灯片"命令，该主题将应用于所选中的幻灯片上。

（2）设置主题颜色、字体和效果方案

PowerPoint 为每种设计主题提供了多种内置的主题颜色、字体和效果方案，用户可以直接选择所需的方案，对幻灯片主题的相关搭配效果进行调整。实现方法为：在"设计"选项卡的"变体"组中单击右下角的"其他"按钮，在打开的下拉列表中选择相应选项即可。

① 设置主题颜色方案：在打开的下拉列表中选择"颜色"选项，再在打开的子列表中选择一种主题颜色，即可将此颜色方案应用于幻灯片。在打开的下拉列表中选择"自定义颜色"选项，在打开的对话框中可对幻灯片主题颜色的搭配进行自定义设置。

② 设置字体方案：在打开的下拉列表中选择"字体"选项，再在打开的子列表中选择一

种字体，即可将此字体方案应用于幻灯片。在打开的下拉列表中选择"自定义字体"选项，在打开的对话框中可对幻灯片字体进行自定义设置。

③ 设置效果方案：在打开的下拉列表中选择"效果"选项，再在打开的子列表中选择一种效果，即可将此效果方案应用于幻灯片。

（3）设置幻灯片背景

在设计演示文稿时，用户除了在应用主题或改变主题颜色时更改幻灯片的背景外，还可以根据需要任意更改幻灯片的背景颜色和背景设计，如添加底纹、图案、纹理或图片等。

要应用 PowerPoint 自带的背景样式，在"设计"选项卡的"变体"组中单击右下角的"其他"按钮，在打开的下拉列表中选择"背景样式"选项，在弹出的下拉列表中选择需要的背景样式即可。

当用户不满足于 PowerPoint 提供的背景样式时，可以在背景样式列表中选择"设置背景格式"命令或在"设计"选项卡的"自定义"组中单击"设置背景格式"按钮，打开"设置背景格式"窗格，在该窗格中可以设置背景的填充方式、颜色及透明度，如图 5-24 所示。

（4）设置幻灯片大小与方向

PowerPoint 2016 的页面大小一般默认为"宽屏（16∶9）"，投影仪的显示比例主要有 4∶3、16∶9 和 16∶10 三种，在实际放映时，可根据投影仪的屏幕显示比例、是否全屏显示等情况对演示文稿的页面大小进行调整，具体操作方法为：在"设计"选项卡的"自定义"组中单击"幻灯片大小"按钮，在弹出的下拉列表中选择一种尺寸或选择"自定义幻灯片大小"命令，在弹出的"幻灯片大小"对话框中可以设置幻灯片的大小、宽度、高度、幻灯片编号起始值以及幻灯片方向等其他属性，如图 5-25 所示。

图 5-24　"设置背景格式"窗格

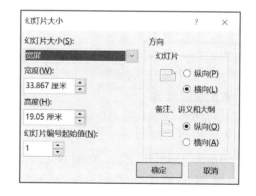

图 5-25　"幻灯片大小"对话框

（5）设置幻灯片母版

在 PowerPoint 中，提供了 3 种母版，均可在"母版视图"组中打开，它们分别如下所述。

① 幻灯片母版：用以确定演示文稿的样式和风格。

微课 5.2-6
设置幻灯片母版

任务素材与
效果文件

② 讲义母版：用来设置讲义的外观样式。

③ 备注母版：用来设置演示文稿的备注页的格式。

每个演示文稿至少包含一个幻灯片母版。使用幻灯片母版的主要优点是可以对演示文稿中的每张幻灯片进行统一的样式更改。

在"视图"选项卡的"母版视图"组中单击"幻灯片母版"按钮，将进入幻灯片母版的编辑视图。默认情况下，演示文稿的母版由 1 张幻灯片母版和 11 张幻灯片组成。编辑美化母版包括添加占位符设置母版的背景样式、设置标题和正文的字体格式、选择主题、页面设置等，这些操作可以在"幻灯片母版"选项卡中实现，在母版幻灯片中设置的格式和样式都将被应用到演示文稿中。

用户也可以添加母版和版式，在"幻灯片母版"选项卡中，单击"插入幻灯片母版"按钮，可以插入一个与现有母版相同的新幻灯片母版；单击"插入版式"按钮，则可以在母版中插入一个自定义版式。在左侧的幻灯片窗格中右击，也可以实现母版和版式的添加，右击版式，则可以实现版式的复制、删除或重命名。

任务要求

分析任务陈述可知，要制作学校宣传演示文稿，需要完成以下要求。

- 收集学校相关资料。
- 确定幻灯片的主题。
- 在幻灯片母版中添加徽标，并修改标题幻灯片版式的背景，除标题幻灯片外，为其他幻灯片添加可自动更新的时间。

- 确定每张幻灯片展示的内容及呈现的方式。

任务实施

微课 5.2-7
制作学校宣传演示文稿

任务素材与
效果文件

1. 创建演示文稿并为幻灯片应用主题

启动 PowerPoint 2016 后，在打开的界面中选择"空白演示文稿"选项，将创建"演示文稿 1"。选择"文件"选项卡中的"保存"命令，输入文件名为"学校宣传 .pptx"。

打开"设计"选项卡，在"主题"组中单击"其他"按钮，从弹出的下拉列表中选择"丝状"主题，实现应用主题至幻灯片，如图 5-26 所示。

2. 修改幻灯片母版

① 在"视图"选项卡的"母版视图"组中单击"幻灯片母版"按钮，进入幻灯片母版的编辑视图。

② 为演示文稿的所有幻灯片添加相同的徽标：在左侧"缩略图"窗格中单击"幻灯片母版"缩略图，以便设置母版格式。在"插入"选项卡中单击"图片"按钮，选择图片文件"logo.png"，在母版中插入一张图片，右击此图片，在弹出的快捷菜单中，选择"大小和位置"命令，打开"设置图片格式"窗格，展开"位置"，输入水平位置为 28 厘米，垂直位置为 0 厘米，如图 5-27 所示。

③ 修改标题幻灯片版式的背景：在左侧"缩略图"窗格中单击"标题幻灯片 版式"，右击右侧幻灯片，在弹出的快捷菜单中，选择"设置背景格式"命令，打开"设置背景格式"窗格如图 5-28 所示，修改"预设渐变"为"浅色渐变 - 个性色 6"。

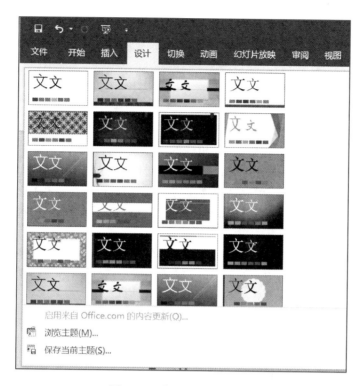

图 5-26　应用"丝状"主题

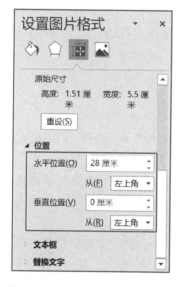

图 5-27　"设置图片的格式"窗格

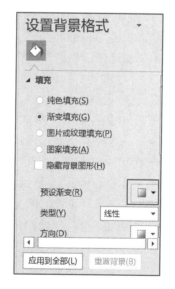

图 5-28　"设置背景格式"窗格

④ 在左侧"缩略图"窗格中单击"空白版式",选中右侧幻灯片中的红色形状,按 Delete 键删除。单击"幻灯片母版"选项卡中的"关闭母版视图"按钮,退出母版编辑视图。

3. 创建及设置幻灯片

分析收集到的相关资料,演示文稿共有 6 张幻灯片,标题幻灯片在创建演示文稿时已创建,需要再创建 5 张幻灯片。

1）单击"开始"→"新建幻灯片"按钮，在弹出的下拉列表中选择"两栏内容"版式，创建第 2 张幻灯片。

2）用形状代替标题占位符。

① 选中标题占位符，按 Delete 键删除；

② 在"插入"选项卡的"插图"组中单击"形状"按钮，展开"形状下拉列表"，选中"矩形：对角圆角"形状，在幻灯片的空白处按住鼠标左键拖动鼠标，画出一个对角圆角矩形；

③ 右击形状选择"大小和位置"，在出现的"设置形状格式"窗格中，设置大小为：高度 2 厘米、宽度 6 厘米，设置位置为：水平位置 0 厘米、垂直位置 1.46 厘米；

④ 右击形状选择"编辑文字"，输入文字"学校简介"，并在"开始"选项卡的"字体"组中单击"字体"下拉列表，选择"幼圆"，单击"字号"下拉列表，选择"32"。

3）创建第 3~6 张幻灯片

① 在幻灯片窗格中右击第 2 张幻灯片，选择"复制幻灯片"选项，创建得到第 3 张幻灯片；

② 选中第 3 张幻灯片，单击"开始"→"版式"按钮，在弹出的下拉列表中选择"空白"版式，再复制第 3 张幻灯片得到第 4、5、6 张幻灯片；

4）设置第 6 张幻灯片外观

① 选择第 6 张幻灯片，选中其中的图形，按 Delete 键删除；

② 在"设计"选项卡的"变体"组中右击第三个选项右下角的"其他"按钮，在打开的下拉列表中选择"背景样式"，右击"样式 5"，选择"应用于所选幻灯片"选项。

4. 在幻灯片中插入合适的对象并设置格式

1）为幻灯片添加日期：在"插入"选项卡的"文本"组中单击"页眉和页脚"按钮，打开"页眉和页脚"对话框，选中"日期和时间"复选框，单击"自动更新"，使用默认格式；选中"标题幻灯片中不显示"复选框；单击"全部应用"按钮即可。

2）为第 1 张幻灯片添加主标题和副标题文字，选中副标题文字，在"开始"选项卡的"段落"组中单击"右对齐"按钮。

3）在第 2 张幻灯片的左内容文本框中输入相关简介文字并设置格式。

① 单击"开始"→"字号"，选择"18"，单击"开始"→"段落"组中的"段落设置"按钮，在对话框中选择行距为"1.5 倍"；

② 右击左内容文本框，选择"大小和位置"命令，在"设置形状格式"窗格中，设置大小为：高度 17 厘米、宽度 15 厘米，设置位置为：水平位置 6 厘米、垂直位置 1 厘米；

4）在第 2 张幻灯片右内容文本框中插入图片并设置格式

① 单击文本框中的"图片"按钮，在弹出的对话框中找到素材中提供的 2 张照片"宽字楼 .jpg"和"综合楼 .jpg"，按 Ctrl 键选中，单击"插入"按钮，实现两幅图片的插入；

② 右击第 1 张图片，选择"大小与位置"命令，在"设置图片格式"窗格中设置大小为缩放比例高度、宽度均为 70%，设置"位置"为：水平位置 22 厘米、垂直位置 2 厘米。第 2 张图片位置与大小的调整方法相同；

③ 双击第 1 张图片，在"图片工具—格式"选项卡的"图片样式"组中选择"矩形投影"样式，给图片加上阴影效果。选中第 2 张图片设置映像格式，方法为：在"图片样式"组中单击"图片效果"按钮，在下拉列表中选择"映像"选项中的"紧密映像，4 磅 偏移量"预设类型；当然也可以在"设置图片格式"窗格中设置映像等格式，如图 5-29 所示。

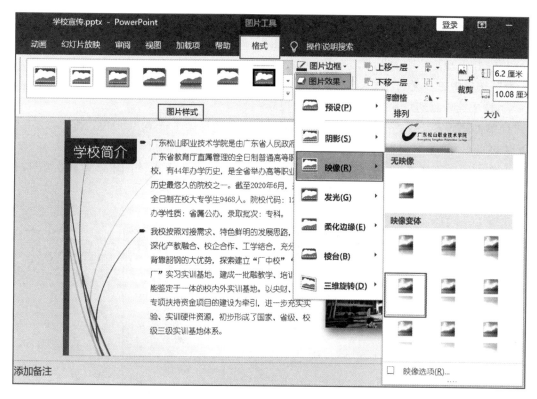

图 5-29　图片修改样式

5）选中第 3 张幻灯片，修改形状中的文字为"学院设置"，添加 SmartArt 图形。

① 复制素材文件中提供的各学院的名称，选中第 3 张幻灯片，按 Ctrl+V 组合键实现文字粘贴；

② 选中文字，单击"开始"→"段落"组中的"转换为 SmartArt 图形"按钮，在弹出的下拉列表中选择"其他 SmartArt 图形"，在弹出的对话框中选择"层次结构"中的"水平层次结构"图形，SmartArt 图形创建成功；

③ 选中创建好的 SmartArt 图形，拖动控点适当调整大小和位置，也可在"设置形状格式"窗格中进行具体设置；选中图形中的所有文本框，拖动控点调整到合适的大小，修改字体大小为 24；

④ 修改 SmartArt 图形的样式：选中 SmartArt 图形，在"SmartArt 工具—设计"选项卡中单击"更改颜色"按钮，在弹出的下拉列表中选择"彩色范围 – 个性色 2-3"，单击"SmartArt 样式"组中的"其他"按钮，选择样式为"优雅"。

6）选中第 4 张幻灯片，修改形状中的文字为"招生情况"，添加表格。

① 单击"插入"→"表格"按钮，在下拉列表中选择"插入表格"，输入列数为 4，行数为 6；

② 将素材提供的数据输入到表格的对应单元格中；

③ 在"表格工具—设计"选项卡中的"表格样式"组中，单击其他按钮，选择样式"浅色样式 3– 强调 6"。

7）选中第 5 张幻灯片，修改形状中的文字为"就业率"，添加图表。

① 单击"插入"→"图表"按钮，在弹出的"插入图表"对话框中选择"三维簇状柱形图"，

在 Excel 单元格中输入素材中的数据，并根据实际数据选择数据源；

② 关闭数据输入对话框，选中创建好的图表，单击"开始"→"字号"，选择"20"；

③ 单击"图表工具—设计"选项卡中的"添加图表元素"按钮，在下拉列表中选择"图表标题"选项中的"无"，选择"图例"选项中的"右侧"。

8）选中第 6 张幻灯片，添加艺术字和视频。

① 单击"插入"→"艺术字"按钮，在下拉列表中选择第 1 行第 3 列样式，输入文字"松山学院欢迎您"；

② 选中艺术字文本框，单击"绘图工具—格式"→"艺术字样式"组中的"文字效果"按钮，选择"发光"选项中的"发光：18 磅；橙色，主题色 2"，如图 5-30 所示；

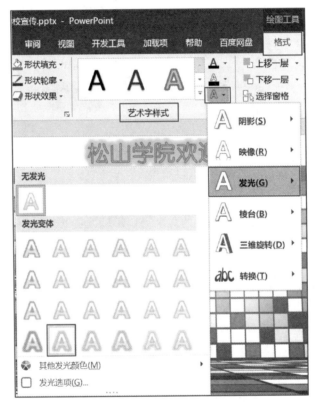

图 5-30　艺术字样式更改

③ 单击"开始"→"字号"，选择"40"；

④ 右击艺术字文本框，选择"大小与位置"命令，在"设置图片格式"窗格中设置位置为：水平位置 12 厘米、垂直位置 0 厘米；

⑤ 单击"插入"→"视频"按钮，选择"PC 上的视频"选项，在打开的对话框中选择文件"学校宣传片 .mp4"，适当调整大小和位置；单击"视频工具—播放"选项卡中的"开始"下拉按钮，选择"自动"选项。

任务 5.3　制作兰花电子相册演示文稿——PPT 交互

任务描述

为将本地兰花产业优势和高校人才优势强强联合，带动学生创新创业，经济管理学院与本地兰花基地启动"兰花合伙人计划"，现需要制作兰花电子相册在展厅播放。案例效果如图 5-31 所示。

图 5-31　兰花电子相册

任务目标

- 熟练掌握幻灯片中对象动画、幻灯片切换效果、动作按钮及超链接设置。
- 掌握幻灯片放映设置，演示文稿的输出。

知识准备

1. 设置幻灯片切换效果

幻灯片切换时产生类似动画的效果，是在演示期间从一张幻灯片移到下一张幻灯片时在刚进入或退出屏幕时的特殊视觉效果，可以控制切换效果的速度，添加声音，甚至还可以对切换效果的属性进行自定义。既可以为选择的某张幻灯片设置切换方式，也可以为一组幻灯片设置相同的切换方式。

要为幻灯片添加切换效果，可以打开"切换"选项卡，在"切换到此幻灯片"组中选择需要的切换方式及效果选项；在"计时"组中调整"持续时间"可改变幻灯片切换的速度，在"声音"下拉列表中选择切换时的声音；在"换片方式"组中，可以设置切换幻灯片的控制方式。

微课 5.3-1
设置幻灯片
切换效果

2. 设置对象动画

用户可以对幻灯片中的文本、图片、形状和表格等对象添加不同的动画效果。这样就可以突出重点、控制信息流量，并提高演示文稿的趣味性。例如，文字以打字机的效果出现，而不是一下子全部出现在屏幕上；图片或图形按百叶窗方式循序渐进地演示出来等。

微课 5.3-2
设置对象动
画

PowerPoint 有 4 种不同类型的动画效果，分别是进入动画、强调动画、退出动画和动作路径动画。可以单独使用任何一种动画，也可以将多种效果组合在一起。

（1）添加动画效果

● 添加单一动画：选中要添加动画的一个或多个对象，单击"动画"选项卡的"动画"组中的"其他"按钮，在打开的列表框中选择某一类型动画下的动画选项即可，若要找的动画效果不存在，可再单击"更多 ** 效果"选项，如图 5-32 所示，在弹出来的对话框中再选择具体效果，如图 5-33 所示。

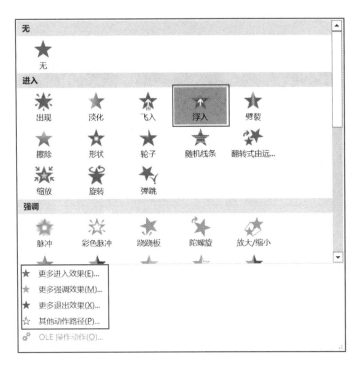

图 5-32　添加动画效果

图 5-33　更多动画效果

● 添加组合动画：组合动画是指为同一个对象同时添加多个不同类型的动画组合，例如同时添加进入和退出动画等。选择需要添加组合动画的对象，然后在"动画"选项卡的"高级动画"组中，单击"添加动画"按钮，在打开的下拉列表中选择某一类型的动画后，再次单击"添加动画"按钮，继续选择其他类型的动画。

（2）设置动画效果

为对象添加动画效果后，可以通过"动画"选项卡中的"计时""高级动画"和"动画"组对动画效果进行编辑，如图 5-34 所示。

图 5-34　"动画"选项卡

●"计时"组：可以对添加动画的播放时间、播放速度和播放顺序进行设置。

●"高级动画"组：主要对多个动画进行设置，包括多个动画的添加、触发动画的设置以及动画刷实现动画的复制等。此外，单击"动画窗格"按钮，可以看到每个动画前面都会显示一个播放编号，可以在打开的窗格中调整动画的播放顺序和对播放效果进行预览，如图5-35所示。

●"动画"组：除了可以添加或修改动画效果外，还可以设置动画的效果选项，包括"序列""方向"和"形状"等。若单击"显示其他效果选项"按钮，将打开"效果选项"对话框，在此对话框中可以设置所有的效果选项，如图5-36所示。

图5-35　动画窗格

图5-36　"效果选项"对话框

3. 设置超链接

在PowerPoint中，使用超链接可以从一张幻灯片转至另一张幻灯片、网页、电子邮件或文件。超链接的对象可以是文本、图形或形状等。

微课 5.3-3
设置超链接
与动作按钮

●常用创建超链接的方法：选中用于超链接的文本或对象，在"插入"选项卡的"链接"组中单击"超链接"按钮或者右击文本选择"超链接"选项，打开如图5-37所示的"插入超链接"对话框，在其中选择需要创建的超链接类型并选择或输入链接对象，确定后即完成超链接的插入。幻灯片放映时单击该文字或对象会启动超链接。

●利用"动作"创建超链接：选中用于超链接的文本或对象，在"插入"选项卡的"链接"组中单击"动作"按钮，弹出"操作设置"对话框如图5-38所示。通常选择默认的"单击鼠标"选项卡，选中"超链接到"单选按钮，打开超链接选项下拉列表；根据实际情况选择其中一项；选中"播放声音"复选框，打开声音下拉列表可选择声音效果。

●删除超链接：右击已添加超链接的对象，在弹出的快捷菜单中，选择"删除超链接"命令即可。

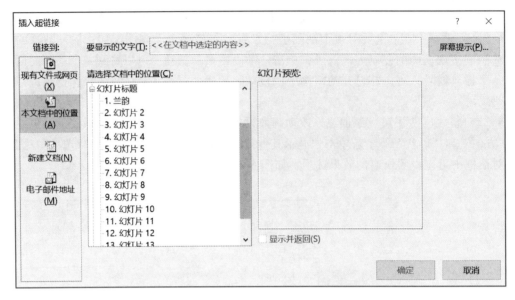

图 5-37　"插入超链接"对话框

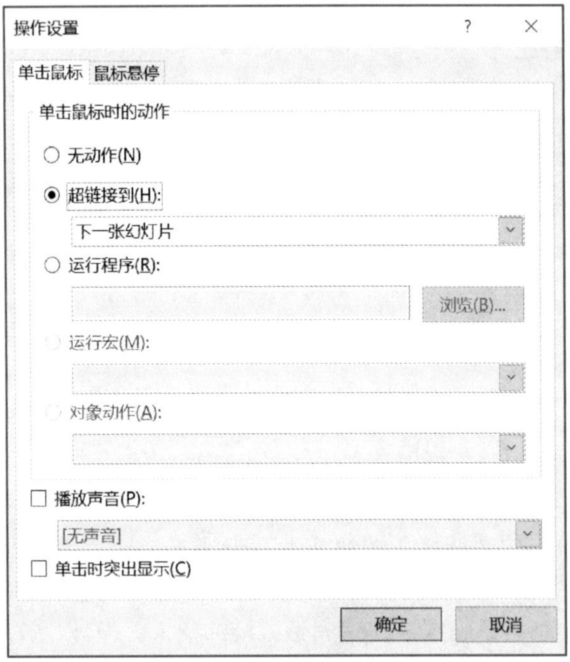

图 5-38　"操作设置"对话框

4. 设置按钮的交互

动作按钮是预先设置好带有特定动作的图形按钮。应用设置好的按钮，可以实现放映幻灯片跳转。

操作方法：单击"插入"选项卡的"插图"组中的"形状"按钮，在弹出的下拉列表中选择"动作按钮"组中的任意一种按钮，返回幻灯片中按住鼠标左键不放并拖曳，绘制出按钮，松开鼠标后，在弹出的"操作设置"对话框中进行相应设置，如图 5-38 所示。

5．放映设置

（1）应用排练计时

排练计时就是预演的时间，可单击"幻灯片放映"→"设置"组的"排练计时"按钮，将会自动进入放映排练状态，窗口左上角出现"录制"工具栏，在该工具栏中可以显示预演的时间。在放映屏幕中单击鼠标左键，可以排练下一个动画或下一张幻灯片出现的时间，鼠标指针停留的时间就是下一张幻灯片显示的时间。显示结束后将弹出提示对话框，询问是否保留排练时间，单击"是"按钮，选择幻灯片浏览视图，此视图下每张幻灯片的右下角将显示该幻灯片的放映时间。

（2）录制旁白

在放映幻灯片时如果没有现场讲解可以提前录制旁白，选择需要录制旁白的幻灯片，选择"幻灯片放映"→"设置"→"录制幻灯片演示"→"从头开始录制"或"从当前幻灯片开始录制"选项，将弹出"录制幻灯片演示"对话框，勾选"旁白、墨迹和激光笔"复选框，单击"开始录制"按钮，进入幻灯片放映状态，开始录制旁白，使用鼠标在幻灯片中单击以切换到下一张幻灯片，按 Esc 键将停止录制旁白，回到演示文稿窗口中，录制的幻灯片右下角会出现一个声音图标。

（3）设置自定义放映

打开需要进行自定义放映的演示文稿，选择"幻灯片放映"→"开始放映幻灯片"→"自定义幻灯片放映"→"自定义放映"选项，将打开"自定义放映"对话框，单击"新建"按钮打开"定义自定义放映"对话框如图 5-39 所示，可以设置幻灯片放映名称，然后在左侧列表框中选择要添加到自定义放映中的幻灯片，单击"添加"按钮，设置结束单击"确定"按钮，在"自定义放映"对话框中，可以看到刚才设置的自定义放映名称，单击"放映"按钮，可以直接放映自定义设置的幻灯片，单击"关闭"按钮可以返回编辑窗口。

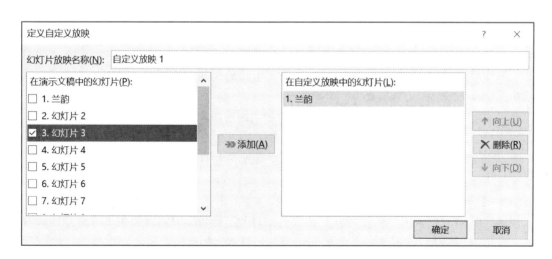

图 5-39　"定义自定义放映"对话框

（4）设置放映方式

打开"幻灯片放映"选项卡，在"设置"组中单击"设置幻灯片放映"按钮，打开"设置放映方式"对话框，如图 5-40 所示，对话框中各个选项区域的含义如下：

图 5-40 "设置放映方式"对话框

① 放映类型：

用于设置放映的操作对象，包括以下 3 种类型。

• 演讲者放映（全屏幕）：常规的全屏幕放映方式，可以用手工方法控制幻灯片和动画，可以使用快捷菜单或 PageUp 键、PageDown 键显示不同的幻灯片，也可以使用绘图笔。

• 观众自行浏览（窗口）：以窗口形式显示演示文稿，窗口中包含自定义菜单和命令，在显示时可以使用滚动条或"浏览"菜单进行浏览。

• 在展台浏览（全屏幕）：以全屏幕方式显示幻灯片，在这种方式下，PowerPoint 会自动勾选"循环放映，按 Esc 键终止"复选框，只能单击超链接和动作按钮，终止只能使用 Esc 键，其他功能全部无效。

② 放映选项：用于设置是否循环放映、旁白和动画的添加，以及设置绘图笔和激光笔颜色。

③ 放映幻灯片：用于设置具体播放的幻灯片。默认情况下，选择"全部"播放。

④ 推进幻灯片：用于设置换片方式，包括手动换片和自动换片。

6. 幻灯片放映

（1）放映幻灯片

完成放映前的准备工作后就可以开始放映幻灯片了。PowerPoint 提供了 4 种开始放映的方式，常用的放映方法为从头开始放映和从当前幻灯片开始放映。

• 从头开始放映：按下 F5 键，或者在"幻灯片放映"选项卡的"开始放映幻灯片"组中单击"从头开始"按钮。

• 从当前幻灯片开始放映：在状态栏的幻灯片视图切换按钮区域中单击"幻灯片放映"按钮，或者在"幻灯片放映"选项卡的"开始放映幻灯片"组中单击"从当前幻灯片开始"按钮。

• 联机演示：可以使用户通过 Internet 向远程观众广播演示文稿。

- 自定义幻灯片放映：可以仅显示选择的幻灯片，因此可以对同一个演示文稿进行多种不同的放映。

（2）放映过程中的控制

在放映演示文稿的过程中，用户可以根据需要按放映次序依次放映、快速定位幻灯片、为重点内容做上标记，以及使屏幕出现黑屏或白屏和结束放映等，控制方法为：在放映过程中右击，再选择对应的快捷菜单即可，如图 5-41 所示为修改指针选项的快捷菜单。

图 5-41 放映过程的快捷菜单

7. 输出演示文稿

（1）将演示文稿转换为图片

演示文稿制作完成后，可将其转换为 .jpg 和 .png 等格式的图片文件，方法为：单击"文件"选项卡，在弹出的菜单中选择"导出"命令，在"导出"列表中选择"更改文件类型"选项，在右侧"图片文件类型"栏中选择输出图片的格式，单击"另存为"按钮打开"另存为"对话框，选择好路径及输入完文件名后保存，按提示选择保存一张幻灯片还是所有幻灯片。

微课 5.3-5
输出演示文稿

（2）导出为视频

将演示文稿导出为视频文件，不仅可以使添加动画和切换效果的演示文稿更加生动，还可使浏览者通过任意的一款播放器查看演示文稿的内容。方法为：单击"文件"选项卡，在弹出的菜单中选择"导出"命令，在"导出"列表中双击"创建视频"选项，在打开的"另存为"对话框中选择保存位置和输入文件名，单击"保存"即可导出视频。

（3）打包演示文稿

PowerPoint 中的"打包成 CD"功能可将一个或多个演示文稿随同支持文件复制到 CD 中。默认情况下，PowerPoint 播放器会包含在其中。这样就可在其他计算机上运行打包的演示文稿，即使未安装 PowerPoint 的计算机上也可运行。下面介绍一下如何进行打包。

① 在 PowerPoint 的工作环境中打开想要打包的幻灯片文件。

② 单击"文件"选项卡，在弹出的菜单中选择"导出"命令，在"导出"列表中选择"将演示文稿打包成 CD"命令，再单击"打包成 CD"命令即出现如图 5-42 所示对话框。

③ 单击"复制到文件夹"按钮，在弹出的对话框里选择要保存到的路径，最后单击"确定"按钮。于是，幻灯片的播放器与幻灯片一起被打包存放到指定的文件夹中。

打开相应的文件夹，文件已经被打包，并包含一个 antorun 自动播放文件，可以实现自动播放功能。

（4）发送演示文稿

用户可以将演示文稿作为附件发送给他人，方法为：选择"文件"选项卡中的"共享"命令，在打开的"共享"界面中选择"电子邮件"选项，然后在打开的列表中单击"作为附件发送"按钮，在打开的提示对话框中成功添加 Outlook 邮件后，便可进行邮件的编辑与发送操作。

图 5-42　"打包成 CD"对话框

（5）打印演示文稿

演示文稿虽然主要是演示，但有时候还是需要将它打印出来。注意在打印前设置好幻灯片的大小及页眉和页脚。打开需要打印的演示文稿，单击"文件"选项卡的"打印"命令即可显示打印选项，如图 5-43 所示。

图 5-43　设置打印选项

任务要求

分析任务陈述可知，要制作兰花电子相册演示文稿，需要完成以下要求。

- 收集不同品种的兰花图片和视频（可尝试收集其他主题的相册资料）。
- 以新建相册的方法插入图片。
- 调整图片尺寸和位置。
- 当一张幻灯片中有多张图片时，为多张图片添加动画；为图片添加组合动画。
- 插入视频文件，并添加超链接实现跳转。
- 为每一张幻灯片设置一种切换效果。
- 设置幻灯片的放映方式并导出为视频。

任务实施

1. 创建电子相册

① 创建空白演示文稿。

② 插入准备入册的图片：选择"插入"→"图像"→"相册"→"新建相册"选项，打开"相册"对话框，在"相册内容"中单击"文件／磁盘"按钮，打开"插入新图片"对话框，定位到要插入的图片，选中所有要插入的图片后，单击"插入"按钮。

微课 5.3-6
制作兰花电子相册演示文稿

③ 修改相册版式：插入图片后，返回"相册"对话框，可根据需要调整照片的顺序或图片方向、亮度。在"相册版式"选项组中，设置"图片版式"为"2 张图片"，设置"相框形状"为"圆角矩形"，如图 5-44 所示，单击"创

任务素材与效果文件

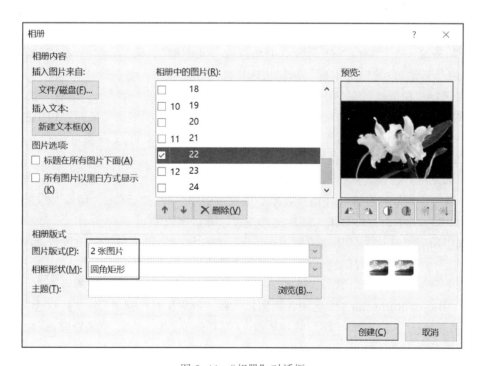

图 5-44 "相册"对话框

建"按钮，把图片插入演示文稿，并留出标题幻灯片为第一张幻灯片。在标题幻灯片中输入主标题和副标题，并设置字体格式。适当调整图片的大小与位置，也可用剪切的方法调整幻灯片中图片的张数。

④ 添加视频：选中最后一张幻灯片，在"开始"选项卡的"幻灯片"组中，单击"新建幻灯片"，将创建一张"空白"版式的幻灯片；单击"插入"选项卡的"媒体"组中的"视频"→"PC 上的视频"，在弹出的对话框中查找素材"lanhua.mp4"并插入；选中视频，拖动控点调整视频的尺寸与幻灯片一样。

⑤ 设置主题与背景：单击"设计"→"主题"下拉列表，选择主题"电路"；单击"设计"→"变体"下拉列表，"背景样式"选择"样式 4"。

2. 设置动画效果及超链接

① 为文字添加动画：选中第 1 张幻灯片的副标题，选择"动画"选项卡的"动画"组中的"其他"按钮，在下拉列表中选择"强调"动画的"字体颜色"。

② 为幻灯片的多张图片添加动画：选中第 2 张幻灯片的左图，单击"动画"选项卡的"动画"组中的"其他"按钮，在下拉列表中选择"进入"动画的"浮入"；再选中右图，同样的方法展开下拉列表，选择"更多进入效果"，在出现的对话框中选择"玩具风车"效果。

③ 为一张图片添加组合动画：选中第 3 张幻灯片的左图，在"动画"选项卡的"高级动画"组中，单击"添加动画"按钮，在下拉列表中选择"更多进入效果"，在出现的对话框中选择"楔入"；再单击"添加动画"按钮，在下拉列表中选择"强调"动画的"放大/缩小"效果；再单击"添加动画"按钮，在下拉列表中选择"退出"动画的"收缩并旋转"效果，如图 5-45 所示。

④ 用同样的方法为其他图片设置不同的进入动画效果。

⑤ 添加超链接：在"视图"选项卡的"母版视图"组中单击"幻灯片母版"按钮，在"空白"版式的右上角插入"文本框"，输

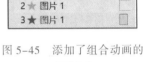

图 5-45　添加了组合动画的动画窗格

入文字"生产基地"，选中文本框，添加快速样式"强烈效果 – 蓝色，强调颜色 5"；选中文本框，右击选择"超链接"，在弹出的对话框中选择"本文档中的位置"→"最后一张幻灯片"。

⑥ 添加动作按钮：选中最后一张幻灯片，单击"插入"选项卡的"插图"组中的"形状"按钮，在弹出的下拉列表中选择"动作按钮"组中的"转到主页"；在幻灯片右上角按住鼠标左键不放并拖曳，绘制出按钮，松开左键后会弹出对话框，直接单击"确定"按钮。

3. 添加幻灯片切换效果及背景音乐

① 为每一张幻灯片设置一种切换效果。依次选中幻灯片，然后单击"切换"选项卡，在"切换到此幻灯片"组中，为每一张幻灯片选择任意一种切换效果。

② 选中所有幻灯片，打开"切换"选项卡，在"计时"组中单击"设置自动换片时间"复选框，取消"单击鼠标时"复选框，实现自动换片。

③ 选中第一张幻灯片，单击"插入"→"媒体"→"音频"→"PC 上的音频"，选择素材中的文件"BicycleRiding.mp3"；选中音频图标，在"音频工具—播放"→"音频选项"组中，单击"开始"为"自动"，选中"跨幻灯片播放""循环播放，直到停止""放映时隐藏"复选框。

4. 设置放映方式并导出

① 打开"幻灯片放映"选项卡，在"设置"组中单击"设置幻灯片放映"按钮，选中"放

映类型"为"演讲者放映（全屏幕）"，选中"放映选项"为"循环放映，按 Esc 键终止"。

② 单击"文件"→"保存"→"浏览"命令，确定保存位置，以"兰花展"为文件名保存该文档。

③ 单击"文件"→"导出"命令，在"导出"列表中双击"创建视频"选项，在打开的"另存为"对话框中选择保存位置和输入文件名"兰韵 .mp4"，单击"保存"导出视频。

任务 5.4　制作"旅游宣传"演示文稿——PPT 综合

任务描述

学院"旅游协会"准备招新，为吸引同学加入，准备制作一个关于旅游城市——韶关的各景点宣传演示文稿，请尝试从网络上搜索相关图文资料，制作一个含图、文和表格等多种元素的演示文稿。具体要求如下：

任务素材与
效果文件

- 应用适当的文本、表格、图表、声音、动画及视频等信息。
- 要求体现出齐、整、简、适的目标，即内容简洁清晰、表现力强、色彩和谐且动画适当。案例效果如图 5-46 所示。

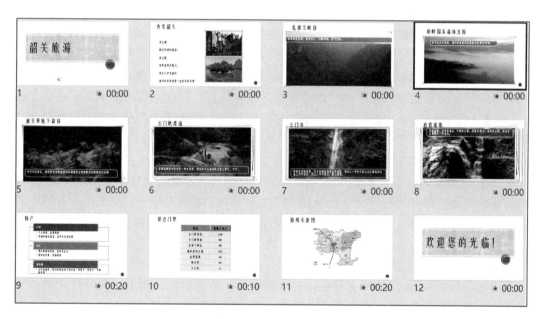

图 5-46　韶关旅游演示文稿

任务目标

此任务是针对本章所学知识的一个综合训练，涉及的知识目标包括：
- 熟练掌握 PowerPoint 的基本操作方法。
- 熟练掌握演示文稿的模板应用。
- 熟练掌握各种对象的插入与设置。

- 熟练掌握幻灯片的动画及交互效果的应用，针对本任务的内容，该知识为重点应用。
- 熟练掌握演示文稿的播放。

任务实施

微课 5.4
制作"旅游
宣传"演示
文稿

任务素材与
效果文件

1. 创建适当模板的演示文稿及修改幻灯片母版

① 启动 PowerPoint，单击"文件"选项卡，选择"新建"命令，选择"木纹纹理"模板，然后单击"创建"按钮，这样就创建了一个应用"木纹纹理"模板的演示文稿。

② 此时的演示文稿只有标题幻灯片，再单击"新建幻灯片"按钮插入一张"标题和内容"版式的幻灯片，单击"视图"选项卡的"幻灯片母版"按钮对此版式的幻灯片母版进行简单调整，如将标题与内容占位符调整到合适的位置，修改标题占位符的字体大小为"44"。

2. 输入文字内容并设置格式

① 为标题幻灯片输入文字，如本任务中只是输入主标题"韶关旅游"，将其他所有占位符全部删除。

② 在第 2 张幻灯片中进行城市简介，文字介绍可参考素材中的文件"景点介绍 .txt"。将介绍标题输入到幻灯片的标题占位符中，将文字介绍输入到文本占位符中。

③ 根据文字内容的多少调整文本占位符框的大小和段落的行距，如第 2 张幻灯片的文本占位符的段落行距设置为"双倍行距"，方法参考 5.1 输入和编辑文本相关知识点。

④ 单击"新建幻灯片"按钮插入第 3 张幻灯片，用于具体介绍景点，此类幻灯片的特色是：文字少、图片大，所以要设置内容占位符的样式，以能在图片上突出显示，方法是：选中内容占位符，单击"开始"选项卡的"快速样式"按钮，在打开的下拉列表中选择一个合适的样式，如第 3 行第 3 列；再单击"绘图工具格式"选项卡的"编辑形状"按钮，选择"更改形状"选项选择一个适当的形状，如"矩形：剪去对角"；最后右击内容占位符，选择"设置形状格式"，在弹出的"设置形状格式"窗格的"填充"选项下设置透明度为 50%。

⑤ 本任务中具体景点有 6 个，可在第 3 张幻灯片格式设置好后直接复制幻灯片粘贴 5 次，然后再修改其他幻灯片的标题文字和景点介绍文字，对于不同幻灯片的文本占位符的格式也可进行简单的样式更改，以达到区分不同景点的效果；如果文字较多还可创建多个文本框，输入分段文字。

3. 插入图片

① 在素材的"秀美韶关"文件夹中有 3 幅图片，将它们插入到第 2 张幻灯片中，方法参考 5.2 节添加图形类对象。调整 3 幅图片的位置和大小，使它们占据在文字的右边并相互并列或叠加。

② 在第 3 张幻灯片中插入素材"大峡谷"文件夹中的 3 幅图片，调整 3 幅图片大小一致，相互层叠；按住 Ctrl 键的同时单击标题和文本占位符框，在文本框上方右击选择快捷菜单"置于顶层"，这样文字将始终显示在图片上方，第 2 和第 3 张幻灯片的效果如图 5-47 所示。

③ 其他景点介绍的幻灯片图片插入和设置方法与第 2 张幻灯片基本相同。

4. 插入 SmartArt 图形

① 插入第 9 张幻灯片，在标题占位符中输入"特产"，在文本占位符中输入特产介绍，

图 5-47　插入文字和图片后的幻灯片

文字可参考素材中的文件"特产 .txt";

② 按住 Ctrl 键选中所有除特产名称之外的说明文字,单击"开始"选项卡的"提高列表级别"按钮,此时选中的文字将会向右缩进;

③ 将文本转换为 SmartArt 图形。方法是:选中文本占位符,单击"开始"选项卡的"转换为 SmartArt 图形"按钮,在下拉列表中选择"其他 SmartArt 图形"按钮,在弹出的"选择 SmartArt 图形"对话框的"列表"区域中选择"垂直框列表"按钮,确定之后即转换成一个 SmartArt 图形。

④ 更改 SmartArt 图形的颜色和样式。方法是:选中刚生成的 SmartArt 图形,单击"SmartArt 工具设计"选项卡的"更改颜色"按钮,在下拉列表中选择"彩色范围 – 个性色 2 至 3"按钮;再单击"SmartArt 样式"组中的"优雅"按钮。

5. 插入表格

① 插入第 10 张幻灯片,在标题占位符中输入"景点门票",在文本占位框中插入一张 8 行 2 列的表格,表格的数据可参考素材中文件"景点门票 .xlsx"中的数值;

② 设置表格格式。选中表格,单击"表格工具—设计"选项卡的"表格样式"组的"浅色样式 3– 强调 3"按钮;单击"效果"按钮,在下拉列表中选择"单元格凹凸效果"选项中的"圆形"按钮;选中表格的第一行,单击"底纹"按钮,选择"主题颜色"为"茶色,背景 2,深色 25%";选中整张表格,单击"表格工具布局"选项卡的"对齐方式"组中的"居中"与"垂直居中"按钮。

6. 添加背景音乐

① 选中第 1 张幻灯片,单击"插入"→"音频"→"PC 上的音频"为其插入音乐文件"lxyy. mp3"。

② 选中音频图标,单击"音频工具—播放"选项卡的"音量"按钮,在下拉列表中选择"低";单击"开始"按钮,在下拉列表选择"跨幻灯片播放";勾选"放映时隐藏""循环播放,直到停止"和"播完返回开头"复选框。

7. 设置动画效果

① 为标题幻灯片的文本添加动画效果。选中第 1 张幻灯片的标题文本框,单击"动画"选项卡"动画"组中的"其他"按钮,选择"弹跳"按钮为标题文字加上动画;单击"动画窗格"按钮,在"动画窗格"中右击刚添加的动画,选择"效果选项",打开"弹跳"对话框,在"效果"选项卡的"设置文本动画"下拉列表中选择"按字母顺序",在"计时"选项卡的"开始"下拉列表中选择"上一动画之后",这样标题文本的动画效果设置完成。

② 用同样的方法完成其他幻灯片文字部分的动画添加及效果设置。根据不同的动画和文字的编排，动画的效果设置会略有不同，设计者可以自行修改：如第 2 张幻灯片中的文字有多个段落，现为其添加的动画为"浮入"，在动画窗格中双击"浮入"效果，在打开的对话框后中单击"文本动画"选项卡，在"组合文本"下拉列表中选择"按第一级段落"，这样文字就能一行一行出现。当然还能对动画做更多个性化的设置，如延时、速度等。

③ 为所有幻灯片的图片设置动画效果，方法与上相同。注意，由于一张幻灯片中有多幅图片和相应的文字介绍，需要协调好各对象的动画出现的先后顺序及速度，方法是添加好动画后，再在"动画窗格"中排序或是设置"效果选项"。

④ 为路线幻灯片添加动作路径动画。插入第 11 张幻灯片，输入标题"路线示意图"，并插入一张路线图，可用素材中的文件"地图 .jpg"；在路线图的下方形状"箭头：V 型"，并设置其格式，方法参考 5.2 节相关知识的插入形状；选中插入的"箭头"，为其添加动作路径动画，添加动画的方法与上基本相同，动画选择的是"自定义路径"，单击完此按钮后，鼠标指针变为"+"号，按下鼠标左键描出运动路径，到终点后双击结束路径，这样动作路径动画添加完成。其他效果设置方法与上相同。

⑤ 为所有幻灯片设置幻灯片切换效果。具体方法参考 5.3 节相关知识"设置幻灯片切换效果"。选中"切换"选项卡的"计时"组中的"设置自动换片时间"，注意应该将需要做长时间停留的幻灯片设置较长时间的换片时间，例如将"设置自动换片时间"为"00：20.00"，即 20 秒。

8. 播放控制

① 最终幻灯片是在展示台上自动展示给观众看，所以要事先做好幻灯片的自动放映工作，如在前面设置幻灯片切换效果时选中了"设置自动换片时间"，也可以单击"幻灯片放映"选项卡中的"排练计时"按钮测定每一张幻灯片的停留时间。

② 设置幻灯片的放映方式。参考 5.3 节中图 5-41"设置放映方式"对话框，选择"放映类型"为"在展台浏览（全屏幕）"。

③ 单击"文件"→"保存"→"浏览"按钮，打开"另存为"对话框，在"保存类型"下拉列表中选择"PowerPoint 放映"类型，保存文件名为"韶关旅游 .ppsx"。放映幻灯片时只需双击此文件就会自动播放演示文稿，播放期间，鼠标操作为无效状态，幻灯片自动从头到尾循环播放，终止只能按 Esc 键。

本 章 小 结

本章要求熟练掌握演示文稿的创建、保存、打开、制作、编辑和美化操作。重点要求掌握幻灯片格式设置（字体、项目符号和编号）、应用设计主题模板及幻灯片版式。对象元素的插入、编辑和删除；幻灯片背景格式、超链接设置；幻灯片动画的设置；幻灯片放映方式、自定义放映设置

课　后　练　习

一、选择题

1. 在（　　　）方式下，不能进行文字编辑与格式化。

    A. 幻灯片浏览视图   B. 幻灯片视图

    C. 普通视图   D. 大纲视图

2. PowerPoint 显示时可选多种视图模式，如幻灯片浏览视图、幻灯片放映视图、备注页视图及普通视图等。默认情况下，打开 PowerPoint 时显示为（　　　）视图。

    A. 备注页   B. 幻灯片放映

    C. 普通   D. 幻灯片浏览

3. PowerPoint 中，给幻灯片添加"动作按钮"，则需要选择（　　　）来实现。

    A. 插入→图形   B. 插入→超链接

    C. 插入→动作按钮   D. 插入→形状

4. PowerPoint 中，若一个演示文稿中有 3 张幻灯片，播放时要跳过第 2 张幻灯片，可（　　　）。

    A. 取消第 2 张幻灯片的切换效果   B. 取消第 1 张幻灯片中的动画效果

    C. 只能删除第 2 张幻灯片   D. 隐藏第 2 张幻灯片

5. PowerPoint 中，设置所选文本字体加粗，常用的快捷键是（　　　）。

    A. Ctrl+U   B. Ctrl+B   C. Ctrl+I   D. Ctrl+A

6. PowerPoint 中"视图"一词的含义是（　　　）。

    A. 显示幻灯片的方式   B. 一种图形

    C. 一张正在修改的幻灯片   D. 编辑演示文稿的方式

7. PowerPoint 中不可以插入（　　　）文件。

    A. wav   B. avi   C. exe   D. bmp

8. 对于 PowerPoint 演示文稿，可以直接导出为视频，其基本操作是（　　　）。

    A. 幻灯片放映→排练计时→创建视频   B. 幻灯片放映→创建视频

    C. 文件→保存并发送→创建视频   D. 开始→创建视频

9. 进入 PowerPoint 以后，打开一个已有的演示文稿 P3.ppt，又进行了"新建"操作，则（　　　）。

    A. P3.ppt 被关闭   B. "新建"操作失败

    C. 新建文稿打开但被 P3.ppt 关闭   D. P3.ppt 和新建文稿均处于打开状态

10. 小李欲将自己制作的 PowerPoint 演示文稿转换为 MP4 视频，为了准确把握每个动画与幻灯片切换时间，最佳方法是转换前在 PowerPoint 演示文稿中做（　　　）。

    A. 排练计时或幻灯片切换动画时间设置   B. 幻灯片浏览

    C. 每张幻灯片动画   D. 幻灯片放映

11. PowerPoint 演示文稿中应用"主题"一词的含义是指（　　　）。

    A. 对演示文稿的整体格式化设置，由主题颜色、主题字体和主题效果三者构成

B. 演示文稿的标题

  C. 演示文稿表达的中心思想

  D. 演示文稿的色调

  12. PowerPoint 中编辑幻灯片时，设置文本框、形状的边框操作，主要是更改文本框或形状外部边框的颜色、粗细和样式等，还可以（　　　）。

  A. 删除文本框或形状中的文字　　　　　　B. 删除文本框或形状中的图案

  C. 删除其边框　　　　　　　　　　　　　D. 给文本框或形状填写文本

  13. PowerPoint 中，下列说法中错误的是（　　　）。

  A. 图表中的元素不可以设置动画效果　　　B. 可以设置幻灯片切换效果

  C. 可以更改动画对象的出现顺序　　　　　D. 可以动态显示文本和对象

  14. PowerPoint 中，给幻灯片添加"动作按钮"，需要选择（　　　）来实现。

  A. 插入→形状　　　　　　　　　　　　　B. 插入→图形

  C. 插入→超链接　　　　　　　　　　　　D. 插入→动作按钮

  15. PowerPoint 中设置幻灯片放映时，若指定播放其中某几张幻灯片，则应执行（　　　）操作。

  A. 幻灯片放映→自定义幻灯片放映　　　　B. 幻灯片放映→排练计时

  C. 幻灯片放映→设置放映方式　　　　　　D. 幻灯片放映→录制旁白

  16. PowerPoint 中插入"动作按钮"，需要执行（　　　）操作。

  A. 插入→ SmartArt →动作按钮　　　　　B. 插入→艺术字→动作按钮

  C. 插入→剪贴画→动作按钮　　　　　　　D. 插入→形状→动作按钮

  17. PowerPoint 演示文稿中提供了 4 种不同类型的动画效果，分别是"进入"效果、（　　　）、"动作路径"和"强调"效果。

  A. "彩色脉冲"效果　　　　　　　　　　　B. "随机线条"效果

  C. "退出"效果　　　　　　　　　　　　　D. "擦除"效果

  18. 对于 PowerPoint 的幻灯片，（　　　）是指幻灯片上的标题和副标题文本、列表、图表和自选图形等元素的排列方式。

  A. 版式　　　　　　B. 样式　　　　　　C. 母版　　　　　　D. 模板

  19. PowerPoint 中设置幻灯片放映时换页效果为"溶解"，应使用（　　　）。

  A. 幻灯片"切换"　　　　　　　　　　　　B. 设置幻灯片放映

  C. 添加动画　　　　　　　　　　　　　　D. 动作按钮

  20. 演示文稿中复制动画，可使用（　　　）。

  A. 自定义动画　　　　B. 动画刷　　　　C. 样式　　　　D. 格式刷

二、操作题

  1. 请使用 PowerPoint 2016 打开演示文稿 5-1.pptx，按要求完成下列各项操作并保存：

  ① 对第 1 张幻灯片的背景格式进行设置，使用"新闻纸"纹理进行填充；

  ② 为第 2 张幻灯片中包含文字"网络广告及其主要形式……"的文本框内所有文字设置行距为 1.5 倍行距；

  ③ 将第 3 张幻灯片的版式修改为"标题和内容"版式。

2. 请使用 PowerPoint 2016 打开演示文稿 5-2.pptx，按要求完成下列各项操作并保存：

① 为第 1 张幻灯片应用主题样式"回顾"；

② 为第 1 张幻灯片中文字"经典跑车"添加超链接，超链接到文档的最后一张幻灯片；

③ 将第 3 张幻灯片中图片的动画效果设置为进入效果中的"擦除"，效果选项为"自左侧"；

④ 为所有幻灯片插入编号。

3. 请使用 PowerPoint 2016 打开演示文稿 5-3.pptx，按要求完成下列各项操作并保存：

① 修改第一张幻灯片中艺术字"食用油"的样式，将艺术字样式修改为"填充：白色；轮廓：水绿色，主题颜色 5；阴影"（位于样式库的第 1 行第 4 列），设置艺术字字号为 100 磅，大小为高 5 厘米、宽 12 厘米，位置为水平位置 5 厘米、垂直位置 5 厘米；

② 为第二张幻灯片的标题文字添加批注，批注的内容为"食物中的能量满足人体需要的程度"（注：输入内容不包括双引号）；

③ 将所有幻灯片的切换方式设置为"库"，效果选项为"自左侧"；

④ 设置幻灯片放映方式：将放映类型设置为"观众自行浏览（窗口）"，将放映选项设置为"放映时不加动画"。

第 **6** 章

计算机网络与 Internet

计算机和通信技术的结合正推动着社会信息化的技术革命。人们通过连接各个部门、地区、国家甚至全世界的计算机网络来获得、存储、传输和处理信息，广泛地利用信息进行生产过程的控制和经济计划的决策。全国乃至全球的计算机互联网络不断迅速发展，并日益深入到国民经济的各个部门和社会生活的各个方面，已经成为人们日常生活中必不可少的交流工具。

计算机网络 与 Internet

📺 **教学设计**

计算机网络 与 Internet

📖 **教学课件**

学习目标

- 了解计算机网络的形成与发展。
- 理解计算机网络的分类、功能、应用和体系结构。
- 掌握局域网的基础知识。
- 理解 Internet 基础知识。
- 熟练掌握搜索引擎的使用。
- 掌握文件的上传与下载。
- 掌握电子邮箱的使用。

任务 6.1　获取信息资源

任务描述

丁同学想设计一幅关于"禁烟"主题的海报，以参加学校组织的公益宣传活动。可是丁同学刚购买了便携式计算机，还需要将计算机连入学校网络，以便通过互联网搜索设计时所需要参考的图片及文章。

任务目标

- 了解计算机网络的组成和分类。

- 理解局域网和 Internet 的基础知识。
- 熟悉浏览器的使用。
- 熟练掌握网络资源的检索。

知识准备

1. 计算机网络概述

（1）什么是计算机网络

计算机网络，是指将地理位置不同的具有独立功能的多台计算机及其外部设备，通过通信线路连接起来，在网络操作系统，网络管理软件及网络通信协议的管理和协调下，实现资源共享和信息传递的计算机系统。简单地说，计算机网络就是通过电缆、电话线或无线通信将两台以上的计算机相互连接起来的集合，使其可以进行资源共享和信息传输。

微课 6.1-1
计算机网络
基础知识

（2）计算机网络的形成与发展

计算机网络出现的历史并不长，但发展很快，经历了一个从简单到复杂的过程，计算机网络的发展可以归纳为以下四个阶段：

1）面向终端的计算机网络

20 世纪 50 年代，由一台中央主机通过通信线路连接大量的地理上分散的终端，构成面向终端的计算机网络，如图 6-1 所示。终端分时访问中心计算机的资源，中心计算机将处理结果返回终端。

2）共享资源的计算机网络

1969 年由美国国防部研究组建的 ARPAnet 是世界上第一个真正意义上的计算机网络，ARPAnet 当时只连接了 4 台主机，每台主机都具有自主处理能力，彼此之间不存在主从关系，相互共享资源。ARPAnet 是计算机网络技术发展的一个里程碑，它对计算机网络技术的发展作出的突出贡献主要有以下 3 个方面。

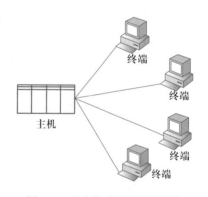

图 6-1　面向终端的计算机网络

① 采用资源子网与通信子网组成的两级网络结构，如图 6-2 所示。通信子网负责全部网络的通信工作，资源子网由各类主机、终端、软件及数据库等组成。

② 采用报文分组交换方式。

③ 采用层次结构的网络协议。

3）标准化的计算机网络

20 世纪 70 年代中期，局域网得到了迅速发展。美国 Xerox、DEC 和 Intel 三个公司推出了以 CSMA/CD 介质访问技术为基础的以太网（Ethernet）产品，其他大公司也纷纷推出自己的产品，如 IBM 公司的 SNA。

但各家网络产品在技术、结构等方面存在着很大差异，没有统一的标准，彼此之间不能互联，从而造成了不同网络之间信息传递的障碍。

为了统一标准，1984 年由国际标准化组织（ISO）制定了一种统一的分层方案——OSI 参考模型（开放系统互连参考模型），将网络体系结构分为 7 层。

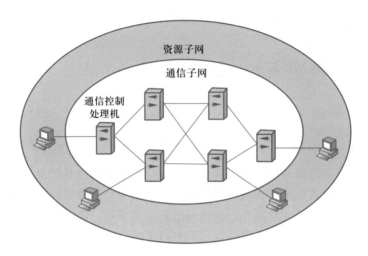

图 6-2   共享资源的计算机网络

4）全球化的计算机网络

OSI 参考模型为计算机网络提供了统一的分层方案，但事实是世界上没有任何一个网络是完全按照 OSI 参考模型组建的，这固然与 OSI 参考模型的 7 层分层设计过于复杂有关，更重要的原因是在 OSI 参考模型提出时，已经有越来越多的网络使用 TCP/IP 的分层模式加入到了 ARPAnet，并使得它的规模不断扩大，以致最终形成了世界范围的互联网——Internet。

所以，Internet 就是在 ARPAnet 的基础上发展起来的，并且一直沿用着 TCP/IP 的 4 层分层模式。

（3）计算机网络的分类

由于计算机网络应用的广泛性，随着网络技术研究的深入，使各种计算机网络相继建立和发展，计算机网络类型的划分可以从不同的角度进行。

1）按网络的作用范围划分

按网络的作用范围划分，计算机网络可分为局域网、城域网和广域网。

① 局域网（Local Area Network，LAN）。局域网是在小范围内将两台或多台计算机连接起来所构成的网络，如网吧、机房等。局域网一般位于一个建筑物或一个单位内。它的特点是：连接范围窄、用户数少、配置容易、连接速率大、可靠性高。局域网的传输速率多为 10~100 Mb/s，目前局域网的传输速率最高可达 10 Gb/s。

② 城域网（Metropolitan Area Network，MAN）。城域网介于广域网和局域网之前，传输距离通常为几千米到几十千米。覆盖范围通常是一座城市。城域网的设计目标是满足多个局域网互联的需求，以实现大量用户之间的数据、语言、图形与视频等信息的传输。

目前的城域网建设方案有几个共同点：传输介质采用光纤，交换结点采用基于 IP 交换的高速路由交换机或 ATM 交换机，在体系结构上采用核心交换层、业务汇聚层与接入层的 3 层模式。

③ 广域网（Wide Area Network，WAN）。广域网的覆盖范围从几十千米到几千千米甚至全球，可以把众多的 LAN 连接起来，具有规模大、传输延迟大的特点。最广为人知的广域网就是因特网。

2）按网络使用范围划分

按网络使用范围划分，计算机网络可分为公用网和专用网。

① 公用网。

公用网一般由电信部门组建、管理和控制，网络内的传输和交换装置可以租给任何部门和单位使用，只要符合网络用户的要求就能使用这一网络，这是为社会提供服务的网络。

② 专用网。

专用网由某个部门或单位拥有，只为拥有者提供服务，不允许他人使用。

3）按网络的通信介质（媒体）划分

按网络的通信介质（媒体）划分，计算机网络可分为有线网和无线网。

① 有线网。

有线网采用同轴电缆、双绞线或光纤等物理介质传输数据的网络。

② 无线网。

无线网采用微波、红外线或激光等无线介质传输数据的网络。

4）按网络的交换功能划分

按网络的交换功能划分，计算机网络可分为电路交换网、报文交换网、分组交换网和混合交换网。

① 电路交换网。

电路交换网在通信期间始终使用该路径，并且不允许其他用户使用，通信结束后，断开所建立的路径。

② 报文交换网。

报文交换网采用存储转发方式，当源主机和目标主机通信时，网络中的中继结点（交换器）总是先将电源主机发来的一份完整的报文存储到交换器的缓冲区中，并对报文做适当的处理，然后根据报头中的目的地址，选择一条相应的输出链路。若该链路空闲，便将报文转发至下一个中继结点式目的主机；若输出链路忙，则将装有输出信息的缓冲区排在输出队列的末尾等候。

③ 分组交换网。

分组交换网与报文交换网一样，采用存储转发方式，但它不是以不定长的报文作为传输的基本单位，而是先将一份长的报文划分成若干定长的报文分组，以报文分组作为传输的基本单位。

④ 混合交换网。

混合交换网在同一个数据中同时采用电路交换和报文分组交换。

5）按网络拓扑结构分

按网络拓扑结构划分，计算机网络可分为星状网、总线型网、环形网、树形网和网状网。

6）按通信传播方式划分

按通信传播方式划分，计算机网络可分为广播式网络和点到点网络。

① 广播式网络。

广播式网络仅有一个公共通信信道，由网络上所有机器共享，任一时间内只允许一个结点使用，某结点利用公用信道发送数据时，其他网络结点都能收听到。

② 点到点网络。

在采用点到点通信网络中，多条物理线路连接一对结点上，如果两个结点之间没有直接连接的线路，那么它们之间的通信要通过其他结点转接。

（4）计算机网络的功能

计算机网络有很多用处，其中最重要的四个功能是数据通信、资源共享、分布处理和综合信息服务。

① 数据通信。数据通信是计算机网络最基本的功能。它用来快速传送计算机与终端、计算机与计算机之间的各种信息，包括文字信息、新闻消息、咨询信息、图片资料及报纸版面等。利用这一特点，可实现将分散在各个地区的单位或部门用计算机网络联系起来，进行统一的调配、控制和管理。

② 资源共享。"资源"指的是网络中所有的软件、硬件和数据资源。"共享"指的是网络中的用户都能够部分或全部地享受这些资源。例如，某些地区或单位的数据库（如飞机机票、饭店客房等）可供全网使用；某些单位设计的软件可供需要的地方有偿调用或办理一定手续后调用；一些外部设备如打印机，可面向用户，使不具有这些设备的地方也能使用这些硬件设备。如果不能实现资源共享，各地区都需要有完整的一套软、硬件及数据资源，则将大大地增加全系统的投资费用。

③ 分布处理：当某台计算机负担过重时，或该计算机正在处理某项工作时，网络可将新任务转交给空闲的计算机来完成，这样处理能均衡各计算机的负载，提高处理问题的实时性；对大型综合性问题，可将问题各部分交给不同的计算机分头处理，充分利用网络资源，扩大计算机的处理能力，即增强实用性。对解决复杂问题来讲，多台计算机联合使用并构成高性能的计算机体系，这种协同工作、并行处理要比单独购置高性能的大型计算机便宜得多。

④ 综合信息服务：计算机网络的发展使应用日益多元化，即在一套系统上提供集成的信息服务，包括来自社会、政治及经济等各方面的资源，甚至同时还提供多媒体信息，如图像、语音及动画等。在多元化发展的趋势下，许多网络应用形式不断涌现，如电子邮件、网上交易、视频点播及联机会议等。

（5）计算机网络的应用

计算机网络是信息产业的基础，在各行各业都获得了广泛的应用：

① 办公自动化系统（OAS）。

办公自动化是以先进的科学技术（信息技术、系统科学和行为科学）完成各种办公业务。办公自动化系统的核心是通信和信息。通过将办公室的计算机和其他办公设备连接成网络，可充分有效地利用信息资源，以提高生产效率、工作效率和工作质量，更好地辅助决策。

② 管理信息系统（MIS）。

MIS 是基于数据库的应用系统。在计算机网络的基础上建立 MIS，是企业管理的基本前提和特征。例如，使用 MIS，企业可以实现各部门动态信息的管理、查询和部门间信息的传递，可以大幅提高企业的管理水平和工作效率。

③ 电子数据交换（EDI）。EDI 是将贸易、运输、保险、银行和海关等行业信息用一种国际公认的标准格式，通过计算机网络，实现各企业之间的数据交换，并完成以贸易为中心的业务全过程。电子商务系统（EB 或 EC）是 EDI 的进一步发展。我国的"金关"工程就以 EDI 作为通信平台。

④ 现代远程教育（Distance Education）。

远程教育是一种利用在线服务系统，开展教育的全新的教学模式。远程教育的基础设施是网络，其主要作用是向学员提供课程软件及主机系统的使用，支持学员完成在线课程，并负责行政管理、协同合作等。

⑤ 电子银行。电子银行也是一种在线服务，是一种由银行提供的基于计算机和计算机

网络的新型金融服务系统，其主要功能包括金融交易卡服务、自动存取款服务、销售点自动转账服务，以及电子汇款与清算等。

⑥ 企业信息化。分布式控制系统（DCS）和计算机集成与制造系统（CIMS）是两种典型的企业网络系统。

（6）计算机网络的拓扑结构

拓扑学（Topology）是一种研究与大小、距离无关的几何图形特性的方法。网络拓扑是由网络结点设备和通信介质构成的网络结构图。在选择拓扑结构时，主要考虑的因素有安装的相对难易程度、重新配置的难易程度、维护的相对难易程度，以及通信介质发生故障时受到影响的设备的情况。

1）网络拓扑结构的组成

网络拓扑结构的组成如下。

① 结点。

结点就是网络单元。网络单元是网络系统中的各种数据处理设备、数据通信控制设备和数据终端设备。结点分为转结点和访问结点。转结点的作用是支持网络的连接，通过通信线路转接和传递信息；访问结点是信息交换的源点和目标。

② 链路。

链路是两个结点间的连线。链路分"物理链路"和"逻辑链路"两种，前者是指实际存在的通信连线，后者是指在逻辑上起作用的网络通路。链路容量是指每个链路在单位时间内可接纳的最大信息量。

③ 通路。

通路是从发出信息的结点到接收信息的结点之间的一串结点和链路。也就是说，它是一系列穿越通信网络而建立起的结点到结点的链路。

2）常见的网络拓扑结构

常见的网络拓扑结构如下。

① 星形结构。

星形结构是用每条线路将各个结点和中心结点相连的结构。中心结点控制整个网络的通信，任何两结点之间的通信都要通过中心结点，如图 6-3 所示。

优点：结构简单，易于实现，便于管理。

缺点：中心结点出故障时，整个网络系统就可能瘫痪，可靠性差。

② 环状结构。

环状结构是网络中的结点通过点到点通信线路连接成闭合环路的结构。环中数据将沿一个方向逐个结点地传送，如图 6-4 所示。

优点：环状结构简单，网络中传输延时确定。

缺点：环中任何一个结点出现故障，都可能造成网络瘫痪，而且环状结构的维护较复杂。

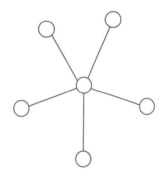

图 6-3　星状结构

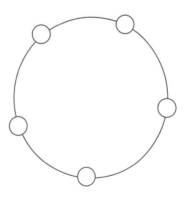

图 6-4　环状结构

③ 总线型结构。

总线型结构是网络中的各个结点连接在一条公共的通信线路上的结构，数据在总线上双向传输，如图 6-5 所示。

优点：结构简单，可靠性较高和易于网络的扩充。

缺点：结点的数量对数据传输速度影响较大，一旦网络出现故障，故障定位困难。

图 6-5　总线型结构

④ 树形结构。

树形结构的特点是结点按层次进行连接，信息交换主要在上、下结点之间进行，同层次的结点之间很少有数据交换。实际上，树形结构是星形结构的扩展，只是有多个中心结点，如图 6-6 所示。

优点：通信线路连接简单，网络容易管理维护。

缺点：资源共享能力差，可靠性也较差。

⑤ 网状结构。

网状结构的特点是网络中的结点之间的连接是任意的，无规律的。结点之间可能有多条路径选择，其中个别结点发生故障对整个网络影响不大，如图 6-7 所示。

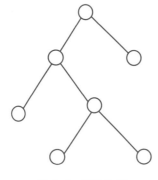
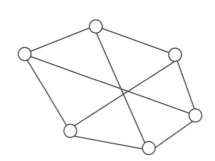

图 6-6　树形结构　　　　　　　图 6-7　网状结构

优点：系统可靠性高。

缺点：网络系统结构复杂，一般成本较高。

（7）网络体系结构

计算机网络的体系结构为了不同的计算机之间互连和互操作提供相应的规范和标准。首先必须解决数据传输问题，包括数据传输方式、数据传输中的误差与出错、传输网络的资源管理、通信地址以及文件格式等问题。解决这些问题需要互相通信的计算机之间以及计算机与通信网之间进行频繁的协商与调整。这些协商与调整以及信息的发送与接收可以用不同的方法设计与实现。

在 20 世纪 70 年代，各大计算机生产商的产品都拥有自己的网络通信协议，但是不同的厂家生产的计算机系统就难以连接。

为了实现不同厂商生产的计算机系统之间以及不同网络之间的数据通信，国际标准化组织（ISO）发布了开放系统互连参考模型，即 OSI/RM 也称为 ISO/OSI。该系统称为开放系统。其核心内容包含高、中、低三大层，高层面向网络应用，低层面向网络通信的各种物理设备，而中间层则起信息转换、信息交换（或转接）和传输路径选择等作用，即路由选择核心。

计算机也拥有 TCP/IP 的体系结构，即传输控制协议 / 网际协议。TCP/IP 包括 TCP/IP 的层次结构和协议集。OSI 与 TCP/IP 有着许多的共同点和不同点，如表 6–1 所示。

表 6–1   OSI 参考模型与 TCP/IP 参考模型对比

OSI 参考模型	TCP/IP 参考模型	TCP/IP 常用协议
应用层	应用层	DNS、HTTP、SMTP、POP、Telnet、FTP、NFS
表示层		
会话层		
传输层	传输层	TCP、UDP
网络层	互联层	IP、ICMP、IGMP、ARP、RARP
数据链路层	主机 – 网络层	Ethernet、ATM、FDDI、ISDN、TDMA
物理层		

2. 局域网的组成

局域网的组成包括硬件和软件。网络硬件包括资源硬件和通信硬件。资源硬件包括构成网络主要成分的各种计算机和输入 / 输出设备。利用网络通信硬件将资源硬件设备连接起来，在网络协议的支持下，实现数据通信和资源共享。软件资源包括系统软件和应用软件。系统软件主要是网络操作系统。

（1）局域网的资源硬件

1）服务器（Server）

局域网中至少有一台服务器，允许有多台服务器。对服务器的要求是速度快、硬盘和内存容量大、处理能力强。服务器是局域网的核心，网络中共享的资源大多都集中在服务器上。

由于服务器中安装有网络操作系统的核心软件，它便具有了网络管理、共享资源、管理网络通信和为用户提供网络服务的功能。服务器中的文件系统具有容量大和支持多用户访问等特点。

在基于微机的 LAN 中，根据服务器在网络中所起的作用，可分为文件服务器、打印服务器、通信服务器和数据库服务器等。

2）工作站（Workstation）

联网的微机中，除服务器以外统称为网络工作站，简称工作站。一方面工作站可以被当作一台普通微机使用，处理用户的本地事务；另一方面，工作站能够通过网络进行彼此通信，以及使用服务器管理的各种共享资源。

（2）局域网的通信硬件

1）网卡

网卡又叫网络适配器（Network Adapter），或叫网络接口板，是微机接入网络的接口电路板。网卡是 LAN 的通信接口，实现 LAN 通信中物理层和介质访问控制层的功能。一方面网卡要完成计算机与电缆系统的物理连接；另一方面，它要根据所采用 MAC 介质访问控制协议实现数据帧的封装和拆封，还有差错校验和相应的数据通信管理。如在总线 LAN 中，要进行载波侦听和冲突监测及处理。

2）通信线路

通信线路是 LAN 的数据传输通路，它包括传输介质和相应的接插件。LAN 常用的传输介质有同轴电缆、双绞线和光缆。

① 同轴电缆（50 Ω、70 Ω）。50Ω 同轴电缆可以 10 Mb/s 的速率将基代数字信号传送1 km。70 Ω 同轴电缆又称为宽带同轴电缆，使用频分复用技术，用来传送模拟信号，其频率可为300~450 MHz 或更高，传输距离可达 100 km。宽带电缆通常被划分为若干独立信道，每一个 6 MHz 的电缆可以支持传送一路模拟电视信号。当用来传送数字信号时，速率一般可达 3 Mb/s。

② 双绞线。双绞线是布线工程中最常用的一种传输介质，由不同颜色的 4 对 8 芯线（每根芯线加绝缘层）组成，每两根芯线按一定规则交织在一起（为了降低信号之间的相互干扰），成为一个芯线对，如图 6-8 所示。双绞线分为非屏蔽双绞线和屏蔽双绞线，平时人们接触的大多是非屏蔽双绞线。

图 6-8　双绞线

使用双绞线组网时，双绞线和其他设备连接必须使用 RJ-45 接头（也叫水晶头），RJ-45 水晶头中的线序有两种标准，如图 6-9 所示。

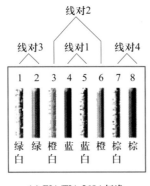

(a) EIA/TIA 568A标准

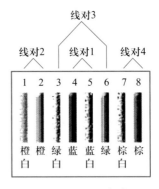

(b) EIA/TIA 568B标准

图 6-9　双绞线线序标准

EIA/TIA 568A 标准：绿白 -1、绿 -2、橙白 -3、蓝 -4、蓝白 -5、橙 -6、棕白 -7、棕 -8。
EIA/TIA 568B 标准：橙白 -1、橙 -2、绿白 -3、蓝 -4、蓝白 -5、绿 -6、棕白 -7、棕 -8。
双绞线的做法分为两种：直通线和交叉线。

直通线：也称直连线，是指双绞线两端线序都为 568A 或 568B，用于不同设备相连。

交叉线：双绞线一端线序为 568A，另一端线序为 568B，用于同种设备相连。

③ 光缆。按光在光纤中的传输模式，光缆可分为多模光纤和单模光纤。

特点 1：传输损耗小、中继距离长，远距离传输特别经济。

特点 2：抗雷电和电磁干扰性好。

特点 3：无串音干扰，保密性好；体积小，重量轻。

特点 4：通信容量大，每波段都具有 25 000~30 000 GHz 的带宽。

一个光传输系统由传输介质、光源和检测器 3 部分组成。其中，传输介质是极细的玻璃纤维或石英玻璃纤维；光源是发光二极管或半导体激光器；检测器是一种光电二极管。

3）通信设备

LAN 的通信设备主要用于延长传输距离和便于网络布线，主要有如下 3 种：

① 中继器：对数字信号进行再生放大，以扩展总线 LAN 的传输距离。

② 集线器（Hub）：也叫线路集线器，可提供多个微机接口，用于工作站集中的地方。

③ 网络互连设备：网络互连设备有中继器、网桥、路由器、交换机及网关等。

3. Internet 基础

（1）IP 地址

微课 6.1-2
IP 地址与
域名系统

在 Internet 上连接的所有计算机，从大型机到微型计算机都是以独立的身份出现，称为主机。为了实现各主机间的通信，每台主机都必须有一个唯一的网络地址。网络地址也唯一地标识一台计算机。

Internet 是由数量庞大的计算机互相连接而成的。要确认网络上的每一台计算机，靠的就是能唯一标识该计算机的网络地址，这个地址就称为 IP（Internet Protocol，网际协议）地址。

目前，在 Internet 中 IP 地址是一个 32 位的二进制地址。为了便于记忆，将它们分为 4 组，每组 8 位，由小数点分开，用 4 字节来表示，而且用点分开的每一字节的数值范围是 0~255，如 172.16.122.204，这种书写方法称为点数表示法，如图 6-10 所示。

32位的二进制数

网络号	主机号

第8位表示一个十进制数

172	16	122	204

128 64 32 16 8 4 2 1

10101100	00010000	01111010	11001100

图 6-10　IP 地址的表示方法

IP 地址包括网络地址和主机地址，这样做的目的是方便寻址。IP 地址中的网络地址部分用于标明不同的网络，而主机地址部分用于标明每一个网络中的主机地址。一般将 IP 地址按结点计算机所在网络规模的大小分为 A、B、C、D 和 E 五类。本书中只介绍前 3 类，如图 6-11 所示。

1）A 类地址

A 类地址的第 1 个 8 位代表网络号，后 3 个 8 位代表主机号，网络地址的最高位必须是 0。十进制的第 1 组数值所表示的网络号范围为 0~127，由于 0 和 127 有特殊用途，因此，有效的地址范围是 1~126。每个 A 类网络可连接 16777214（即 $2^{24}-2$）台主机。

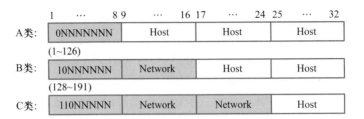

图 6-11 IP 地址的分类

2）B 类地址

B 类地址的前 2 个 8 位代表网络号，后 2 个 8 位代表主机号，网络地址的最高位必须是 10。十进制的第 1 组数值范围为 128~191。每个 B 类网络可连接 65534（即 $2^{16}-2$）台主机。

3）C 类地址

C 类地址的前 3 个 8 位代表网络号，最后 1 个 8 位代表主机号，网络地址的最高位必须是 110。十进制的第 1 组数值范围为 192~223。每个 C 类网络可连接 254（即 2^8-2）台主机。

4）特殊的 IP 地址

① 网络地址。网络地址用于表示网络本身。具有正常的网络号部分，而主机号部分全部为 0 的 IP 地址称为网络地址。例如 129.5.0.0 就是一个 B 类的网络地址。

② 广播地址。广播地址用于向网络中的所有设备进行广播。具有正常的网络号部分，而主机号全部为 1 的 IP 地址称为直接广播地址。例如 129.5.255.255 就是一个 B 类的广播地址。

③ 回送地址。网络地址不能以十进制 127 开头，在地址中数字 127 保留给系统作诊断用，称为回送地址。例如 127.0.0.1 用于回路测试。

④ 私有地址。 只能在局域网中使用、不能在 Internet 上使用的 IP 地址称为私有地址。私有 IP 地址有：10.0.0.0~10.255.255.255，表示 1 个 A 类地址；172.16.0.0~172.31.255.255，表示 16 个 B 类地址；192.168.0.0~192.168.255.255，表示 256 个 C 类地址。

在 Internet 中，一台计算机可以有一个或多个 IP 地址，就像一个人可以有多个通信地址一样，但两台或多台计算机却不能共用一个 IP 地址。如果有两台计算机的 IP 地址相同，则会引起异常现象，两台计算机都将无法正常工作。

（2）子网掩码

子网掩码用于识别 IP 地址中的网络地址和主机地址。子网掩码也是 32 位二进制数字，在子网掩码中，网络地址部分用 1 表示，主机地址部分用 0 表示。由此可知，A 类网络的默认子网掩码是 255.0.0.0；B 类网络的默认子网掩码是 255.255.0.0；C 类网络的默认子网掩码是 255.255.255.0。还可以用网络前缀法表示子网掩码，即 "/< 网络地址位数 >"。例如，138.96.0.0/16 表示 B 类网络 138.96.0.0 的子网掩码为 255.255.0.0。

（3）域名系统

在 Internet 上，对于众多以数字表示的一长串 IP 地址，人们记忆起来是很困难的。为此，Internet 引入了一种字符型的主机命名机制，即域名系统（Domain Name System，DNS），用来表示主机的 IP 地址。Internet 设有一个分布式命名体系，它是一个树结构的 DNS 服务器网络。每个 DNS 服务器保存有一张表，用来实现域名和 IP 地址的转换，当有计算机要根据域名访问其他计算机时，它就自动执行域名解析，根据这张表，把已经注册的计算机的域名转换为 IP 地址。如果此 DNS 服务器在表中查不到该域名，它会向上一级 DNS 服务器发出查询请求，直到最高一级的 DNS 服务器返回一个 IP 地址或返回未查到的信息。

Internet 的域名采用分级的树结构，此结构称为"域名空间"，如图 6-12 所示。

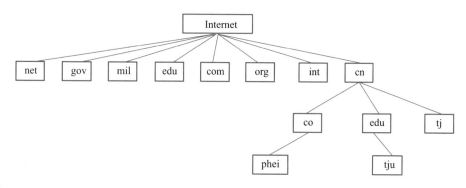

图 6-12 域名空间

计算机域名的命名方法是，以圆点隔开若干级域名。从左到右，从计算机名开始，域的范围逐步扩大。域名的典型结构如下：

计算机名.机构名.网络名.顶级域名

例如，www.tsinghua.edu.cn 表示中国（cn）教育网（edu）清华大学（tsinghua）Web 主机（www）。

为保证域名系统的通用性，Internet 规定了一些正式的通用标准，从最顶层至最下层，分别称为顶级域名、二级域名、三级域名等。

表 6-2 给出了一些常用的域名及其含义。

表 6-2 常用域名及含义

域名	含义	域名	含义	域名	含义
gov	政府部门	ca	加拿大	edu	教育类
com	商业类	fr	法国	net	网络机构
mil	军事类	uk	英国	arc	康乐活动
cn	中国	info	信息服务	org	非营利组织
jp	日本	int	国际机构	web	与 WWW 有关的单位

（4）Internet 接入

1）拨号上网方式

拨号上网方式又称为拨号 IP 方式，因为采用拨号上网方式，在上网之后会被动态地分配一个合法的 IP 地址。用拨号方式上网的投资不大，但是能使用的功能比拨号仿真终端方法连入要强得多。拨号上网就是通过电话拨号的方式接入 Internet，但是用户的计算机与接入设备连接时，该接入设备不是一般的主机，而是被称为接入服务（Access Server）的设备，同时在用户计算机与接入设备之间的通信必须用专门的通信协议 SLIP

或 PPP。

拨号上网的特点：投资少，适合一般家庭及个人用户使用；速度慢，因为其受电话线及相关接入设备的硬件条件限制，一般在 56 kb/s 左右。目前已较少使用。

2）ISDN 专线接入

ISDN 专线接入又称为一线通、窄带综合业务数字网业务（N-ISDN）。它是在现有电话网上开发的一种集语音、数据和图像通信于一体的综合业务形式。

一线通利用一对普通电话线即可得到综合电信服务：边上网边打电话、边上网边发传真、两部计算机同时上网、两部电话同时通话等。

通过 ISDN 专线上网的特点：方便，速度快，最高上网速度可达到 128 kb/s。

3）ADSL 宽带入网

ADSL 是一种异步传输模式（ATM）。

在电信服务提供商端，需要将每条开通 ADSL 业务的电话线路连接在数字用户线路访问多路复用器（DSLAM）上。而在用户端，用户需要使用一个 ADSL 终端——因其和传统的调制解调器（Modem）类似，所以也被称为"猫"——来连接电话线路。由于 ADSL 使用高频信号，所以在两端还都要使用 ADSL 信号分离器将 ADSL 数据信号和普通音频电话信号分离出来，避免打电话的时候出现噪声干扰。

通常的 ADSL 终端有一个电话 Line-In，一个以太网口，有些终端集成了 ADSL 信号分离器，还提供一个连接的 Phone 接口。

某些 ADSL 调制解调器使用 USB 接口与计算机相连，需要在计算机上安装指定的软件以添加虚拟网卡来进行通信。

4）DDN 专线入网

DDN 即数字数据网，是利用数字传输通道（光纤、数字微波、卫星）和数字交叉复用结点组成的数字数据传输网。可以为用户提供各种速率的高质量数字专用电路和其他新业务，以满足用户多媒体通信和组建中高速计算机通信网的需要。

DDN 专线的特点：采用数字电路，传输质量高，时延小，通信速率可根据需要选择；电路可以自动迂回，可靠性高。

5）帧中继方式入网

帧中继是在 OSI 第二层上用简化的方法传送和交换数据单元的一种技术。通过帧中继入网需申请帧中继电路，配备支持 TCP/IP 的路由器，用户必须有局域网或 IP 主机，同时需申请 IP 地址和域名。入网后用户网上的所有工作站均可享受 Internet 的所有服务。

帧中继上网特点：通信效率高，租费低，适用于局域网之间的远程互联，传输速率为 9 600 b/s~2 048 kb/s。

6）局域网接入

局域网连接就是把用户的计算机连接到一个与 Internet 直接相连的局域网上，并且获得一个 IP 地址。不需要调制解调器和电话线，但是需要有网卡才能与局域网通信。同时要求用户计算机软件的配置比较高，一般需要专业人员为用户的计算机进行配置，计算机中还应配有 TCP/IP 软件。

局域网接入的特点：传输速率高，对计算机配置要求高，需要有网卡，需要安装配 TCP/IP 的软件。

4. WWW 浏览器

（1）IE 浏览器概述

在 Internet 上浏览和获取信息，通常是通过浏览器进行的。目前，网络上流行的浏览器有很多种，比较著名的有 IE、Firefox 和 Safari 等。国内也开发了一些浏览器，如 360 浏览器等。不管使用何种浏览器，都要考虑该浏览器能否提供良好的上网环境。

IE 浏览器能够完成站点信息的浏览、搜索等功能。IE 具有使用方便、操作友好的用户界面。另外，IE 浏览器还具有多项人性化的特色功能。启动 IE 浏览器的方法有多种，常用的是通过双击放置在桌面上的 IE 浏览器快捷图标启动。

图 6-13 所示为 IE 浏览器的"新建"选项卡界面。

微课 6.1-3
使用与设置
浏览器

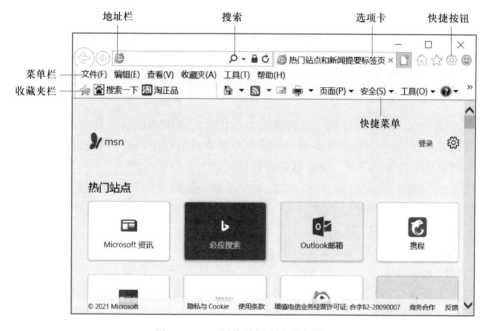

图 6-13　IE 浏览器新建选项卡界面

浏览器一般在主工作界面上存放一个网站信息，还提供了菜单栏、地址栏和工具栏等常用菜单或工具，协助用户提高使用网页的效率和质量。其具体作用如下：

菜单栏：提供了文件、编辑、查看、收藏夹及工具等菜单。可以选择"工具"菜单中的"工具栏"→"菜单栏"命令，将其打开或关闭。

地址栏：供用户直接输入需访问的网站的网址。单击右端的下拉按钮，可以显示近期进入、打开过的网站。

快捷菜单：提供兼容性视图设置、刷新和停止等阅读视图时的操作工具。

（2）浏览操作

双击 IE 浏览器，在"地址"栏填写网页地址，格式为：http:// 网址。

如浏览广东松山职业技术学院网站，该网站地址是 http://www.gdsspt.net。方法为：双击打开 IE 浏览器，在地址内填入"http://www.gdsspt.net"，按 Enter 键，如图 6-14 所示。

图 6-14　广东松山职业技术学院主页

用光标操作窗口组件以控制显示内容，如操作滚动条滚动显示网页内容；移动光标在网页上寻找链接点，当光标变成"小手" 🖐 时单击显示所链接的网页；用光标单击地址栏并在其中输入网址然后按 Enter 键，浏览器将按新地址访问新网页。

在工具栏上按"后退"或"前进"按钮，控制显示曾经访问过的上一网页或下一网页。按"刷新"按钮重读数据更新网页。按"主页"按钮返回显示 IE 的默认网页。按"停止"按钮可终止当前网页的数据传输。

（3）使用 IE 信息检索

1）信息检索

信息检索是指对知识有序化识别和查找的过程。广义的信息检索包括信息检索与存储，狭义的信息检索是根据用户查找信息的需要，借助于检索工具，从信息集合中找出所需信息的过程。

Internet 是一个巨大的信息库，它是将分布在全世界各个角落的主机通过网络连接在一起。通过信息检索，可以了解和掌握更多的知识，了解行业内外的技术状况。搜索引擎是随着 Web 信息技术的应用迅速发展起来的信息检索技术，它是一种快速浏览和检索信息的工具。

2）搜索引擎的基本工作原理

搜索引擎是 Internet 上的某个站点，有自己的数据库，保存了 Internet 上很多网页的检索信息，并且不断地更新。当用户查找某个关键词时，所有在页面内容中包含了该关键词的网页都将作为搜索结果被搜索出来，再经过复杂的算法进行排序后，按照与搜索关键词的相关度的高低，依次排列，呈现在结果网页中。

目前，常用较大的 Internet 搜索引擎有百度、360、搜狗等。图 6-15 所示为百度的主页。

3）如何利用搜索引擎搜索信息

使用搜索引擎搜索信息，其实是一种很简单的操作，只要在搜索引擎的文字输入框中输

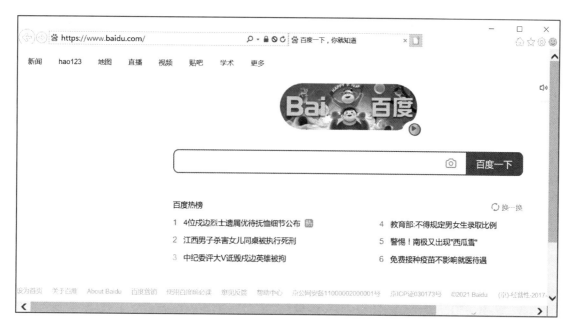

图 6-15　百度搜索引擎

入需要搜索的文字就可以了，搜索引擎会根据你列出的关键字找出一系列的搜索供你参考。本节介绍一些搜索技巧以提高搜索的精度。

- 选择能较确切描述你所要寻找的信息或概念的词，这些词称为关键词。不要使用错别字，关键词不要口语化。关键词的组合也要准确。关键词越多，搜索结果越精确。有时候不妨用不同词的组合进行搜索，如准备查广州动物园的有关信息，用"广州动物园"比用"广州 动物园"搜索结果要好。

- 使用"-"号可以排除部分的搜索结果。如要搜索作者不是"古龙"的武侠小说，可以输入：武侠小说 -古龙。"-"号前要留一个空格。

- 使用英文双引号括住的短语，表明要查找这个短语。

- 在指定网站上查找：用"site:"。例如在指定的网站上查"电话"：电话 site:www.baidu.com。

（4）Internet Explorer 的设置

Internet 选项设置：启动浏览器，在菜单上选择"工具"→"Internet 选项"，如图 6-16 所示。

1）"常规"设置

改变浏览器的主页位置在"主页"项目中可以更改起始主页。可以选择使用当前页、默认页（微软的主页 http://home.microsoft.

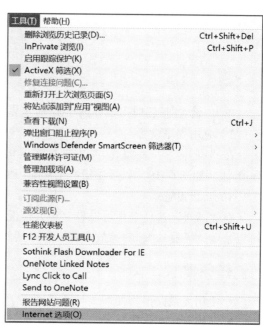

图 6-16　从工具菜单进入 Ineternet 选项

com/intl/cn/），或者空白页。当然也可以自己填入任何一个喜欢的地址，之后按浏览器工具栏上的"主页"键即可到这个主页。临时文件可以设置临时文件所在的路径、大小，设置校验方法，查看临时文件。另外，还可以设置浏览时的字体、颜色和语言等，如图 6-17 所示。

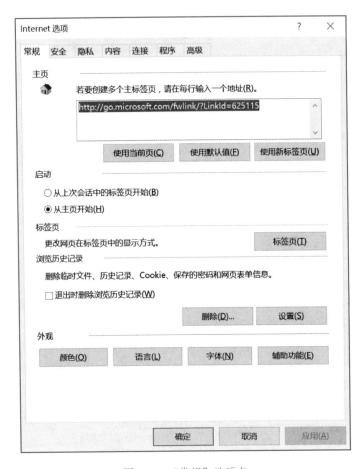

图 6-17　"常规"选项卡

单击"设置"按钮时出现如图 6-18 所示界面，在这里可以设置 Internet 临时文件占用的空间。

2）应用程序设置

在"程序"一栏里，可以设置默认的电子邮件和新闻组阅读等程序，一般都使用 Outlook，如图 6-19，以后单击有 E-mail 地址的链接就自动运行 Outlook 了。

3）高级设置

在"高级"选项卡中可以针对个人情况做一些具体的浏览器设置，比如想加快浏览速度可以禁用"播放动画""播放声音"和"播放视频"，如图 6-20 所示。

任务要求

- 使用无线路由将便携式计算机连入学校校园网。
- 使用百度搜索引擎查找禁烟主题的网页或图片。
- 使用中国知网搜索文献资料。

图 6-18 临时文件和历史记录

(a) 程序选项

(b) 修改默认程序

图 6-19 默认程序设置

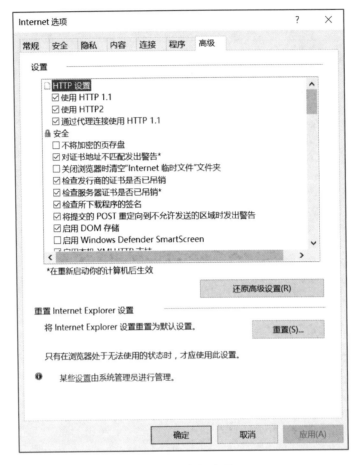

图 6-20　高级选项

任务实施

1. 计算机连入无线网络

微课 6.1-4
获取信息资
源

① 准备好无线路由器，插上学校校园网提供的局域网的网线，接通电源，打开手机或计算机的浏览器，在地址栏中输入"http://192.168.1.1"，再输入相应的账号和密码（默认为 admin），单击"登录"按钮进入操作界面。

② 单击设置向导，进入无线路由器设置向导界面，设置上网方式，设置无线 SSID，选择无线安全选项，单击"下一步"按钮完成路由的设置。

③ 单击计算机右下角的"Internet 访问"图标，选择路由中设置的账号，输入密码，连接即可。

2. 使用百度搜索引擎查找主题网页或图片

① 启动任意可用浏览器，在地址栏中输入地址"http://www.baidu.com"，按 Enter 键进入百度首页。

② 在百度首页的搜索引擎文本框中输入关键字"香烟危害"，网页将自动跳转到搜索结果页面，默认的搜索结果是网页资源，可以单击其中的一个列表项，打开相应链接网页。如果对其中的网页感兴趣，可以选中网页内容复制，再打开相应的应用程序进行粘贴；也

可以将整个网页保存，方法是单击"文件"→"另存为"命令，或者单击快捷菜单"页面"→"另存为"命令，在弹出的对话框中选择文件要保存的路径和文件名及保存类型，如图 6-21 所示。

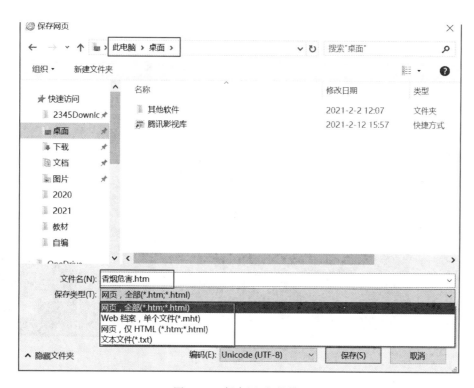

图 6-21　保存网页对话框

③ 单击搜索引擎下方的"图片"按钮，能得到如图 6-22 所示的图片搜索结果窗口，滚动鼠标左键查看相关图片，右击需要保存的图片，在弹出的快捷菜单中选择"图片另存为"或"复制图片"命令，如图 6-23 所示，若是另存为，则在弹出的对话框中选择图片要保存的路径和文件名；若是复制，还需要打开相应的应用程序进行粘贴。如果想下载百度图片原图，也可以单击图片右下角的"下载"按钮 ![下载按钮]。

3. 通过中国知网查找文献资料

① 在浏览器地址栏中输入中国知网首页地址"http://www.cnki.net/"，在网页的搜索引擎文本框中输入关键字"二手烟"，选择文件所属类别为学术期刊、会议和报纸，选择数据库源为图书（此处为默认选中），单击放大镜按钮搜索，如图 6-24 所示。

② 在搜索出来的网页中，可以单击页面上方的所属类别，切换搜索结果类别，也可以单击左侧的条目设置学科类别、主题、发表年度及文献来源等条目过滤搜索结果，如图 6-25 所示。在中间搜索结果区滚动鼠标左键查看文件列表，可单击相关文件列表进行文件摘要、目录和关键词等预览，也可单击文件列表右侧的下载按钮 ![下载按钮] 进行全文付费下载。

③ 单击搜索文本框右边的高级检索，在如图 6-26 所示的网页中，可以设置主题、作者及文献来源等多种检索条件，并可设定检索关键词是精确或是模糊及不同条件之间的逻辑关系是且、或还是非。都设定好后，再单击上方的"检索"按钮可实现高级检索。

图 6-22   搜索窗口

图 6-23   图片保存菜单

图 6-24 中国知网文献检索输入页面

图 6-25 中国知网文献检索结果页面

图 6-26 高级检索

任务 6.2　文件的上传与下载

任务描述

丁同学的主题海报在公益宣传活动中得到了一致的好评，现在学院希望丁同学能够通过网络分享设计过程中用到的相关资料。

任务目标

- 理解上传和下载的含义。
- 熟练掌握使用 FTP 实现文件的上传与下载。
- 掌握使用 HTTP 实现文件下载。
- 掌握常用网盘的使用方法。

知识准备

文件传输是指通过网络将文件从一个计算机系统复制到另一个计算机系统的过程，传输过程中常用到的方法是上传或下载，"下载"文件就是从远程主机复制文件至自己的计算机上；"上传"文件就是将文件从自己的计算机中复制至远程主机上。在 Internet 中用户通常使用 FTP 实现上传或下载，也可以使用专门的平台实现文件的传输，如百度网盘。

1. 使用 FTP 上传或下载文件

FTP（文件传输协议）的主要作用，就是让用户连接上一个远程计算机（这些计算机上运行着 FTP 服务器程序）查看远程计算机有哪些文件，然后把文件从远程计算机上复制到本地计算机，或把本地计算机的文件复制到远程计算机去。

通过"此电脑"窗口访问 FTP 可进行上传和下载。

- 上传操作方法：打开"此电脑"窗口，在地址栏里输入 ftp:// 地址，填写用户名和密码后进入，如图 6-27 所示，复制本机中需要上传的文件，粘贴在相应位置。

- 下载的操作与上传的操作类似，不同的是上传是把本地文件复制到 FTP 服务器上，下载是把 FTP 服务器上的文件复制到本地磁盘。

2. 使用百度网盘实现文件的上传与下载

百度网盘（原百度云）是百度推出的一项云存储服务，已覆盖主流 PC 和手机操作系统。2016 年 10 月 11 日，百度云改名为百度网盘，专注发展个人存储、备份功能，支持照片、视频和文档等多类型文件的云端备份、分享、查看和处理。已上线的产品包括网盘、个人主页、群组功能、相册、人脸识别、通信录备份、手机找回、手机忘带和记事本。

可以直接在浏览器地址栏中输入地址"http://pan.baidu.com/"，然后在出现的百度网盘网页中输入用户名和密码登录，如图 6-28 所示；也可以用 QQ、微信等扫一扫登录。另外，在此网页提供了不同平台的客户端下载。

登录成功后，可以在相应页面中单击"上传"或"下载"按钮实现文件管理，如图 6-29 所示。

3. 使用 HTTP 下载文件

HTTP 下载方式通过网站服务器进行资源下载，主要有直接使用浏览器和专门下载工具

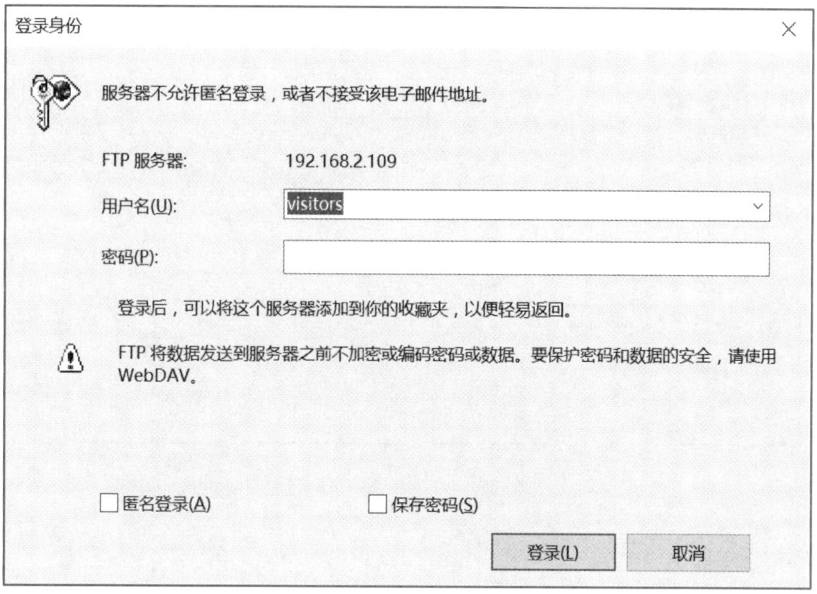

图 6-27　登录 FTP 服务器

图 6-28　用浏览器登录百度网盘主页

两种方式。浏览器下载的速度比较慢，适合下载小文件；专门工具主要包括《网络蚂蚁》《迅雷》等，其下载速度快，对文件管理方便。

4. 常用下载软件的安装和使用

现在常用下载软件有很多，例如《网络蚂蚁》《迅雷》等，下面就以迅雷软件为例，介绍下载软件的安装和使用。

图 6-29   百度网盘工作界面

（1）《迅雷》的安装

运行安装文件。如果下载的是 zip 文件，首先用 WinRar 解压。运行《迅雷》的 EXE 文件后，按照安装向导提示的安装过程进行安装。首先要看软件许可协议，同意协议后，选择安装位置（推荐的默认位置为 C:\Program files\Thunder Network）。在文件复制后，可选在桌面上建立迅雷的快捷方式以简化操作。

（2）《迅雷》的使用

① 启动：双击桌面图标启动迅雷，界面如图 6-30 所示。

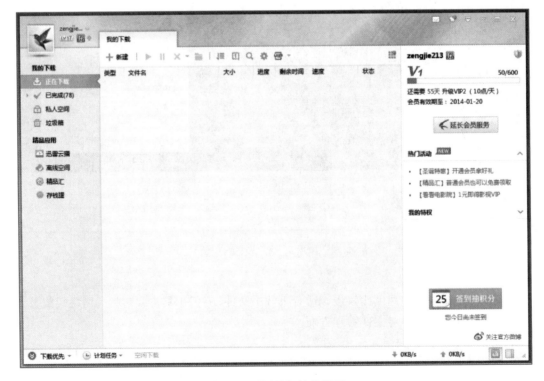

图 6-30   《迅雷》软件界面

② 新建下载任务：单击新建按钮弹出新建任务对话框，把网络上的 URL 复制到下载链接对话框中，迅雷会自动解析出文件名、文件大小等信息。选择下方的保存位置后，单击"立即下载"，或者打开"立即下载"右边的下拉按钮选择手动下载。如图 6-31 所示。

图 6-31 新建下载任务

③ 新建批量下载任务：批量下载功能可以方便地创建多个包含共同特征的下载任务。例如网站 A 提供了 10 个这样的下载链接：

http://www.a.com/01.zip

http://www.a.com/02.zip

……

http://www.a.com/10.zip

这 10 个地址只有数字部分不同，如果用（＊）表示不同的部分，这些地址可以写成：

http://www.a.com/（＊）.zip

同时，通配符长度指的是这些地址不同部分数字的长度，例如：

从 01.zip 到 10.zip，通配符长度是 2；

从 001.zip 到 010.zip，通配符长度是 3。

注意，在填写从 xxx 到 xxx 的时候，虽然是从 01 到 10 或者是从 001 到 010，但是，当设定了通配符长度以后，就只需要填写成从 1 到 10。填写完成后，在示意窗口会显示第一个和最后一个任务的具体链接地址，你可以检查是否正确，然后单击"确定"按钮完成操作，如图 6-32 所示。

图 6-32　批量下载

　　《迅雷》软件支持断点续传。由于网络的不稳定或者紧急事故可能造成文件下载中断，在下次开启《迅雷》软件后，选取未完成的下载任务，然后单击工具栏上的"开始"按钮，《迅雷》软件会从上次中断的地方继续下载。

任务要求

- 使用 FTP 进行文件的上传与下载。
- 使用百度网盘管理与分享文件。

微课 6.2
文件的上传
与下载

任务实施

　　为方便同学们进行资料的下载，丁同学打算用两种方法来分享资源：第 1 种方法是在自己的计算机中搭建一个 FTP 站点（或者在校内网中申请一个 FTP 账号），允许同学们通过校内网地址访问并下载，此种方法下载速度较快，但下载用户只能是内网用户；第 2 种方法是发布网盘地址，方便外网访问，此种方法下载速度受到限制，但不限制用户。具体操作步骤如下。

　　1. 搭建 FTP 站点

　　① 创建一个用来登录 FTP 的账号：右击计算机桌面的"此电脑"图标，在弹出的快捷菜单中选择"管理"命令，打开"计算机管理"对话框，展开"本地用户和组"，右击用户，选择新用户，创建一个新用户，输入用户名"visitors"，设置密码为"123456"，取消"用户下次登录时须更改密码"，选中"用户不能更改密码"和"密码永不过期"，如图 6-33 所示。

　　② 创建管理员 FTP 站点：打开"Internet 信息服务管理"，右击"网站"，单击"添加 FTP 站点"，弹出添加 FTP 站点窗口，填写 FTP 站点名称和物理路径，单击"下一步"按钮；

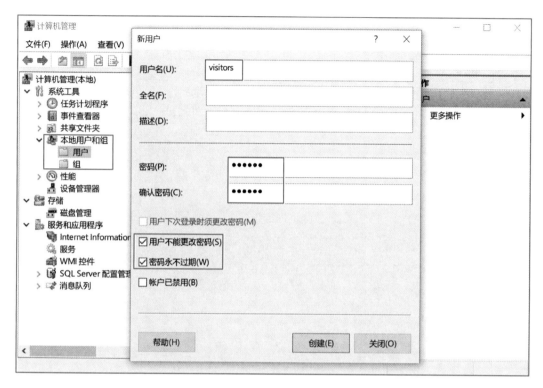

图 6–33　创建新用户

绑定 IP 地址为 "192.168.2.109"、端口为 "21"，默认即可，SSL 根据需要设置，然后单击 "下一步" 按钮；身份验证选择 "基本"，授权允许访问选择 "指定用户"，输入用户名 "visitors"，在 "权限" 栏勾选 "读取" 和 "写入" 复选框，单击 "完成" 按钮，如图 6–34 所示。

● 创建访客 FTP 站点：用同样的方法再创建一个 FTP 站点，在第 2 步中设置端口为 "22"，在最后一步的身份验证选择 "匿名"，在 "权限" 栏只勾选 "读取" 复选框。

2. 使用 FTP 上传 / 下载文件

① 打开 "此电脑" 窗口，在地址栏中输入地址 "ftp://192.168.2.109∶21"，按 Enter 键后在弹出的对话框中输入用户名 "visitors" 及密码 "123456"，单击 "登录" 按钮，找到要下载的文件，右击，在弹出的快捷菜单中，选择 "复制到文件夹" 命令，如图 6–35 所示，在弹出的对话框中选择要下载到的位置及输入文件名，即可实现下载。

② 选择本地要上传的文件，在右键快捷菜单中选择 "复制" 命令，再在打开的 FTP 站点的目标位置中右击，在弹出的快捷菜单中选择 "粘贴" 命令，即可实现文件的上传。

③ 其他用户可以使用地址 "FTP://192.168.2.109∶22" 进行文件的匿名访问，此 FTP 站点只可以下载，不能上传。

3. 下载并安装百度网盘客户端

① 打开浏览器，在地址栏中输入网址 "https://pan.baidu.com/download"，单击 "下载 PC 版" 超链接，如图 6–36 所示，安装程序将自动下载到默认文件夹中。

② 单击下载的安装包，进行默认安装，完毕后启动软件，注册百度账号后登录或使用合作账号登录。

图 6-34　添加 FTP 站点

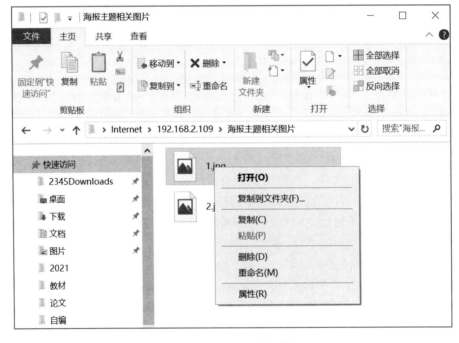

图 6-35　FTP 文件下载

图 6-36   使用 HTTP 下载文件

4. 上传文件到百度网盘

① 登录成功后进入到百度网盘工作界面，可以单击工作界面中的"新建文件夹"按钮添加文件夹，输入名称后按 ☑ 确认，如图 6-37 所示。

图 6-37   为网盘新建文件夹

② 单击打开新创建的文件夹，在工作界面中单击"上传"按钮，选择"上传文件"/"上传文件夹"，在打开的对话框中选择需要上传的文件或文件夹，如图 6-38 所示，单击"打开"或"上传"按钮，进入"传输列表"，传输完成后，上传文件自动显示在列表中。

5. 分享文件

选择网盘中待分享的文件或文件夹后右击，在弹出的快捷菜单中选择"分享"命令，在打开的"分享文件"对话框中选择链接有效期为"永久有效"，单击"创建链接"按钮，即可将链接地址、提取码和二维码分享给好友，如图 6-39 所示。

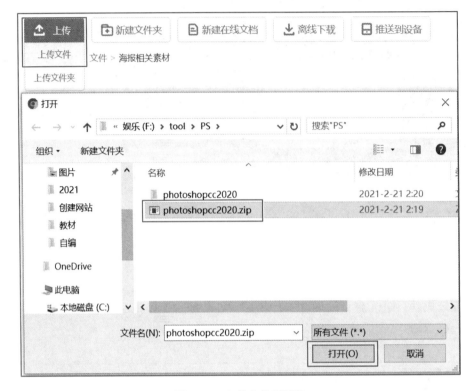

图 6-38　上传文件到网盘

图 6-39　"分享文件"对话框

6. 在百度网盘中下载文件

用户在地址栏中输入分享的链接地址，按 Enter 键后，输入提取码，进入到百度网盘下载界面，如图 6-40 所示，选中要下载的文件或文件夹前面的复选框，再单击"下载"按钮，将实现文件或文件夹的自动下载。

图 6-40　下载分享的文件或文件夹

任务 6.3　收发电子邮件

任务描述

丁同学的学习资料给很多同学带来了帮助，同学们也有很多的问题想和他沟通，现在希望丁同学能通过电子邮件的方式和大家进行深入的沟通。

任务目标

- 学会申请电子邮箱。
- 掌握收发电子邮件的方法。

知识准备

电子邮件是 Internet 应用最广的服务之一。通过电子邮件系统，用户可以免费地、非常快速地（几秒钟之内可以发送到世界上任何你指定的目的地），与世界上任何一个角落的网络用户联络，这些电子邮件可以包涵文字、图像、声音等各种信息。同时，你可以订阅大量免费的新闻、专题邮件，并实现轻松的信息搜索。正是由于电子邮件的使用简单、投递迅速和免费，易于保存、全球畅达，使得它被广泛地应用，使人们的交流方式得到了极大的改变。

1. 电子邮件概述

电子邮件来源于专有电子邮件系统。早在 Internet 流行以前很久，电子邮件就已经存在了，是在主机对多终端的主从式体系中从一台计算机终端向另一计算机终端传送文本信息的相对简单的方法而发展起来的。

在经历了漫长的过程之后，它现在已经演变成为一个更加复杂并丰富得多的系统，可以传送声音、图像、视频、文档等多媒体信息，以至于如数据库或账目报告等更加专业化的文件都可以电子邮件附件的形式在网上分发。现在，电子邮件已成为许多商家和组织机构的重要工具。电子邮件的地址格式一般为：用户名 @ 域名。

常见的电子邮件协议有以下几种：SMTP（简单邮件传输协议）、POP3（邮局协议）、IMAP（Internet 邮件访问协议）。这几种协议都是由 TCP/IP 协议簇定义的。

SMTP（Simple Mail Transfer Protocol）：主要负责底层的邮件系统如何将邮件从一台计算机传送至另外一台计算机。

POP（Post Office Protocol）：版本为 POP3，POP3 是把邮件从电子邮箱中传输到本地计算机的协议。

IMAP（Internet Message Access Protocol）：版本为 IMAP4，是 POP3 的一种替代协议，提供了邮件检索和邮件处理的新功能，这样用户可以完全不必下载邮件正文就可以看到邮件的标题摘要，从邮件客户端软件就可以对服务器上的邮件和文件夹目录等进行操作。IMAP 增强了电子邮件的灵活性，同时也减少了垃圾邮件对本地系统的直接危害，相对节省了用户查看电子邮件的时间。除此之外，IMAP 可以记忆用户在脱机状态下对邮件的操作（如移动邮件，删除邮件等）在下一次打开网络连接的时候会自动执行。

在大多数流行的电子邮件客户端程序中都集成了对 SSL 连接的支持。

除此之外，很多加密技术也应用到电子邮件的发送接收和阅读过程中。它们可以提供 128~2048 位不等的加密强度。无论是单向加密还是对称密钥加密都得到广泛支持。

2. 电子邮箱的申请与使用

（1）电子邮箱的申请

免费邮箱是大型门户网站常见的互联网服务之一，新浪、搜狐、网易、QQ 等网站均提供免费邮箱申请服务。

申请电子邮箱的过程一般分为 3 步：登录邮箱提供商的网页，填写相关资料，确认申请。

（2）电子邮箱的使用

1）登录邮箱

以 QQ 邮箱为例，在浏览器中输入邮箱首页地址"http://mail.qq.com/"。在登录窗口中输入用户名和密码，单击"登录"按钮，便可进入邮箱界面，如图 6-41 所示。

2）邮件的接收

登录邮箱主页后，可以在"收件箱"旁边看到未读的邮件个数。单击"收件箱"查看邮件。在收件箱中，可查看收到邮件的标题、发件人、主题和大小等。单击邮件的主题，可以查看邮件详情。

3）邮件的发送

单击"写信"按钮，填写好收件人（必填）、邮件主题，以及邮件内容后，还可以添加附件。单击"发送"按钮，便可把邮件发送到指定的地址。如果要发送给多个人，可在收件人输入框中使用"；"隔开每个邮箱地址，这样邮件就可以同时发送给多人。邮箱发送界面如图 6-41 所示。

任务要求

丁同学需要申请一个邮箱后才能给其他人发邮件和收邮件。需要完成以下要求。

图 6-41　QQ 邮箱界面

- 申请 QQ 电子邮箱。
- 发送电子邮件。
- 接收并回复电子邮件。

任务实施

1. 申请 QQ 电子邮箱

① 打开浏览器，在地址栏中输入"http://mail.qq.com"进入 QQ 邮箱登录网页，单击网页中的"注册新账号"链接，在出现的界面中输入昵称、密码和手机号码及获取的验证码，如图 6-42 所示，单击"立即注册"按钮，实现 QQ 账号注册。

② 在"注册成功"界面中单击"立即登录"按钮，输入用户名、密码及进行相应验证后登录 QQ，单击"我的邮箱"按钮，进入邮箱确认开通页面，单击"立即开通"按钮，再单击"进入我的邮箱"按钮，完成好友通知后，即可进入邮箱界面。

微课 6.3
收发电子邮件

2. 发送电子邮件

① 若用户没有登录 QQ，则可以在浏览器中输入 QQ 邮箱网址"http://mail.qq.com"，在登录界面中单击"账号密码登录"，出现如图 6-43 所示的登录界面，在第一个文本框中输入已有的 QQ 账号，在第二个文本框中输入 QQ 登录密码，单击"登录"按钮后进行相应验证，进入 QQ 邮箱主界面。

② 单击邮箱界面左侧导航中的"写邮件"按钮，进入邮件编辑窗口，如图 6-44 所示，在"收件人"文本框中输入收件人的邮箱地址，在"主题"文本框中输入邮件的主题，在正文文本框中输入邮件的内容，单击"添加附件"按钮可在弹出的对话框中选择为邮件附加的文件，完成后单击"发送"按钮即完成邮件的发送。

图 6-42   QQ 注册界面

图 6-43   QQ 邮箱登录界面

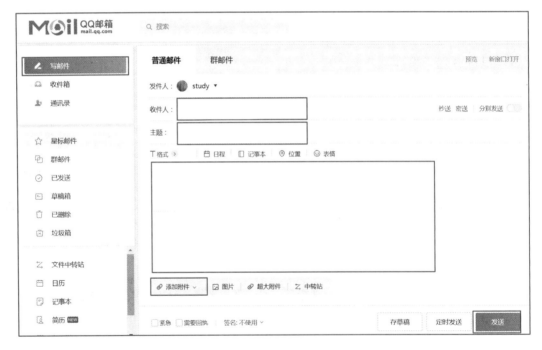

图 6-44   写邮件界面

3. 接收并回复电子邮件

① 在邮箱界面的左侧导航"收件箱"按钮后显示的数字，是当前用户接收到还没有打开过的邮件的数目，单击"收件箱"按钮，右侧窗口将按时间顺序显示所有接收到的邮件列表，单击接收到的邮件主题，即可查看邮件的内容，如图 6-45 所示。

② 单击"回复"按钮，将切换到写邮件界面，收件人地址和主题会自动填好，根据需要填写和修改要回复的内容，然后单击"发送"按钮即可实现邮件的回复。

图 6-45　查看邮件界面

本 章 小 结

本章要求熟练掌握 Internet 的基本概念，熟悉 IE 浏览器和常用网络软件的使用；熟练掌握文件、图形的上传与下载，掌握网络资源的查找与应用方法，掌握网页搜索引擎的应用方法；掌握电子邮箱的使用方法。

使用 Outlook
收发邮件

 拓展知识

课 后 练 习

选择题

1. 张明想通过电子邮件将 2 张照片发给远方的同学，正确的做法是把照片文件放在电子邮件的（　　）。

    A. 正文　　　　　　　　B. 地址　　　　　　　　C. 附件　　　　　　　　D. 主题

2. 计算机网络中的 TCP 的主要功能是（　　）。

    A. 保证可靠传输　　　　　　　　　　　B. 确定数据传输路径

    C. 进行数据分组　　　　　　　　　　　D. 提高传输速度

3. 把数据从本地计算机传到远程主机上称为（　　）。

    A. 超载　　　　　　　　B. 上载／上传　　　　　　C. 下载　　　　　　　　D. 卸载

4. 下列关于局域网拓扑结构的叙述中，不正确的是（　　）。

    A. 环状结构网络上的设备是串在一起的

B. 总线型结构网络中，若某台工作站故障，一般不影响整个网络的正常工作

C. 树状结构的数据采用单级传输，故系统响应速度较快

D. 星状结构的中心站发生故障时，会导致整个网络停止工作

5. Internet Explorer 浏览器本质上是一个（　　　　）。

    A. 浏览 Internet 上 Web 页面的客户程序

    B. 连入 Internet 的 SNMP 程序

    C. 浏览 Internet 上 Web 页面的服务器程序

    D. 连入 Internet 的 TCP/IP 程序

6. TCP/IP 把 Internet 网络系统描述成具有 4 层功能的网络模型，即接口层、网络层、传输层和（　　　　）。

    A. 表示层　　　　　　B. 关系层　　　　　　C. 物理层　　　　　　D. 应用层

7. TCP/IP 是 Internet 中计算机之间通信所必须共同遵循的一种（　　　　）。

    A. 通信协议　　　　　B. 软件　　　　　　　C. 硬件　　　　　　　D. 信息资源

8. 安全卫士软件是当前计算机中常用的计算机病毒防护与系统维护软件，以下观点中正确的是（　　　　）。

    A. 多安装几种安全卫士计算机系统就越安全

    B. 没必要安装安全卫士

    C. 多安装几种安全卫士不影响计算机的运行速度

    D. 安装一个安全卫士即可

9. 计算机网络中，若划分子网，就需要子网掩码。C 类子网掩码的前 3 个字段是（　　　　）。

    A. 127　　　　　　　　B. 255　　　　　　　　C. 256　　　　　　　　D. 128

10. 一个 IP 地址由 3 部分组成，按顺序它们分别是（　　　　）字段。①类别；②网络号；③主机号；④域名。

    A. ①③④　　　　　　B. ①②④　　　　　　C. ①②③　　　　　　D. ②③④

11. 一座建筑物内的几个办公室要实现联网，应该选择的方案属于（　　　　）。

    A. PAN　　　　　　　B. WAN　　　　　　　C. MAN　　　　　　　D. LAN

12. 以下 4 个选项中，表示用 hello 账号在新浪网申请的邮箱是（　　　　）。

    A. hello@sina.com.cn　　　　　　　　　　B. hello

    C. hello.sina.com.cn　　　　　　　　　　　D. www.sina.com.cn/hello

13. 用 IE 浏览上网时，要进入某一网页，可在 IE 的 URL 栏中输入该网页的（　　　　）。

    A. 只能是 IP 地址　　　　　　　　　　　B. 实际的文件名称

    C. 只能是域名　　　　　　　　　　　　　D. IP 地址或域名

14. TCP/IP 是一个开放的协议标准，下列观点中错误的是（　　　　）。

    A. 政府标准

    B. 统一编址方案

    C. 标准的高层协议

    D. 独立于特定计算机硬件和操作系统

第7章

计算机新技术

随着社会的发展，计算机作为时代发展过程中的重要推动力量，已经逐渐融入社会生产和生活中。在科学技术不断发展的情况下，人们的生产和生活方式也随之发生改变，计算机技术也取得了很大的发展。

学习目标

- 了解计算机新技术及其主要代表技术的基本概念。
- 掌握计算机新技术各主要代表技术的特点。
- 了解新一代信息技术各主要代表技术的典型应用。

任务 7.1　什么是物联网

任务描述

当我们轻触一下计算机或手机的按钮，即使千里之外，也能了解到家中某件物品的状况或某个人的活动情况。发一个短信，就能打开电器；有人非法入侵住宅，就能收到自动报警电话等，这样智能的场景，已不再是只出现在科幻大片中了，物联网正在逐步进入人们的生活，与人们的生活息息相关。

任务目标

- 理解物联网的基本概念。
- 了解物联网关键技术。
- 了解物联网的应用领域。

任务实现

1. 物联网概述

物联网（Internet of Things，IoT）是指将各种信息传感器（如各类声、光、电、热、力、化学及生物传感器）、射频识别（RFID）技术、全球定位系统（Global Positioning System，GPS）、红外感应器等各种信息传感设备与技术，通过互联网实时采集、传输和处理信息，从而实现世界上所有的人、机、物在任何时间、任何地点都可以互联互通。

物联网通过智能感知、识别技术等通信感知技术，广泛应用于网络的融合中，因此被称为继计算机、互联网之后世界信息产业发展的第 3 次浪潮。1999 年，美国麻省理工学院自动标识中心提出物联网概念。2005 年，国际电信联盟（International Telecommunication Union，ITU）发布《ITU 互联网报告 2005：物联网》正式提出了"物联网"的概念。2009 年无锡市率先建立了"感知中国"研究中心。中国科学院、相关运营商以及多所大学相继在无锡市建立了物联网研究机构。

2. 物联网的关键技术

（1）RFID 技术

RFID 技术即射频识别技术，是一种非接触式自动识别技术，能够利用无线射频方式对实体对象（电子标签）快速、实时准确地进行读写，从而达到对目标信息自动采集识别与交换处理的目的。识别工作无须人工干预，操作简单快捷，适用于各种恶劣环境。阅读器将射频信号发送给电子标签，通过电子标签返回的响应信号获取标签数据。阅读器基本器件通常包含天线、射频接口模块、逻辑控制模块。电子标签由耦合元件及芯片组成，具有数据存储量大，数据可随时读写更新，读写速度快，体积小等特性，易封装附着在产品上用于标识目标对象。按电子标签内部使用存储器的类型，标签可分为只读标签与可读写标签。按电子标签工作的频率，标签可分为低频（30 ~ 300 kHz）标签、中高频（3~30 MHz）标签、超高频与微波［433.92 MHz，862（902）~ 928 MHz，2.45 GHz，5.8 GHz］标签。按电子标签获取能量的方式，标签又可分为有源式标签与无源式标签。其工作原理为：阅读器与电子标签之间通过射频信号进行非接触式数据通信，读取信息解码后，从而达到识别目标信息。

（2）传感器技术

物联网中，传感器是物联网系统的神经末梢，感知现实世界中物的信息，就需要借助各类传感器。传感器是一种能够感应到指定被测部分，并将其转换为可用信息的装置，一般由传感元件和转换元件组成。传感器是物联网感知自然的"感觉器官"，能够将自然界中的各种声、光、电、热等信号转换成可用电信号，为互联网系统提供最原始的数据信息。根据传感器用途、原理和输出信号等进行分类，传感器可分为压力敏和力敏传感器、热敏传感器、速度传感器、加速度传感器、振动传感器、湿敏传感器、气敏传感器、真空传感器、生物传感器、模拟传感器，及数字传感器等。

（3）M2M 技术

M2M 广义上可代表机器对机器、人对机器、机器对人之间的连接与通信，主要在人、机器、系统之间建立起通信连接并交换数据。系统构成由智能化机器（让机器具有信息感知、信息加工能力）、M2M 硬件（使机器具备联网能力的部件）、通信网络（GSM、GPRS 和 UMTS 远距离连接技术及 Bluetooth、ZigBee 和 RFID 近距离连接技术）、中间件（M2M 网关）。M2M

技术为各行各业提供数据采集、传输、分析及管理业务，实现业务流程更加自动化。

3. 物联网的应用领域

（1）智能家居

智能家居覆盖照明、智能电器、智能影音娱乐、智能环境监控系统、智能安防系统，以及智能门窗控制等各种日常生活功能需求。人们可以通过墙装控制面板、智能手机或者平板电脑等终端设备管理和控制自己的家。同时，在各种传感器和逻辑模块的作用下，系统也可以实现自动控制，为用户带来全方位的智能生活体验，让家居生活更舒适、方便、安全。

（2）智能出行

物联网让我们的出行更便捷、智能，通过车载智能系统与云端迅速通信，行车路线、驻车不用用户去操心。它为人们创造了安全、便利、高效的出行条件。

（3）智能物流

智能物流就是利用物联网先进的信息采集、处理、流通、管理、分析技术，智能化地完成包装、仓储、运输、配送和装卸等基本环节，实时反馈物品流动状态，强化流动监控，使货物能快速且高效地送达消费者手中，提高物流行业服务水平，大大降低自然资源和社会资源的消耗。

（4）智能农业

智能农业产品通过实时采集温室内温度、土壤温度、CO_2浓度、湿度信号以及光照及叶面湿度等环境参数，根据农业生产的实际需求，自动开启或者关闭指定设备，从而实现农业生产过程中综合生态信息的自动监测、自动控制及智能化远程管理。

（5）智能安防

智能安防主要包括门禁、报警和监控三大部分与智能分析技术，实现机器智能化判断，降低安防系统对人的依赖性，实现真正的智能化安全管理。

（6）智能交通

智能交通系统将各种先进的数据通信技术、传感器技术及计算机技术有效地应用于整个交通管理体系，提高交通运输效率，缓解交通阻塞，减少交通事故。

（7）智能医疗

智能医疗利用先进的物联网技术、计算机技术等实现医疗信息的智能化采集、处理、存储、运输及各项医疗环节的数字化运作，逐步实现医疗信息化。

（8）智能制造

智能制造主要体现在数字化及智能工厂改造方面，包括工厂生产设备监控和工厂环境监控。

（9）智慧城市

智慧城市是物联网的重要应用场景，物联网则是实现智慧城市的重要基础。在物联网技术的帮助下，交通、水电、卫生、电子政务等城市基本功能正在实现信息化，实现城市智慧式管理运行，促进城市和谐可持续发展，为居住在城市中的人们创造更美好的生活。

任务 7.2　什么是云计算

微课 7.2
云计算概述

任务描述

人们如何共享软硬件资源和信息，将其按需求提供给计算机和其他设备？

任务目标

- 理解云计算的基本概念。
- 掌握云计算的特点。
- 了解云计算的服务类型。

任务实现

1. 云计算概述

云计算（Cloud Computing）是分布式计算的一种，是一种基于互联网的超级计算模式。指的是在远程的数据中心里，成千上万台计算机通过网络将巨大的数据计算处理程序分解成无数个小程序，然后和数据中心服务器组成的系统处理和分析这些小程序并返回结果给用户。在很短的时间里可以完成对数以万计的数据的处理，甚至可以让你体验万亿次每秒的运算能力，用户可通过计算机、手机等方式接入数据中心，根据自己的需求进行运算。

2. 云计算的特点

（1）虚拟化

虚拟化是指计算机物理平台与应用部署环境在空间上是分离的，通过应用虚拟和资源虚拟两种技术来实现。虚拟化突破了时间、空间的界限，可以使用户在任意时间、位置来获取服务，是云计算最为显著的特点。

（2）动态可扩展

云计算中的一个显著的特点便是可以动态伸缩，在原有服务器基础上增加云计算功能能够使计算速度迅速提高，以满足应用和客户规模增长的需要。

（3）按需部署

计算机中有许多不同的应用，不同的应用对应的数据资源不同，用户运行不同的应用需要较强的计算能力对资源进行部署，而云计算平台能够根据用户的需求快速配备计算能力及资源。

（4）按需计费

云计算是一个庞大的资源池，用户可按需购买服务，计费方式可以像日常生活中的水、电、煤气那样按使用量付费就可以了。

（5）可靠性高

云计算使用了数据多副本容错、计算结点同构可互换等措施来保障服务的可靠性。

（6）性价比高

随着云计算技术的发展，用户不再需要昂贵、存储空间大的主机，可以选择相对廉价的

PC 组成云，可以大大降低企业客户在运营中的成本，而且效率更高。

3. 云计算的服务类型

（1）基础设施即服务（IaaS）

基础设施即服务是主要的服务类型之一，它向需要云计算的个人或组织提供虚拟化计算资源，如虚拟机、存储、网络和操作系统。

（2）平台即服务（PaaS）

平台即服务，也称为中间件。将软件开发环境、测试和管理作为一种服务，以租用的模式提供给客户，用户所有的开发都可以在这一层进行，节省了时间和资源。PaaS 公司提供各种开发、分发应用的相关解决方案，比如虚拟服务器和操作系统，这一服务类型主要是将开发平台作为服务提供给用户。

（3）软件即服务（SaaS）

软件即服务主要是通过互联网提供按需付费的软件应用程序。这一服务是和人们的生活比较密切相关的。云计算提供商托管和管理软件应用程序，而其用户大多是通过网页浏览器来接入，并允许其用户通过互联网连接到任何一个远程服务器上的应用程序来进行访问。

任务 7.3　什么是大数据

任务描述

当人们浏览购物网站时，为什么经常会出现有针对性的商品推荐？

微课 7.3
大数据概述

任务目标

- 理解大数据的基本概念、结构。
- 了解大数据的应用领域。

任务实现

1. 大数据概述

大数据（Big Data）或称巨量资料，指的是数据集合的规模巨大到无法在一定的时间范围内使用常规软件对其进行捕获、管理和处理，需要新的处理模式才能将其整理成为具有更强的决策力、洞察力和流程优化力的信息资产。大数据的 5 个特点为：Volume（大量）、Velocity（高速）、Variety（多样）、Value（价值）和 Veracity（真实性）。

大数据的价值不在于掌握庞大的数据信息，而在于对海量的数据中那些含有意义的数据进行专业化的处理加工。如果把大数据比作一种产业，那么这种产业实现盈利的关键，在于提高对数据的"加工能力"，通过"加工"来实现数据的"增值"。

从技术上看，大数据与云计算的关系就像硬币的正反面一样密不可分。大数据必然无法用单台的计算机进行处理，必须采用分布式架构。它的特色在于对海量数据进行分布式数据挖掘。大数据需要特殊的技术才能有效地处理大量的数据。适用于大数据的技术有大规模并行处理、数据库、数据挖掘、分布式文件系统、分布式数据库、云计算平台、互联网和可扩展的储存系统。

2. 大数据的结构

大数据就是互联网发展到现阶段的一种表象或特征,在以云计算为代表的技术创新的支撑下,原本这些看起来难以收集和使用的数据变得容易收集和利用了,通过各行业的不断创新,大数据将为人类创造更多的价值。

大数据包括结构化、半结构化以及非结构化数据。想要系统地认知大数据,主要从三个层面来展开。

第一层面是理论。理论是认知的必经途径,也是被广泛认同和传播的基线。从大数据的特征定义来理解对大数据的整体描绘和定性;从对大数据价值的探讨来深入解析大数据的价值所在;洞悉大数据的发展趋势;从大数据隐私这个特别而重要的视角审视人和数据之间的长久博弈。

第二层面是技术。云计算、分布式处理技术、存储技术和感知技术等的发展是大数据价值体现的手段和前进的基石。

第三层面是实践。实践是大数据的最终价值体现。互联网的大数据,政府的大数据,企业的大数据和个人的大数据等已描绘出大数据的美好景象以及即将实现的蓝图。

3. 大数据的应用领域

大数据产业是对数量巨大、来源分散、格式多样的数据进行采集、存储和关联分析,从中发现新知识、创造新价值的新一代信息技术和服务业态。大数据的主要应用领域包括教育、交通、能源、健康和金融等。

典型的应用案例有:洛杉矶警察局和加利福尼亚大学合作利用大数据预测犯罪的发生;统计学家内特·西尔弗(Nate Silver)利用大数据预测 2012 年美国总统选举结果;麻省理工学院利用手机定位数据和交通数据制定城市规划;梅西百货的实时定价机制,根据需求和库存的情况,该公司基于大数据系统对多达 7 300 万种货品进行实时调价。电商平台利用大数据进行精准营销等。

任务 7.4　什么是区块链

任务描述

如何有效地对商品的全程溯源、安全、防伪、防窜货、追踪查询等进行有效管控?

任务目标

微课 7.4
区块链概述

- 理解区块链的基本概念。
- 掌握区块链的基本特征。
- 了解区块链的应用领域。

任务实现

1. 区块链概述

区块链(Block Chain)是分布式数据存储、点对点传输、共识机制、加密算法等计算机技术的新型应用模式。

区块链是一个重要概念，它本质上是一个去中心化的数据库，是一串使用密码学方法相关联产生的数据块，每一个数据块中包含了一批次网络交易的信息，用于验证其信息的有效性（防伪）和生成下一个区块。

2. 区块链基本特征

（1）去中心化

由于区块链使用分布式核算和存储，不存在中心化硬件和管理机构，任何结点的权利和义务都是均等的，系统中的数据由系统中具有维护功能的结点共同维护。

（2）开放性

区块链系统是开放的，公链代码是开源的。除了对交易各方的私有信息进行加密，数据是对大众公开的。任何人都能对数据进行查询，系统数据高度透明。

（3）自治性

自治性是建立在规范和协议的基础之上（比如一套公开透明的算法），让系统里所有结点都能在去信任的环境中自由安全地交换数据。任何人都无法干涉区块链的协议信任。

（4）信息不可篡改

信息一经所有结点验证并添加到区块链上，就会被永久记录下来。除非同时控制系统里51%以上的结点，否则，单个结点上对数据库私自篡改是无效的，无法上链记录的。因此，区块链数据的稳定性和安全性非常高。

（5）匿名性

区块链结点之间的交换严格遵循固定算法执行，其信息交互是无须信任的，换而言之，交易过程中交易双方无须公开身份。

3. 区块链应用领域

（1）政务领域

政务领域是区块链技术落地的最多的场景之一。北京市所有政府部门的数据目录都将通过区块链形式进行锁定和共享，形成"目录链"。重庆市上线了区块链政务服务平台，绍兴成功判决全国首例区块链存证刑事案件，在案件办理过程中通过区块链技术对数据进行加密，并通过后期哈希（Hash）值比对，确保证据的真实性。区块链在政务面的广泛应用，基于一个简单的技术原理，即区块链能够打破数据壁垒，解决信任问题，极大地提升办事效率。

（2）金融领域

区块链在金融领域的应用中，利用区块链技术可以有效提高结算效率，降低交易成本，提高交易信任度等，目前已在银行、证券、保险、跨境支付等多个领域应用。

（3）公共服务领域

区块链在公共管理、能源、交通等领域都与民众在生产、生活中的联系日渐紧密。这些领域的中心化特质带来了一些问题，可以用区块链来改造。

（4）物流领域。在物流领域，通过区块链可以有效降低物流综合成本，追溯物品的运送过程，提高供应链物流信息管理水平。

任务 7.5   人工智能能做什么

微课 7.5
人工智能概述

任务描述

扫地机器人为什么这么聪明？翻译软件为什么能够实现语音之间互译？

任务目标

- 理解人工智能的基本概念。
- 了解人工智能的发展阶段。
- 掌握人工智能的应用领域及对现代信息社会发展的影响。

任务实现

1. 人工智能概述

人工智能（Artificial Intelligence，AI）指的是用于研究、开发模拟、延伸和扩展人的智能的理论、方法、技术及应用系统的一门新的技术科学。人工智能是计算机科学的一个分支，它意图了解智能的实质，并生产出一种新的能以人类智能相似的方式做出反应的智能机器。该领域的研究包括机器人、语音识别、图像识别、自然语言处理和专家系统等。人工智能从诞生以来，理论和技术日益成熟，应用领域也不断扩大，可以设想，未来人工智能带来的科技产品，将会是人类智慧的"容器"。人工智能是对人的意识、思维的信息过程的模拟。

人工智能是一门极富挑战性的科学，它由各种不同的领域组成，如机器学习、计算机视觉等。总的说来，人工智能研究的一个主要目标是使机器能够胜任一些通常需要人类智能才能完成的复杂工作。但不同的时代、不同的人对这种"复杂工作"的理解是不同的。2017年12月，人工智能入选"2017年度中国媒体十大流行语"。

2. 人工智能的发展阶段

人工智能产业正在蓬勃发展。随着人工智能技术的进一步成熟以及政府和产业界投入的日益增长，人工智能应用的云端化将不断加速，全球人工智能产业规模在未来10年将进入高速增长期。1956年夏季，以麦卡赛、明斯基、罗切斯特和香农等为首的一批有远见卓识的科学家在一次计算机科学的会议中，共同研究和探讨用机器模拟智能的一系列有关问题，并首次提出了"人工智能"这一术语，它标志着"人工智能"这门新兴学科的正式诞生。IBM公司"深蓝"计算机击败了人类的国际象棋冠军更是人工智能技术的一个巨大进步。

从1956年正式提出人工智能的概念算起，60多年来，人工智能取得了长足的发展，成为一门广泛交叉的和前沿科学。总的说来，人工智能的目的就是让计算机能够像人一样思考。如果希望做出一台能够思考的机器，那就必须知道什么是思考，更进一步讲就是什么是智慧。什么样的机器才是智慧的呢？科学家已经发明了汽车、火车、飞机、收音机等，它们模仿我们身体器官的功能，但是能不能模仿人类大脑的功能呢？到目前为止，人们也仅仅知道大脑是由数十亿个神经细胞组成的器官，但对它仍知之甚少，模仿它或许是最困难的事情之一了。

当计算机出现后，人类开始真正有了一个可以模拟人类思维的工具，在以后的岁月中，无数科学家为这个目标不断努力。如今，人工智能已经不再是几个科学家在研究了，全世界几乎所有大学的计算机系都有人在研究这门学科，学习计算机的大学生也必须学习它，在大家不懈的努力下，如今计算机似乎已经变得越来越聪明了。例如，1997 年 5 月，IBM 公司研制的深蓝（Deep Blue）计算机战胜了国际象棋大师卡斯帕洛夫（Kasparov）。人们或许不会注意到，在一些地方计算机在帮助人进行一些原来只属于人类的工作，计算机以它高速和准确的特色为人类发挥着它的作用。人工智能是计算机科学的前沿学科，计算机编程语言和其他计算机软件都因为有了人工智能的助力而得以更快的发展。

2019 年 3 月 4 日，十三届全国人大二次会议举行新闻发布会，大会发言人张业遂表示，已将与人工智能密切相关的立法项目列入立法规划。

3. 人工智能影响的领域

（1）人工智能对自然科学的影响

在需要使用数学计算工具解决问题的学科，AI 所带来的帮助不言而喻。更重要的是，AI 反过来有助于人类最终认识自身智能的形成。

（2）人工智能对经济的影响

专家系统更深入各行各业，带来巨大的宏观效益。AI 也促进了计算机工业网络的发展。但同时，也带来了劳动力就业问题。AI 在科技和工程中的应用能够代替人类进行某些技术工作和脑力劳动，可能造成社会结构的剧烈变化。

（3）人工智能对社会的影响

AI 也为人类文化生活提供了新的模式。现有的游戏将逐步发展为更高智能的交互式文化娱乐手段。目前，人工智能的应用已经深入到各大游戏制造商的开发中。

机器翻译（简称"机译"）是人工智能的重要分支和最先应用的领域之一。不过，就目前的机译的成就来看，机译系统的译文质量离理想水平仍相差甚远；而机译质量是机译系统成败的关键。我国数学家、语言学家周海中教授曾在论文《机器翻译五十年》中指出：要提高机译的质量，首先要解决的是语言本身的问题而不是程序设计问题；单靠若干程序来做机译系统，肯定是无法提高机译质量的；另外在人类尚未明了大脑是如何进行语言的模糊识别和逻辑判断的情况下，机译要想达到"信、达、雅"的程度是不可能的。人工智能成为家电业的新风口，而长虹正成为将这一浪潮掀起的首个家电巨头。长虹发布两款 CHiQ 智能电视新品，主打手机遥控器、带走看、随时看、分类看等功能。

任务 7.6　了解互联网＋

任务描述

互联网＋让人们的日常生活更加方便，例如通过打车软件打车，网上购买火车票、飞机票等等。

任务目标

- 理解互联网＋的基本概念与特征。
- 了解互联网＋的应用领域。

微课 7.6

互联网＋概述

任务实现

1. 互联网 + 概述

简单地说，互联网 + 就是"互联网 + 传统行业"。随着科学技术的发展，利用信息和互联网平台，使得互联网与传统行业进行融合，利用互联网具备的优势特点，创造了新的发展机会。"互联网 +"通过其自身的优势，对传统行业进行优化升级转型，使得传统行业能够适应当下的新发展，从而最终推动社会不断地向前发展。

互联网 + 是指在创新 2.0（信息时代、知识社会的创新形态）推动下互联网发展的新业态，也是在知识社会创新 2.0 推动下由互联网形态演进、催生的经济社会发展新形态。互联网 + 是互联网思维的进一步实践成果，推动经济形态不断地发生演变，从而增强社会经济实体的生命力，为改革、创新、发展提供广阔的网络平台。通俗地说，"互联网 +"就是"互联网 + 各个传统行业"，但这并不是简单的两者相加，而是利用信息、通信技术以及互联网平台，让互联网与传统行业进行深度融合，创造新的发展生态。它代表一种新的社会形态，即充分发挥互联网在社会资源配置中的优化和集成作用，将互联网的创新成果深度融合于经济、社会各领域之中，提升全社会的创新力和生产力，形成更广泛的以互联网为基础设施和实现工具的经济发展新形态。

2."互联网 +"的 6 大特征

① 跨界融合。"+"就是跨界，就是变革，就是开放，就是重塑融合。敢于跨界了，创新的基础就更坚实；融合协同了，群体智能才会实现，从研发到产业化的路径才会更垂直。融合本身也指代身份的融合，客户消费转化为投资，伙伴参与创新等。

② 创新驱动。我国粗放的资源驱动型增长方式难以为继，应该转变到创新驱动发展的道路上来。这正是互联网的特质，用互联网思维来求变、自我革命，也更能发挥创新的力量。

③ 重塑结构。信息革命、全球化、互联网已打破了原有的社会结构、经济结构、地缘结构和文化结构。权力、议事规则和话语权不断在发生变化。互联网 + 社会治理、虚拟社会治理会与传统的治理方式有很大的不同。

④ 尊重人性。人性的光辉是推动科技进步、经济增长、社会进步和文化繁荣的最根本的力量，互联网的力量之强大最根本的也来源于对人性的最大限度的尊重、对人体验的敬畏、对人发挥创造性的重视。例如用户产生内容、卷入式营销和分享经济。

⑤ 开放的生态。关于"互联网 +"，开放的生态是非常重要的特征。我们推进互联网 +，其中一个重要的方向就是要把过去制约创新的环节化解掉，把孤岛式创新连接起来，让研发由人性决定的市场驱动，让创业者有机会实现价值。

⑥ 连接一切。连接是有层次的，可连接性是有差异的，连接的价值相差很大，但是连接一切是互联网 + 的目标。

3."互联网 +"的实际应用领域

"互联网 + 工业"即传统制造业采用移动互联网、云计算、大数据和物联网等信息、通信技术，改造原有产品及研发生产方式。

"互联网 + 金融"从组织形式上来看，至少有 3 种方式。第 1 种是互联网公司做金融产业；第二种是金融机构的互联网化；第三种是互联网公司和金融机构合作。

"互联网 + 通信"为即时通信，几乎人人都在用即时通信 App 进行语音、文字或视频交流。

"互联网＋交通"已经在交通运输领域广泛应用，如人们经常使用的打车软件、网购火车票和飞机票、出行地图导航系统等。

"互联网＋教育"影响的不只是学生，还有一些平台能够实现就业的机会，在线教育平台能提供的职业培训就能够让一批人实现职业技能提升，从而促进就业。

任务 7.7　认识电子商务

任务描述

想买一部学习用的计算机，除了去实体店购买，还有什么购买方式？

微课 7.7
认识电子商务

任务目标

- 理解电子商务的基本概念。
- 了解电子商务的发展阶段。
- 掌握电子商务的主要特征和功能。

任务实现

1. 电子商务概述

电子商务是以信息网络技术为媒介，以商品交换为中心的商务活动；可以理解为在互联网、企业内部网和增值网上以电子交易方式进行交易活动和相关服务的活动，是传统商业活动各环节的信息化。

电子商务是指在全球各地广泛的商业贸易活动中，在 Internet 开放的网络环境下，基于浏览器应用方式，买卖双方不见面地进行各种商贸活动，实现消费者的网上购物、商户之间的网上交易和在线电子支付以及各种商务活动、交易活动、金融活动和相关的综合服务活动的一种新型的商业运营模式。

2. 电子商务的发展阶段

第 1 阶段：电子邮件阶段。这个阶段可以认为从 20 世纪 70 年代开始，平均的通信量以每年几倍的速度增长。

第 2 阶段：信息发布阶段。从 1995 年起，以 Web 技术为代表的信息发布系统爆炸式地成长起来，成为目前 Internet 的主要应用。

第 3 阶段：电子商务阶段。电子商务（EC）在美国也才刚刚开始，之所以把 EC 列为一个划时代的事物，是因为 Internet 的主要商业用途之一就是电子商务。同时反过来也可以说，以后的商业信息会主要通过 Internet 传递。Internet 即将成为我们这个商业信息社会的神经系统。

第 4 阶段：全程电子商务阶段。随着 SaaS 模式的出现，软件纷纷登录互联网，延长了电子商务链条，形成了当下最新的"全程电子商务"概念模式。

第 5 阶段：智慧电子商务阶段。2011 年，互联网信息碎片化以及云计算技术愈发成熟，主动互联网营销模式出现 I-Commerce（Individual Commerce）顺势而出，电子商务摆脱传统销售模式原样迁移到互联网上的现状，以主动、互动及用户关怀等多角度与用户进行深层次沟通。

3. 电子商务的特征

电子商务具有方便性、普遍性、安全性、整体性和协调性等特征。

① 方便性。在电子商务环境中，人们不再受地域的限制，客户能以非常简捷的方式完成过去较为繁杂的商业活动。例如，通过网络银行能够全天候地存取账户资金、查询信息等，同时使企业对客户的服务质量得以大大提高。

② 普遍性。电子商务作为一种新型的交易方式，将生产企业、流通企业以及消费者和政府带入了一个网络经济、数字化生存的新天地。

③ 安全性。在电子商务中，安全性是一个至关重要的问题，它要求网络能提供一种端到端的安全解决方案，如加密机制、签名机制、安全管理、存取控制、防火墙及防病毒等，这与传统的商务活动有着很大的不同。

④ 整体性。电子商务能够规范事务处理的工作流程，将人工操作和电子信息处理集成为一个不可分割的整体，这样不仅能提高人力和物力的利用率，也可以提高系统运行的严密性。

⑤ 协调性。商业活动本身是一种协调过程，它需要客户与公司内部、生产商、批发商及零售商间的协调。在电子商务环境中，它更要求银行、配送中心、通信及技术服务等多个部门的通力协作。

4. 电子商务的功能

电子商务可提供网上交易和管理等全过程的服务。因此，它具有广告宣传、咨询洽谈、网上定购、网上支付、电子账户、服务传递、意见征询和交易管理等各项功能。

① 广告宣传。电子商务可凭借企业的 Web 服务器和客户的浏览，在 Internet 上发布各类商业信息。客户可借助网上的检索工具迅速地找到所需商品信息，而商家可利用网上主页和电子邮件在全球范围内做广告宣传。与以往的各类广告相比，网上的广告成本较为低廉，而给顾客的信息量却较为丰富。

② 咨询洽谈。电子商务可借助非实时的电子邮件，新闻组和实时的讨论组来了解市场和商品信息、洽谈交易事务，如有进一步的需求，还可用在线会议软件使网上的咨询和洽谈能超越人们面对面会谈的限制提供多种方便的异地会谈形式。

③ 网上订购。电子商务可借助 Web 中的邮件交互传送实现网上的订购。网上的订购通常都是在产品介绍的页面上提供十分友好的订购提示信息和订购交互格式框。当客户填完订购单后，通常系统会回复确认信息单来保证订购信息的收悉。订购信息也可采用加密的方式使客户和商家的商业信息不会泄露。

④ 网上支付。电子商务要成为一个完整的过程，网上支付是重要的一个环节。客户和商家之间可采用信用卡账号实施支付。在网上直接采用电子支付手段将可省去交易中很多的人员开销。网上支付需要更为可靠的信息传输安全性控制以防止欺骗、窃听和冒用等非法行为。

⑤ 电子账户。网上的支付必须有电子金融来支持，即银行或信用卡公司及保险公司等金融单位要为金融服务提供网上操作的服务。而电子账户管理是其基本的组成部分。信用卡号或银行账号都是电子账户的一种标志。而其可信度需配以必要的技术措施来保证，如数字凭证、数字签名及加密等，这些手段的应用提供了电子账户操作的安全性。

⑥ 服务传递。对于已付款的客户应将其订购的货物尽快地传递到他们的手中。而有些

货物在本地，有些货物在异地，电子邮件将能在网络中进行物流的调配。而最适合在网上直接传递的货物是信息产品，如软件、电子读物、信息服务等。它能直接从电子仓库中将货物发到用户端。

⑦ 意见征询。电子商务能十分方便地采用网页上的"选择""填空"等格式文件来收集用户对销售服务的反馈意见。这样使企业的市场运营能形成一个封闭的回路。客户的反馈意见不仅能提高售后服务的水平，更使企业获得改进产品、发现市场的商业机会。

⑧ 交易管理。整个交易的管理将涉及人、财、物多个方面，企业和企业、企业和客户及企业内部等各方面的协调和管理。因此，交易管理是涉及商务活动全过程的管理。电子商务的发展，将会提供一个良好的交易管理的网络环境及多种多样的应用服务系统。这样，能保障电子商务获得更广泛的应用。

本 章 小 结

本章要求熟练掌握理解计算机新技术及其主要代表技术的基本概念、技术特点以及典型的应用领域。

课 后 练 习

选择题

1. 作为物联网发展的排头兵，（　　　）技术是市场最为关注的技术。
   A. 射频识别　　　　　　　　　　　B. 传感器
   C. 智能芯片　　　　　　　　　　　D. 无线传输网络
2. 首次提出物联网概念的著作是（　　　）。
   A.《未来之路》　　　　　　　　　　B.《信息高速公路》
   C.《扁平世界》　　　　　　　　　　D.《天生偏执狂》
3. 物联网的核心和基础仍然是（　　　）。
   A. RFID　　　　B. 计算机技术　　　　C. 人工智能　　　　D. 互联网
4. 有源标签与阅读器通信所需的射频能量由（　　　）提供。
   A. 标签电池　　　　B. 阅读器电池　　　　C. 外部能源　　　　D. 交互能源
5. M2M 技术的核心理念是（　　　）。
   A. 简单高效　　　　B. 网络一切　　　　C. 人工智能　　　　D. 智慧地球
6. 云计算是对（　　　）技术的发展与运用。
   A. 并行计算　　　　　　　　　　　B. 网格计算
   C. 分布式计算　　　　　　　　　　D. 3 个选项都是
7. 从研究现状上看，下面不属于云计算特点的是（　　　）。
   A. 超大规模　　　　B. 虚拟化　　　　C. 私有化　　　　D. 高可靠性
8. 将平台作为服务的云计算服务类型是（　　　）。
   A. IaaS　　　　　　　　　　　　　B. PaaS

C. SaaS   D. 3 个选项都不是

9. 将基础设施作为服务的云计算服务类型是 IaaS，其中的基础设施包括（   ）。

    A. CPU 资源　　　　　B. 内存资源　　　　C. 应用程序

    D. 存储资源　　　　　E. 网络资源

10. 以下（   ）不是大数据的特征。

    A. 价值密度低　　　　　　　　　　B. 数据类型繁多

    C. 访问时间短　　　　　　　　　　D. 处理速度快

11. 智慧城市的构建，不包含（   ）。

    A. 数字城市　　　　B. 物联网　　　　　C. 联网监控　　　　D. 云计算

12. 当前社会中，最为突出的大数据环境是（   ）。

    A. 综合国力　　　　B. 物联网　　　　　C. 互联网　　　　D. 自然资源

13. （   ）反映数据的精细化程度，越细化的数据，价值越高。

    A. 规模　　　　　　B. 活性　　　　　　C. 颗粒度　　　　D. 关联度

14. （   ）是区块链最核心的内容。

    A. 合约层　　　　　B. 应用层　　　　　C. 共识层　　　　D. 网络层

15. 区块链在资产证券化发行方面的应用属于（   ）。

    A. 数字资产类　　　　　　　　　　B. 网络身份服务

    C. 电子存证类　　　　　　　　　　D. 业务协同类

16. 根据创新扩散理论，在创新扩散的采纳人群中，（   ）是最有创新精神的，技术一出现就去探索使用。

    A. 创新者　　　　　B. 早期大众　　　　C. 晚期大众　　　　D. 落后者

17. 被誉为"人工智能之父"的科学家是（   ）。

    A. 明斯基　　　　　B. 图灵　　　　　　C. 麦卡锡　　　　D. 冯·诺依曼

18. AI 的英文全拼是（   ）。

    A. Automatic Intelligence　　　　　B. Artificial Intelligence

    C. Automatic Information　　　　　D. Artificial Information

19. 下面不属于人工智能研究基本内容的是（   ）。

    A. 机器感知　　　　B. 机器学习　　　　C. 自动化　　　　D. 机器思维

20. 人工智能是知识与智力的综合，下列中不是智能特征的是（   ）。

    A. 具有自我推理能力　　　　　　　B. 具有感知能力

    C. 具有记忆与思维的能力　　　　　D. 具有学习能力以及自适应能力

21. 要想让机器具有智能，必须让机器具有知识。因此，在人工智能中有一个研究领域，主要研究计算机如何自动获取知识和技能，实现自我完善，这门研究分支学科叫（   ）。

    A. 专家系统　　　　B. 机器学习　　　　C. 神经网络　　　　D. 模式识别

22. 在(   )召开的十二届全国人大三次会议上，在政府工作报告中首次提出"互联网+"行动计划。

    A. 2015 年 3 月 5 日　　　　　　　B. 2015 年 3 月 15 日

    C. 2015 年 6 月 27 日

23. "互联网+"背景下传统产业如何转型升级，（   ）成为互联网与传统产业结合的重要趋势，也是"互联网 +"发挥重要作用的立足点。

　　　　A. 跨界制造　　　　　B. 跨界融合　　　　　C. 跨界生产

24. 加快推进"互联网 +"发展，有利于重塑创新体系、激发创新活力、培育新兴业态和创新（　　　）模式。

　　　　A. 公共服务　　　　　B. 政府服务　　　　　C. 益民服务

25. "互联网 +"的核心是（　　　）的净化与扩展。

　　　　A. 物联网　　　　　B. 互联网　　　　　C. 大数据

第 8 章

信息素养与社会责任

信息素养与社会责任是指在信息技术领域，通过对信息行业相关知识的了解，内化形成的职业素养和行为自律能力。信息素养与社会责任对个人在各自行业内的发展起着重要作用。

信息素养与
社会责任

教学设计

信息素养与
社会责任

教学课件

学习目标

- 理解信息素养的基本概念及要素。
- 了解信息技术发展史。
- 了解信息安全及自主可控的要求。
- 掌握信息伦理知识并有效辨别虚假信息，了解相关法律法规与职业行为自律的要求。

任务　信息素养是什么

微课 8
信息素养概
述

任务描述

大学生除了要会使用计算机之外，还需要具备信息文化修养。

任务目标

- 理解信息素养的基本概念及要素。
- 了解信息技术发展史。
- 了解信息技术相关法律法规、信息伦理。

任务实现

1. 信息素养概述

信息素养即信息文化。美国信息产业协会主席保罗·柯斯基于 1974 年提出"信息素养是人们在解决问题时利用信息的技术和技能"。美国图书馆于 1989 年将信息素养定义为：信息素养是个体能够认识到需要信息，并且能够对信息进行检索、评估和有效利用能力。信息素养是一个含义广泛的综合性概念，信息素养不仅包括高效地利用信息资源和信息工具的能力，还包括获取、识别、处理、传递和应用信息的能力，更加重要的是独立自主的学习态度和方法、批判精神及强烈的社会责任感和参与意识，并将它们用于实际问题的解决。信息素养的要素如下所述。

（1）信息意识

信息意识是指个人对信息的敏感度和对信息价值的判断力。只有具备了信息意识才能了解信息及信息素养在现代社会中的作用与价值，主动地寻求恰当的方式捕获、提取和分析信息，并加以有效的方法和手段判断信息的可靠性、真实性、准确性和目的性，对信息可能产生的影响进行预期分析，自觉地充分利用信息解决生活、学习和工作中的实际问题，具有团队协作精神，善于与其他人合作、共享信息，实现信息的更大价值。信息意识包括自我知识积累意识；有意识地运用信息技术手段和资源辅助我们对周边事物的认知；对信息价值的敏感性，能够从海量的信息中意识到哪些信息对自己学习、生活以及社会发展有价值，从而选取自己所需的信息；具有创新意识，信息技术飞速发展，技术更新速度加快，单独掌握一种信息技术已经不是一劳永逸的事情了，因此学习者要多尝试一些新技术手段、新方法来辅助自己解决问题。

（2）信息知识

信息知识指学习者平日里对信息技术的相关知识的了解，包括信息技术基本常识，信息系统工作原理以及信息技术新发展等问题。

（3）信息技能

信息技能指对信息的基本操作能力，包括信息的采集、传输、处理和应用的能力，以及对信息进行评价的能力等。在当今信息时代，只具有强烈的信息意识和丰富的信息常识，而不具备较高的信息技能，还是无法有效地利用各种信息工具去收集、获取、加工和处理有价值的信息，便无法提高学习效率与质量，无法适应当今信息时代对未来人们职业发展的要求。信息技能是信息素养诸要素的核心。

（4）信息伦理道德

信息伦理道德指人在信息活动中的道德情操，合法、合情且合理地利用信息去解决个人和社会所关心的问题，使信息产生价值。培养树立正确的信息伦理道德修养，遵循信息应用人员的道德规范，不从事非法信息活动的同时也要懂得如何预防计算机病毒和其他计算机信息犯罪活动。

2. 信息技术发展史

人类信息技术发展史上，有 5 次大的发展。

第一次，语言的产生。信息在人脑中存储和加工，利用声波进行传递，是猿到人的标志。发生在距今 35 000 ~ 50 000 年前。

第二次，文字的发明和使用打破了语言在时间和空间上的局限。世界上最早出现的 4 种文字有古埃及象形文字，约公元前 3 100 年；楔形文字，约公元前 3 200 年；甲骨文，中国商代；玛雅文字，公元前后。

第三次，造纸术和印刷术的发明和应用，使信息可以大量复制，为知识的积累、传播交流创造了条件，对世界文化发展做出了伟大的贡献。西汉时期（公元前 206 年）中国已经有了造纸术。印刷术其出现的年代在盛唐至中唐之间，盛行于北宋，最后由毕昇发明活字印刷术而成熟。

第四次，电报、电话、电视等及其他电信技术的发明和应用，进一步突破了时间和空间的限制。1837 年美国人莫尔斯研制了世界上第一台有线电报机。1844 年 5 月 24 日，人类历史上的第一份电报从美国国会大厦传送到了 40 英里外的巴尔的摩城。1864 年英国著名物理学家麦克斯韦发表了一篇论文《电与磁》，预言了电磁波的存在。1876 年 3 月 10 日，美国人贝尔用自制的电话同他的助手通了话。1895 年俄国人波波夫和意大利人马可尼分别成功地进行了无线电通信实验。1894 年电影问世。1925 年英国首次播映电视。

第五次，电子计算机和现代通信技术的普及应用与现代通信技术的有机结合，使信息的处理速度和传递速度飞速提高，将人类社会推进到了数字化的信息时代。

3. 信息安全及自主可控要求

随着计算机硬件的发展，计算机中存储的程序和数据的量越来越大，如何保障存储在计算机中的数据信息不丢失或被破坏，是任何计算机应用部门要首先考虑的问题，计算机的硬、软件生产厂商也在努力研究和不断解决这个问题。ISO（国际标准化组织）将其定义为：为数据处理系统建立和采用的技术、管理上的安全保护，为的是保护计算机硬件、软件、数据不因偶然和恶意的原因而遭到破坏、更改和泄露。造成计算机中存储数据丢失的原因主要有病毒侵蚀、人为窃取、电磁辐射及计算机存储器硬件损坏等。

信息安全的内容主要包括硬件安全和软件安全。

（1）硬件安全

计算机硬件是指计算机所用的芯片、板卡及输入/输出等设备。这些芯片和硬件设备也会对系统安全构成威胁。

如 CPU，像 Intel、AMD 的 CPU 都具有内部指令集，如 MMX、SSE、3DNOW、SSE2、SSE3、AMD64、EM64T 等，这些指令会被一些黑客利用来攻击破坏系统。

（2）软件安全

计算机软件安全的威胁主要来自计算机病毒。计算机病毒指"编制者在计算机中植入的破坏计算机功能或者破坏数据，且能影响计算机使用并且能够自我复制的一组计算机指令或程序代码"。

计算机病毒不是天然存在的，是某些人利用计算机软件和硬件所固有的脆弱性编制的一组指令集或程序代码。计算机病毒能通过某种途径潜伏在计算机的存储介质（程序）里，当达到某种条件时即被激活，通过修改其他程序将自己的精确副本或者演化后的形式植入其他程序，从而感染其他程序，对计算机资源进行破坏或盗窃信息。计算机病毒是人为制造的，对其他用户的危害性很大。

信息安全"本质"是自主可控。以自主可控为核心，助力国家信息安全，坚持以自主创新为导向，以自主可控为核心，发展核心技术，保障信息安全。《国家信息化发展战略纲要》（以下简称《刚要》）是规范和指导未来 10 年国家信息化发展的纲领性文件，对于我国信息化建设和发展具有重要意义，对于国内的 IT 厂商而言也将产生深远的影响。《纲要》中指出，要"以体系化思维弥补单点弱势，打造国际先进、安全可控的核心技术体系，带动集成电路、基础软件、核心元器件等薄弱环节实现根本性突破。"我国长城计算机在可信计算、安全存储、计算机底层安全防护和虚拟化等关键领域拥有核心技术，处于国内领先地位。长城安全 BIOS、安全存储、安全平台、TCM（可信计算模块）、身份识别技术、虚拟化技术、磐盾系统等计算机安全技术处于国内领先地位，填补了多项国家空白。尤其是近年来，长城计算机大步跨入自主可控计算机领域，研发制造基于全国产处理器和操作系统的自主可控计算机，是我国可信技术标准的重要参与者，也是国内唯一一家可提供基于龙芯、飞腾、申威、兆芯四款主流国产处理器自主设计研发自主可控计算机整机及系统的公司，已完成三十余款安全可靠计算机及主板产品的研发，可以提供从台式机、一体机到服务器等一系列产品，并打造出"本质安全"的自主可控产业链，努力维护国家信息安全。

4. 信息伦理知识及相关法律法规

信息伦理指涉及信息开发、传播、管理和利用等方面的伦理要求、准则、规约以及在此基础上形成的伦理关系，又称为信息道德，规范着人们之间及个人和社会之间信息关系的行为。信息伦理是信息活动中以善恶为标准，依靠人们内心的信念和特殊社会手段维系的。从主观方面来讲，指人类个体在信息活动中以心理活动形式表现出来的道德观念、情感和品行，如对信息劳动的价值认同，对非法窃取他人信息成果的鄙视等，即个人信息道德；从客观方面上指社会信息活动中人与人之间的关系以及反映这种关系的行为准则与规范，如扬善抑恶、权利义务、契约精神等，即社会信息道德。在全球化的信息浪潮中，我国必须把工业化和信息化结合起来，汲取西方发达国家信息化的成功经验，实现向信息社会的转型。而要顺利地完成我国信息化的任务，构建符合我国国情的信息伦理体系使我国成为一个有序的信息社会，加快信息技术的发展和信息资源的开发，也势必成为当务之急。除了培养并提高自身的信息素养，我们更应当遵循相应的法律法规。相关法律法规如下。

《中华人民共和国保守国家秘密法》
《中华人民共和国国家安全法》
《中华人民共和国电子签名法》
《计算机信息系统国际联网保密管理规定》
《涉及国家秘密的计算机信息系统分级保护管理办法》
《互联网信息服务管理办法》
《非经营性互联网信息服务备案管理办法》
《计算机信息网络国际联网安全保护管理办法》
《中华人民共和国计算机信息系统安全保护条例》
《信息安全等级保护管理办法》
《通信网络安全防护管理办法》
《电信和互联网用户个人信息保护规定》

本 章 小 结

本章要求熟练掌握信息素养的基本概念及要素，了解信息技术发展史、信息安全及自主可控的要求，了解信息技术相关法律法规、信息伦理。

课 后 练 习

1. 下列中属于二次信息的是（　　　）。
    A. 文摘　　　　　　　　B. 期刊　　　　　　　　C. 文献综述　　　　　　D. 百科全书
2. 在查找"化工的相关资料"时，应该用（　　　）检索途径。
    A. 分类　　　　　　　　B. 主题　　　　　　　　C. 作者　　　　　　　　D. 高级
3. 百度是全球最有影响力的互联网搜索引擎之一，它属于（　　　）。
    A. 全文搜索引擎　　　　　　　　　　　B. 元搜索引擎
    C. 目录式搜索引擎　　　　　　　　　　D. 垂直搜索引擎
4. 信息素养的概念是由美国信息产业学会主席（　　　）在 1974 年最先提出的。
    A. 麦尔威·杜威（Melvil Dewey）
    B. 阮甘纳桑（S. R. Ranganathan）
    C. 保罗·泽考斯基（Paul Zurkowski）
    D. 杰西·豪克·谢拉（Jesse Hauk Shera）
5. 狭义的专利文献是指（　　　）。
    A. 专利公报　　　　　B. 专利目录　　　　　C. 专利说明书　　　　D. 专利索引
6. "魏则西事件"引发人们关于百度（　　　）营利方式的争议。
    A. 竞价排名　　　　　B. 软件检索　　　　　C. 网络广告　　　　　D. 固定排名
7. 检索工具中在文献来源的著录中，常常将各类文献按照一定的缩写规则进行缩写，其中"科学技术报告"一般缩写为（　　　）。
    A. N　　　　　　　　B. M　　　　　　　　C. T　　　　　　　　D. R
8. 以下哪一项不属于国际著名的科技文献检索系统（　　　）。
    A. JCR（期刊引用报告）　　　　　　　B. ISTP（科技会议录索引）
    C. EI（工程索引）　　　　　　　　　　D. SCI（科学引文索引）
9. 一条及时的信息可能使濒临破产的企业起死回生，一条过时的信息可能分文不值，甚至使企业丧失难得的发展机遇，造成严重后果，这说明信息具有（　　　）特征。
    A. 差异性　　　　　B. 传递性　　　　　C. 时效性　　　　　D. 共享性
10. 信息素养主要包括信息意识、（　　　）、信息道德、信息观念和信息心理等方面。
    A. 信息获取　　　　　B. 信息分析　　　　　C. 信息能力　　　　　D. 信息评价

参 考 文 献

［1］罗亚玲 . 计算机应用基础教程（Windows 7+Office 2010）［M］. 北京：清华大学出版社，
    2014.

［2］曾爱林 . 计算机应用基础项目化教程（Windows 10+Office 2016）［M］. 北京：高等教育
    出版社，2019.

［3］张健 . 区块链：定义未来金融与经济新格局［M］. 北京：机械工业出版社，2016.

［4］眭碧霞 . 计算机应用基础任务化教程（Windows 10+Office 2016）［M］.4 版 . 北京：高等
    教育出版社，2019.

［5］高林，陈哲 . 计算机应用基础（Windows 7+Office 2010）［M］.2 版 . 北京：高等教育
    出版社，2018.

［6］刘艳慧，高慧，巴均才 . 大学计算机应用基础教程（Windows 10+Office 2016）［M］. 北
    京：人民邮电出版社，2020.

［7］宋翔 .Windows 10 技术与应用大全［M］. 北京：人民邮电出版社，2017.